Faites-les réussir en maths

De l'école à l'entrée au lycée

La *Chronique sociale* est à la fois un organisme de formation et de recherche et une maison d'édition. Fondée à Lyon en 1892, elle s'est préoccupée dès ses origines de sensibiliser aux évolutions de la société et de suggérer une organisation de la vie collective plus solidaire et plus respectueuse des personnes.

Actuellement, les ***Éditions de la Chronique sociale*** publient des ouvrages et des jeux pédagogiques qui contribuent à mettre en œuvre ces orientations. Issus de pratiques professionnelles et sociales, ils sont au service de tous ceux qui s'efforcent de mieux comprendre le monde.

Chacun pourra s'approprier ces outils et les utiliser, tant pour son développement personnel que pour une action collective efficace.

Pour plus d'informations :
www.chroniquesociale.com

Couverture : Proposition de l'auteure

Responsable des Éditions : André Soutrenon

Correction : Gil Mozzo

Imprimeur : CPI

Chronique sociale, Lyon, Dépôt légal : Octobre 2020

Imprimé en France (2054214)

Armelle Géninet

Faites-les réussir en maths

De l'école à l'entrée au lycée

3e édition

Pédagogie
Formation

l'essentiel

Chronique Sociale
1, rue Vaubecour - 69002 Lyon
Tél. : 04 78 37 22 12

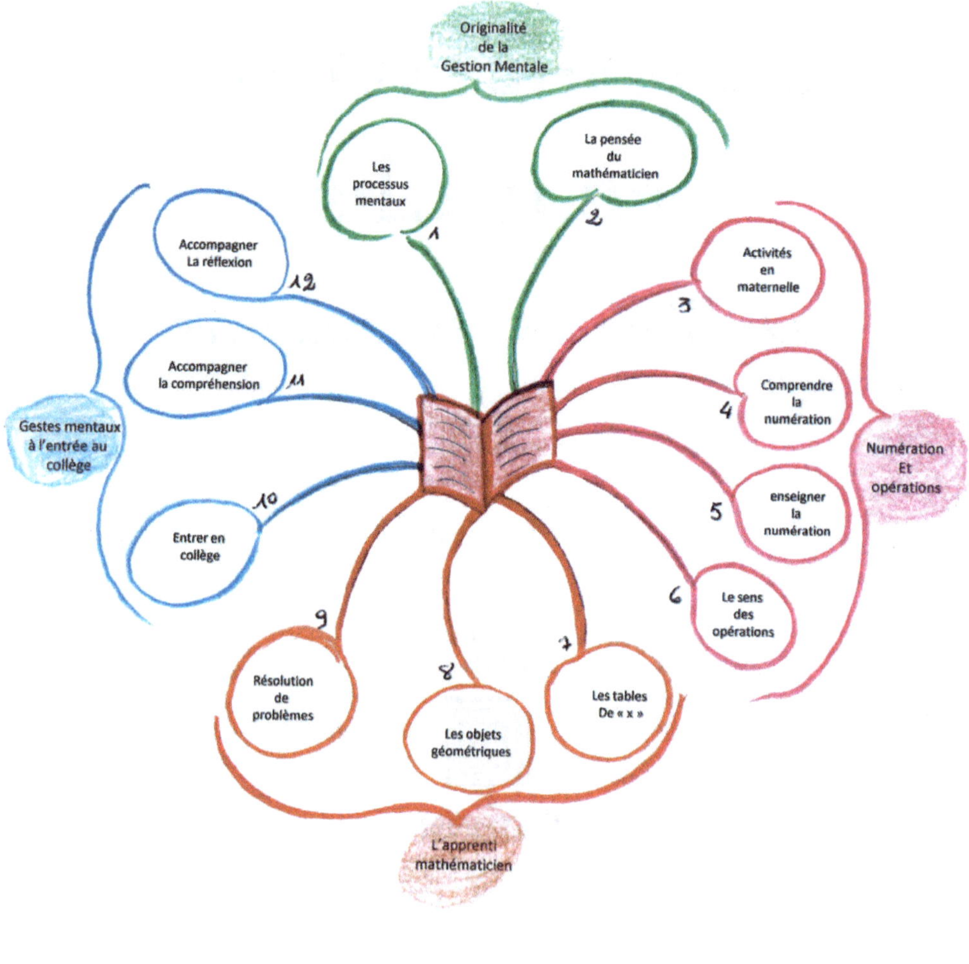

Originalité de la Gestion Mentale
Les processus mentaux
1
La pensée du mathématicien
2
Activités en maternelle
3
Comprendre la numération
4
enseigner la numération
5
Le sens des opérations
6
Numération Et opérations
Les tables De « x »
7
Les objets géométriques
8
Résolution de problèmes
9
L'apprenti mathématicien
Entrer en collège
10
Accompagner la compréhension
11
Accompagner La réflexion
12
Gestes mentaux à l'entrée au collège

Faites-les réussir en maths

Introduction

« — Que faites-vous dans la vie ? »

« — Je suis professeure de mathématiques. »

Cette petite phrase laisse rarement notre interlocuteur indifférent. Cette seule réponse suscite des réactions inattendues :

- *ironie ou étonnement :* « Je n'aurais jamais cru !... » Notre société véhiculerait-elle un archétype du professeur de mathématiques auquel nous ne correspondrions pas ?
- *intérêt* de certains qui évoquent leur goût pour les maths, leur passé de bon élève. Votre interlocuteur s'empresse de vous faire savoir que lui aussi a toujours été à l'aise dans cet univers. L'intérêt des uns n'a d'égal que *la méfiance* des autres qui ont encore, même à 40 ou 50 ans, des comptes à régler avec leurs enseignants d'autrefois. Parfois aussi nous sentons poindre un zeste d'agressivité, nous sommes les responsables désignés des difficultés scolaires des enfants.

Pourquoi tant de réactions à une remarque tellement anodine ? Il nous semble qu'il n'y ait que les mathématiques pour provoquer autant de passion.

En formation d'adultes, enseignants de toutes matières et à tous niveaux, orthophonistes, éducateurs, parents, lorsque nous proposons des activités de découverte des habitudes mentales de compréhension ou de réflexion, tout se passe en douceur tant que les exercices choisis sont suffisamment généraux. Dès que ceux-ci contiennent des nombres et prennent un tour mathématique, même très simple, ils suscitent des réactions émotionnelles : « Oh ! là là, des maths ! », avec tout un cortège de réticences, voire de blocages. Ces réactions sont la preuve que tout vécu d'apprentissage laisse des traces psychologiques importantes, à plus forte raison s'il ne s'est pas bien passé. Un échec n'est jamais vécu à la légère ! Et en mathématiques il semble que ce soit encore plus criant.

Pourquoi tant d'affectivité dans l'apprentissage des maths ?

Faisant des mathématiques un véritable outil de sélection, notre société a mis sur cet apprentissage un poids de plus en plus lourd, installant chez les parents des angoisses par rapport à l'avenir de leurs enfants, inquiétudes et impatience qu'ils leur transmettent plus ou moins consciemment. Les enfants pris en étau font les frais de ces pressions de tous bords et vivent leurs apprentissages dans un stress important. Nombre d'entre eux développent, même très jeunes, une véritable phobie des maths. Allons-nous voir en France, comme actuellement au Canada, s'ouvrir des cabinets de « Consultants auprès des Mathophobes » ? Qu'est ce qui justifie cette position sociétale ? Faut-il avoir des connaissances à ce point approfondies en maths pour devenir médecin généraliste (il y a encore 50 ans on pouvait le devenir après des études plus littéraires) ? ou cadre commercial ? Rozenn, étudiante en école supérieure de commerce, se révolte de cette situation : « *Toute ma scolarité j'ai été sélectionnée par les maths, bac S, Prépa HEC, à partir du moment où j'ai intégré mon école de commerce, je n'ai plus jamais fait de maths (ou si peu) !* »

Une autre dimension mérite d'être évoquée dans ce contexte sélectif : la personne qui vit cet apprentissage dans le non-sens remet en question la présence même de son intelligence. Des adultes disent : « j'ai eu d'assez bons résultats en maths, j'ai eu 14 au Bac... ». Ils ajoutent : «... mais je n'ai jamais rien compris à ce que je faisais ! ». Même si l'élève a des difficultés plus ou moins importantes en Français, la langue française reste un véhicule de sens au quotidien, dans la communication. Ce n'est pas le cas des maths, il n'en fait qu'en classe. Des enfants intelligents se désintéressent des maths car ils ne se sentent pas concernés par une approche qu'ils vivent comme « vide de sens ». L'enseignant tente parfois de justifier l'étude de concepts de plus en plus abstraits, en lui faisant entrevoir quelques utilisations concrètes, mais l'élève n'est pas dupe et, de toute façon, l'enseignant n'a pas le temps, il a le programme à terminer !

Pourquoi tant d'échecs en mathématiques ?

Comment se fait-il que, malgré la bienveillance, les efforts et le talent des enseignants, les mathématiques laissent tellement de jeunes sur le bord du chemin (30 %) ? Cette situation est révoltante, inacceptable !

Dans *La France enfin première de la classe*[1] la journaliste Maryline Baumard relate les rapports nationaux et internationaux d'évaluation, dont le rapport PISA et fait le constat que « Les élèves français ne sont pas à la hauteur » (pas seulement en maths). Les résultats s'effondrent d'année en année.

Or, « *aucun argument ne peut être présenté* à *l'appui de l'idée que la capacité* à *se mouvoir avec aisance dans l'univers créé par les mathématiciens, et* à *s'*y *montrer inventif, soit due à une structure innée du cerveau* »[2].

1. M. Baumard, *La France enfin première de la classe*, Fayard, 2013.

2. A. Jacquard, *Moi et les autres*, Seuil, 1983, p. 116, Points, 2009.

« Les réformes succèdent aux réformes, sans qu'on puisse raisonnablement avoir le sentiment que la racine des difficultés soit réellement traitée. »[3] L'analyse des raisons de tous ces échecs est certainement complexe, nous n'avons pas la prétention de nous y livrer, mais nous faisons quelques constats issus de notre expérience de 35 années d'enseignement des mathématiques en collège et lycée, ainsi qu'en formation d'enseignants :

– *impatience des adultes :* parents qui comparent les résultats des enfants et qui prennent la première hésitation, la moindre lenteur comme un symptôme de retard qui conduirait à un échec irréversible, professeurs soucieux de couvrir la totalité de programmes de plus en plus ambitieux, mais embourbés dans des contraintes administratives de plus en plus lourdes qui les éloignent de leur mission d'enseignement et les pressent de remplir des grilles d'évaluation/acquisition de compétences dites transversales et autres dossiers scolaires. Ces enseignants se sentent démunis face à des échecs, qui les ramènent au douloureux constat de leur *relative impuissance,* et à des critiques des parents, quand ce n'est pas à leur agressivité. Eux aussi sont pris en étau !

– *choix de programmes* qui manifestent cette impatience collective : comme dans celui de méthodes de lecture où il fallait que les enfants comprennent tout de suite ce qu'ils lisaient avant même de savoir déchiffrer, en mathématiques il faut désormais les mettre très vite en situations-problèmes sans leur avoir donné les outils, y compris linguistiques, pour y parvenir. Ne nous étonnons pas lors qu'ils en aient, des problèmes !

Tout est fait trop vite, trop tôt ! Piaget s'en était inquiété en 1963 : « *Si on va trop vite à l'abstraction, on court à la catastrophe.* » Nous y sommes !

De même que la nature nous impose de la patience : on ne fait pas pousser de la pelouse en tirant sur les brins d'herbe, de même le passage à l'abstraction mathématique doit se faire lentement, progressivement, explicitement, en douceur en tenant compte des stades de développement de l'intelligence de l'enfant. « *Ce que l'on enseigne trop vite, trop tôt, ne laisse que des traces imprécises et confuses, qui se combinent en connaissances lacunaires et instables, avec toutefois cette impression insaisissable de "déjà-vu" qui donne un sentiment d'incertitude inquiétante.* »[4]

Les thèmes des programmes souffrent de leur excessive séparation. En tout cas, les écoliers, collégiens, lycéens vivent trop souvent le passage de l'un à l'autre comme un changement de sujet : ils tournent la page ! Chaque fois que possible, c'est à l'enseignant de concevoir des approches facilitatrices de leurs mises en relations dans la double **dimension expli-**

3. J.-J. Dupin, S. Joshua, *Introduction à la didactique des sciences et des mathématiques,* Puf, 2003.

4. M. Gibello Verdier, La *pensée décontenancée,* Bayard, 2003.

cative (origine, fondements) et **applicative** (utilisations concrètes ou abstraites). Les concepts abordés dans le présent d'un cours de mathématiques ont une histoire, une origine plus ou moins concrète en lien avec d'autres concepts plus simples visités dans le passé de l'apprentissage des élèves. Ces concepts ont aussi un devenir d'ouverture de sens, un futur de mise en lien avec d'autres objets mathématiques. Ils auront une possible utilité en Physique, Chimie, Biologie, etc., ainsi que des applications concrètes. La tendance de l'enseignant semble être plus soucieuse du futur conceptuel explicatif ou applicatif que du passé de son objet d'étude. Mais ce qui lui manque le plus c'est la connaissance des modalités de la constitution de l'édifice culturel mathématique de ses élèves.

– *manque général de vigilance :* des difficultés d'apprentissage du langage écrit, lecture et écriture peuvent se manifester très tôt, dès le CP. Les enseignants, informés des problématiques de dyslexie et dysorthographie, s'en préoccupent et font en sorte que les enfants soient rapidement et heureusement pris en charge en Orthophonie. Les difficultés d'apprentissage des mathématiques apparaissent le plus souvent tardivement par rapport au lieu et au moment de leur installation, car les élèves mettent en place des conduites de savoir-faire oral et écrit qui peuvent les rendre efficaces pendant parfois plusieurs années, cachant ainsi des ruptures de sens fondamentales qui peuvent n'apparaître qu'en CM, en 4e, voire même en seconde, alors que rien ne les laissait prévoir. Il est malheureusement alors assez aisé d'en faire porter la responsabilité à l'enseignant de la classe où se manifeste cet ***« effet retard »***. Si les dyslexies, dysorthographies semblent assez bien définies et correctement prises en charge, nous serons plus prudents pour les diagnostics de « dyscalculie ». Jean-Paul Fischer, professeur à l'Université de Lorraine a interrogé le concept qu'il met en doute dans un article publié par la revue de l'ANAE. Il estime qu'on surévalue largement le nombre de dyscalculiques et affirme que « *comme nos données suggèrent que le pourcentage d'élèves dyscalculiques ne dépasse guère 1 %, nous pouvons nous interroger sur l'existence même de la dyscalculie* »[5] ;

– *formation des enseignants :* malgré les découvertes récentes des neurosciences et de la neuroéducation, il y a très peu de place, encore actuellement dans ces quelques formations pour l'étude du fonctionnement cérébral des enfants, or, pour délivrer un enseignement adapté, les professeurs doivent connaître le b.a.-ba de ce fonctionnement. Dans les formations initiales des professeurs des écoles (il y a encore actuellement et malheureusement très peu de possibilités de formation continue), il y a aussi assez peu de prise en compte des recherches didactiques concernant

5. J.-P. Fischer, « La discalculie développementale », *ANAE,* vol. 21, tome 2, n°102, juin 2009.

les obstacles à l'apprentissage des mathématiques. Brousseau[6] fait état de trois catégories d'obstacles : *ontogéniques* liés au développement psychogénétique de l'enfant, *épistémologiques* liés à l'histoire et la structure des concepts mathématiques, mais aussi *didactiques* « résultat artificiel de décisions didactiques malencontreuses ». La connaissance de ces différents obstacles impose à l'enseignant de se pencher soigneusement sur la forme et les contenus de pensée de ses élèves, d'étudier précisément les incontournables des processus mentaux liés à l'apprentissage d'un concept avant de concevoir des pratiques et des outils pédagogiques et didactiques pertinents. C'est ce que nous nous efforcerons de faire tout au long de cet ouvrage ;

– *discours des enseignants :* dans leurs intentions de motiver leurs élèves, les propos des professeurs sont plus insistants sur les finalités concrètes des mathématiques en leur montrant à quoi cela peut leur servir dans la vie que sur les moyens personnels à mettre en place pour y parvenir et les bénéfices qu'ils peuvent tirer de ces moyens pour le développement de leur intelligence et la multiplication de leurs « autoroutes de neurones ». L'école parle trop aux enfants de ce qu'ils ont à faire, pas assez de qui ils sont dans leurs processus d'apprentissage. C'est oublier que la **motivation,** si elle se développe pour certains sur des **finalités,** pour beaucoup d'autres, elle se nourrit du plaisir des **moyens** d'accès à ces finalités. Si l'utilité des maths peut s'envisager pour certains sur l'accès à un diplôme ou un métier, elle peut s'entrevoir pour tous dans l'activité mathématique elle-même, en particulier l'activité mentale. Si l'enfant se motive pour l'apprentissage du tennis ou du surf, c'est parce qu'il y prend du plaisir, qu'il s'y sent exister ! Tous ne feront pas d'études supérieures en maths, mais tous peuvent vivre cet apprentissage dans le plaisir, la réussite et l'épanouissement personnel. Faisons en sorte alors que tous se sentent exister dans l'apprentissage des maths, même si celles-là ne leur seront pas d'une grande utilité dans la vie. Guy Avanzini parle d'un **« détour prédidactique »** qui nous demande de nous pencher en tout premier lieu sur la logique interne, singulière, de l'élève qui apprend. C'est tout l'intérêt de la connaissance des processus mentaux de l'apprentissage développée par Antoine de La Garanderie. Nous viserons aussi que l'apprentissage des mathématiques, en plus de l'acquisition de savoirs et de savoir-faire, soit le lieu et l'occasion pour chaque jeune de découvrir et expérimenter des structures personnelles et efficaces d'attention, de mémorisation, de réflexion de compréhension et d'imagination créatrice qu'ils pourront transférer ailleurs qu'en maths.

6. G. Brousseau, *Erreur, difficultés, obstacles,* DAEST Université de Bordeaux 2, 2003.

Après deux chapitres de présentation du positionnement original de la Gestion mentale avec de nombreux exemples concrets pris à tous les niveaux de la scolarité, il y aura de longs développements en 4 chapitres, pour l'école, de la maternelle au CM2 sur les apprentissages fondamentaux que sont la numération et les opérations, en particulier la multiplication. Une troisième partie abordera l'accompagnement de l'apprenti mathématicien dans la constitution de sa « boîte à outils », dont les tables de multiplication, la résolution de problèmes et les objets géométriques. Enfin nous nous attarderons sur les gestes mentaux du mathématicien dès l'entrée au collège et au lycée (aussi bien en algèbre qu'en géométrie).

Ce découpage peut sembler paradoxal compte tenu du projet de **dépasser la séparation école-collège-lycée** en prenant un peu de hauteur, mais nous nous efforçons à chaque instant de faire état de la pensée de l'apprenti mathématicien dans sa triple temporalité passé-présent-futur, à tous les niveaux de sa scolarité. Toutes les parties des différents programmes ne pourront pas être ici abordées, notre insistance se portera sur les démarches pédagogiques et didactiques à propos d'étapes qui nous semblent fondamentales et de moments clés de l'apprentissage des mathématiques.

La démarche essentielle consiste, à chaque étape, à analyser :

1. La pensée de l'apprenant : où en est-il dans ses contenus de pensée et quel sens met-il dans son activité mathématique ?
2. Là où il doit aller : qu'est-ce que l'acquisition de tel concept mathématique lui impose comme cheminement incontournable de sa pensée ?

Et ce n'est que lorsque ces deux analyses sont abouties, éclairées aussi par les récentes découvertes des neurosciences en particulier de la neuroéducation, que nous pouvons concevoir des outils pédagogiques et didactiques en cohérence avec ces deux états des lieux et les demandes de l'Éducation nationale. Des propositions très concrètes d'outils et de protocoles d'actions seront présentées à chaque instant.

« Ne pas traiter l'élève comme quelqu'un à qui il faut inculquer des notions, enseigner des attitudes, mais comme quelqu'un qui a lui aussi quelque chose à dire. Être non pas "maître à pense" mais facilitateur d'apprentissage. »

C. Rogers[7]

7. C. Rogers, *Liberté pour apprendre*, Dunod, 2003.

Première partie

Apport de la Gestion mentale

*Si certains enfants découvrent seuls la voie de leur réussite en maths, tous peuvent y avoir accès pour peu que le professeur les informe de l'existence des « **gestes mentaux** » de l'apprentissage et qu'il les accompagne dans leur **entraînement en mathématiques.***

Chapitre 1

Les processus mentaux de l'apprentissage

La Gestion mentale issue des travaux d'Antoine de La Garanderie, même si **elle n'est pas une « méthode »,** décrit très finement les processus mentaux d'apprentissage. Informés de ces itinéraires individuels d'acquisition des concepts des mathématiques, l'enseignant, le rééducateur (ou même le parent) peuvent construire des séquences d'accompagnement à la compréhension des mathématiques en tenant compte à la fois des habitudes mentales déjà installées par les enfants et des passages obligés de l'activité mentale de l'apprenti mathématicien.

L'activité perceptive

Nous sommes en contact avec le monde des êtres et des choses par 5 antennes que sont nos 5 sens. Sur ces éléments que nous percevons par la vue, l'ouïe, l'odorat, le goût ou le toucher, nous faisons vivre le monde en nous par des **« évocations »** qui peuvent être visuelles, auditives, verbales, en impressions ou en ressentis, concrètes ou abstraites dans lesquelles nous nous impliquons ou non dans l'espace, le temps et le mouvement. Nous disposons ainsi d'une « Palette évocative » *(au centre du schéma qui suit)*, que nous allons mettre au service des **« gestes mentaux »** d'attention, de mémorisation, de compréhension, de réflexion et d'imagination créatrice *(en étoile)*. Dans toute cette activité mentale chacun de nous va exprimer la façon dont il vit personnellement sa relation au monde des êtres et des choses : notre conscience cognitive est habitée de **« projets de sens »** *(en « bulles » en périphérie du schéma)* rarement conscients qui nous entraînent malgré nous à être plus attentif aux similitudes ou aux différences, aux applications ou aux explications, aux êtres ou aux choses, etc.

Itinéraire mental

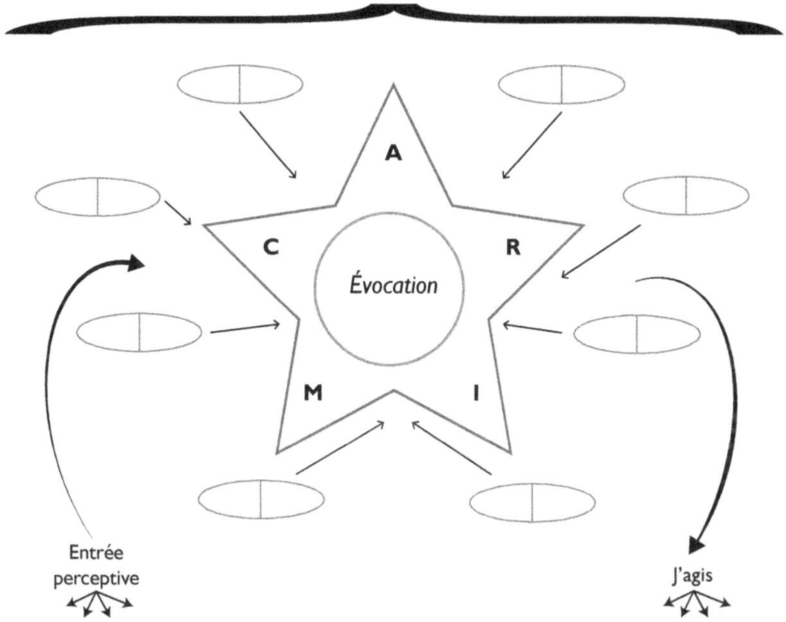

En situation de classe, l'enseignant donne à ses élèves à voir, à entendre, à manipuler. Il est de sa responsabilité que les explications soient claires, les documents conçus avec précision pour faciliter l'attention et la compréhension de tous. Il peut ensuite évaluer cette compréhension dans les productions de ses élèves. Il ignore comment untel a fait pour comprendre ou pourquoi tel autre n'arrive pas à une production correcte, il ignore tout de l'activité mentale de ses élèves. Il convient donc que l'enseignant soit informé très précisément des processus mentaux liés à l'apprentissage des mathématiques pour qu'il donne à sa pratique une dimension évocative en explicitant cette étape d'appropriation personnelle et en invitant ses élèves à « faire exister dans leur tête » ce qu'ils vont regarder ou écouter, en leur en donnant le temps et en les interrogeant sur les différentes structures ainsi que sur le sens de leur activité mentale.

Il mènera donc des « Dialogues pédagogiques » pour faire découvrir par ses élèves eux-mêmes l'inobservé de leur pensée et leur permettre alors de l'enrichir et de la diriger consciemment pour une plus grande efficacité.

Les domaines d'évocation

Antoine de La Garanderie va plus loin dans sa description des itinéraires mentaux en identifiant *4 domaines d'évocation* ou **« paramètres évocatifs ».**

Les évocations de la réalité concrète : personnes, objets, lieux, scènes..., (paramètre 1), les évocations de codes : mots, chiffres, symboles mathématiques..., (paramètre 2). Sur ces contenus de pensée concrets ou abstraits, chacun fait des liens qui peuvent être logiques (paramètre 3) ou plus personnels et originaux (paramètre 4).

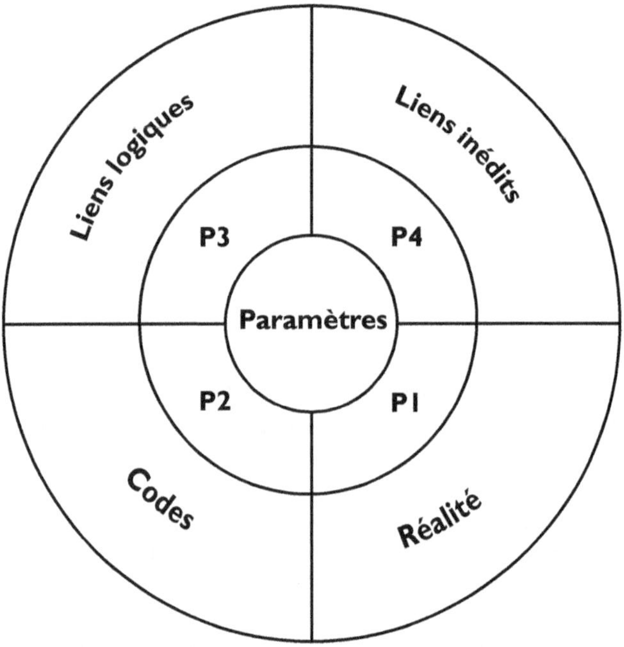

Le petit enfant qui arrive à l'école a pris l'habitude d'évoquer la réalité (PI) sur laquelle il met du sens en créant de façon spontanée et non consciente des liens logiques et/ou originaux. Le rôle de l'école est de lui permettre l'accès au monde des codes écrits dans l'apprentissage de la lecture, de l'écriture, de la numération, du calcul... Il doit prendre l'habitude de se donner des évocations plus abstraites (P2) et de leur donner du sens en les mettant en relation avec ses évoqués de la réalité. Quand il entendait « parapluie », il pouvait évoquer l'objet. Il va désormais apprendre à évoquer le mot lui-même avec sa séquence ordonnée de lettres : p-a-r-a-p-l-u-i-e, celles que l'on entend et celle que l'on n'entend pas (le « e » final). Il peut le faire en revoyant le mot écrit dans sa tête, en l'épelant mentalement, en imaginant qu'il l'écrit sur un support (pourquoi pas sur l'objet parapluie)… Il doit mettre en relation l'objet signifié, le signifiant entendu et le signifiant écrit. Il va apprendre à faire des liens entre la succession des sons et la succession des lettres, chaque lettre produisant un bruit, même s'il y a des lettres qu'on n'entend pas. Il peut aussi mettre mentalement ce mot en lien (P3 ou P4) avec le mot « pluie » ou d'autres mots commençant par « para » pour enrichir son lexique. Il doit passer des évoqués de PI à des évoqués de P2 en créant des liens (P3 et/ou P4). Plus l'enfant prend l'habitude de faire ces liens, en particulier originaux, plus il nourrit sa motivation. Cette habitude de créer des liens est à développer dans tous les apprentissages et en particulier dans l'apprentissage des mathématiques !

Les liens logiques peuvent se décliner en 3 *catégories :* l'analogie, l'attribution et la sériation spatiotemporelle. Ces liens peuvent s'exercer sur les évoqués concrets (Pl) comme sur des évoqués abstraits (P2). Ils seront à visiter dans le détail lors de la description des passages obligés de la compréhension de la numération et des opérations ainsi que des concepts du collège et du lycée.

Les liens logiques

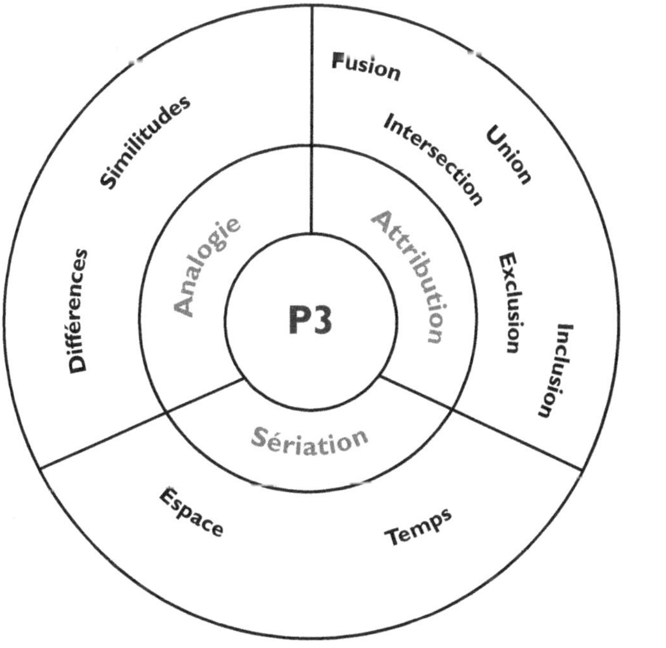

Le premier lien logique utilisé par le petit enfant dans son développement cognitif est l'analogie : il recherche des similitudes et/ou des différences sur ses évoqués de la réalité du monde, en manifestant parfois une préférence pour les unes ou les autres suivant ses « projets de sens ». L'attribution (être capable par exemple de faire des classifications) et la sériation spatiotemporelle (être capable d'organiser les étapes du déroulement d'une action) ne seront acquises que progressivement et plus tardivement dans le développement de sa pensée. L'enseignant devra en tenir compte au moment de l'apprentissage de la numération et du sens des opérations car attribuer et sérier dans l'espace et le temps seront des incontournables de la compréhension de ces concepts mathématiques.

Nous venons d'aborder la compréhension, mais tous ces contenus évocatifs pourront être mis au service des *5 gestes mentaux* décrits par Antoine de La Garanderie.

Les gestes mentaux

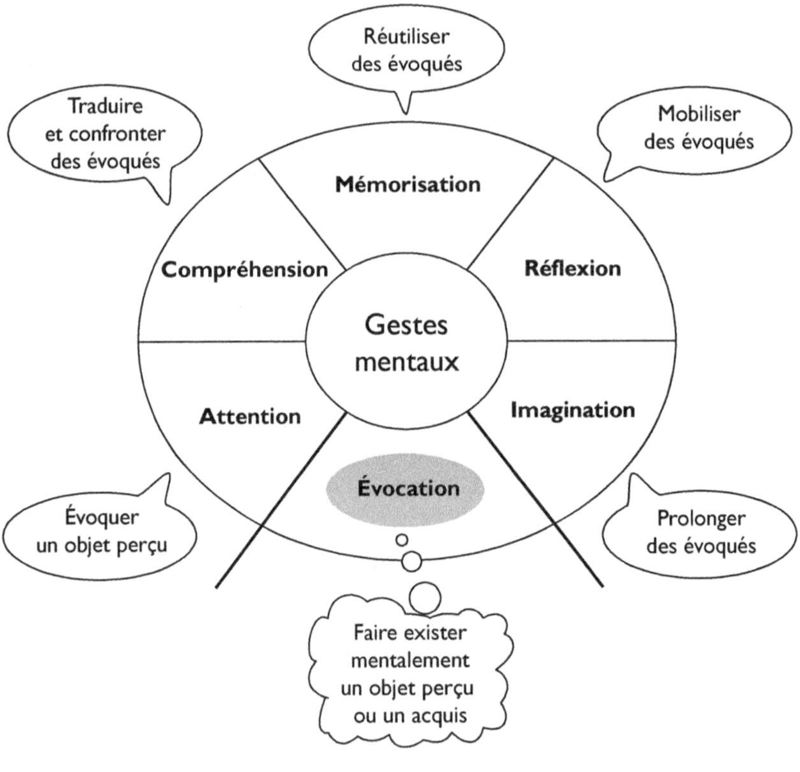

L'évocation étant l'activité incontournable d'accès aux 5 gestes mentaux

Les paramètres évocatifs, dont les liens logiques, présentés aux pages 18 et 19, sont la matière première de l'activité mentale à mettre au service des « gestes mentaux » que sont *l'attention, la mémorisation, la compréhension, la réflexion et l'imagination créatrice*. Cette énumération ne tient compte d'aucune priorité, ces 5 activités de connaissance étant en permanence en interaction dans la conscience cognitive de l'apprenant. Il est cependant utile de les décrire précisément dans ce qu'ils ont de spécifique.

Connaître les spécificités de chacun de ces gestes mentaux est essentiel pour identifier précisément ceux qui sont à solliciter dans telle situation mathématique d'une part et d'autre part les expliciter, voire les décrire aux élèves afin de les accompagner, par la prise de conscience des étapes de leurs processus, dans l'analyse des causes possibles d'erreurs.

L'attention

Être attentif, c'est regarder, écouter, sentir, goûter, toucher pour faire exister mentalement ce qui a été perçu en évoqués visuels, auditifs, verbaux, concrets ou abstraits, en impressions spatiales ou de mouvement, etc. C'est la porte d'entrée de toute l'activité mentale. Ceci suppose, dans un environnement complexe sollicitant toutes les entrées perceptives, de sélectionner des éléments à mettre en évocation. Ce tri attentionnel est agi en permanence de façon non consciente par l'Être humain, il peut devenir conscient. Plus il est conscientisé par l'enfant, plus celui-là peut diriger son attention sur l'objet d'apprentissage et y enrichir ses évocations. Les enseignants constatent actuellement des problématiques attentionnelles chez nombre d'enfants de leurs classes. Ces difficultés prennent certainement leur origine dans des changements de société et peut-être d'éducation. Ce seul constat risque de n'ouvrir à aucune solution.

L'attention du jeune enfant doit d'abord s'exercer sur son contact avec la vraie vie avant de pouvoir la solliciter dans les activités de la classe. Rendre l'enfant présent au monde des Êtres et des choses ne nécessite pas de grands moyens : il suffit d'ouvrir la porte de la classe pour, dans la cour, s'intéresser à une plante, à un arbre dont les feuilles viennent d'éclore d'un bourgeon ou changer de couleur. Sortir avec le projet explicite d'observer le reflet de la lumière dans une flaque d'eau pour, de retour en classe, exprimer en mots cette observation ou pointer du regard les gouttelettes d'cau sur des feuilles pour pouvoir ensuite les dessiner, peut compenser ce que certains enfants n'ont pas eu l'occasion d'expérimenter dans leur vie personnelle. Certes ils savent se concentrer sur des jeux sophistiqués tels que des jeux vidéo et autres tablettes tactiles, mais ne nous y trompons pas : ce n'est pas vraiment l'enfant qui s'y rend attentif, ce sont ces objets qui sont des « capteurs d'attention ».

N'oublions pas que dans l'histoire de l'humanité tout a commencé pour l'homme par l'observation de son environnement duquel il a extrait des indices de forme : le rond du soleil, de la lune quand elle était pleine et... de la goutte d'eau sur une feuille..., ne serait-ce pas là l'histoire ancienne du cercle ?

La mémorisation

C'est le geste mental qui donne à nos évocations une dimension de futur de réutilisation. Mémoriser un objet quel qu'il soit : un lieu, une chanson, un nom, un texte, en faisant des liens logiques ou originaux, c'est se donner le projet, en son absence, de le récupérer, le réutiliser dans un autre contexte spatiotemporel. Mémoriser est un geste naturel chez le jeune enfant. Dès 18 mois il commence à s'approprier le langage et se sent puissant, motivé dans ce pouvoir de redonner, même maladroitement, les mots qu'il a mis en mémoire. Or il y a beaucoup de croyances sur ce geste mental trop souvent présenté dans le « faire l'effort de... », opposé à la compréhension qui en serait le préalable incontournable et qui serait ce qui reste à tous ceux qui ne comprennent pas !

Guy Avanzini, A. de La Garanderie et Alfred Binet se sont clairement exprimés sur le sujet :

« Le problème de leurs relations est à la fois banal et irritant... objet d'échanges vains et d'opinion obscurci par des préjugés et des affirmations péremptoires qui, en le posant mal, le laissent nécessairement sans solution. »[8] *« Disons-le avec plus de précision, la mémoire fournit l'abondance des matériaux sur lesquels la pensée travaille ; plus ces matériaux sont abondants, plus le travail augmente, plus le jugement trouve d'occasions de s'exercer, plus l'esprit critique s'affirme par des comparaisons, plus l'imagination s'enrichit dans ses développements. La mémoire, sans augmenter peut être la profondeur de l'intelligence, lui donne la richesse, la masse, la quantité ; elle est comme multiplication de ses produits. »*[9]

Certes il est souvent plus aisé de mémoriser quelque chose que l'on a compris, mais la compréhension peut se nourrir de la mémorisation.

« Ce n'est pas du tout la même chose d'apprendre par cœur pour se faire pardonner de n'avoir pas compris et de le faire dans le but d'avoir une explication. »[10]

8. G. Avanzini, « Intelligence et Mémoire », Actes du colloque de l'IIGM, 2001, p. 29.

9. A. Binet, « Les idées modernes sur les enfants », Flammarion, 1909.

10. A. de La Garanderie, *Critique de la raison pédagogique,* Nathan, 1998, p. 169.

De plus, il est des situations où la compréhension peut faire obstacle à la mémorisation, c'est le cas de l'orthographe d'usage : ce n'est pas parce que j'ai compris et retenu le sens du mot que j'en ai gardé la forme orthographique, c'est aussi le cas des tables de multiplication trop souvent apprises en appui sur la répétition additive. (Nous aurons l'occasion d'y revenir longuement au chapitre 7.)

La mémorisation doit retrouver une place importante dans les exigences des enseignants, sans quoi nous allons continuer à nous lamenter en constats d'insuffisance linguistique dans la compréhension et la réflexion. La mémorisation ouvre aussi nos capacités d'imagination créatrice car on ne peut créer à partir de rien.

La réflexion

Réfléchir c'est faire un retour sur des acquis mémorisés, trier parmi ceux-ci les lois, concepts susceptibles d'être « fléchis » sur l'objet de sa réflexion, éventuellement en va-et-vient de vérification de la pertinence du tri, soit pour éclairer la compréhension soit pour résoudre une problématique ou répondre à des questions posées. Celle-ci ne peut évidemment pas se passer d'une « bibliothèque mentale » stable, organisée mais motile, c'est-à-dire capable de se mouvoir. La réflexion se prépare dès l'acte de mémorisation. Nos acquis ont la destinée que nous leur avons donnée ! Un enfant qui a mémorisé une conjugaison, une règle de grammaire ou une table de multiplication en anticipant uniquement de les réciter à l'enseignant qui lui en fera la demande ne projette pas ces objets dans le futur d'autres utilisations plus personnelles et plus créatives. Mémoriser une structure linguistique ou de problème mathématique et transférer ces structures pour inventer une phrase ou un autre problème sur ces modèles, mémoriser une table de multiplication pour s'entraîner à « jouer avec un nombre » ouvrent les portes de la réflexion et de l'imagination créatrice.

La compréhension

La compréhension peut être spontanée parce que l'objet à comprendre rencontre des compréhensions anciennes mémorisées et immédiatement disponibles. Elle est à différencier d'une compréhension réfléchie qui suppose un processus plus élaboré.

L'acte de compréhension, dans sa complexité, nécessite de trier dans l'objet à comprendre des indices d'espace et de temps pertinents à mettre en lien avec des connaissances et d'agir entre ces évoqués des liens d'analogie, d'attribution, de sériation spatiotemporelle en les plaçant dans un espace mental ou/et en les inscrivant dans un déroulement temporel pour en exprimer le sens. C'est un processus complexe qui s'inscrit dans des itinéraires mentaux singuliers en interaction avec l'attention et la réflexion, en contact avec nos mémoires sémantique, épisodique et autobiographique. La description de cet acte dans ce qu'il a d'universel nous ouvre à des grilles d'observation précises de possibles difficultés de compréhension. Les diagnostics scolaires ont tendance à mettre « sur le dos » de la compréhension des difficultés qui n'en relèvent pas toujours. L'échec ne prendrait-il pas son origine dans une attention fragile ou un tri trop rapide d'indices qui précipitent dans une réflexion stéréotypée en projet de réponse à une question posée. La traduction qui a été faite des indices extraits du perçu ne serait-elle pas trop spontanée et les mots ou symboles, très souvent polysémiques, ont-ils rencontré dans la mémoire leur sens mathématique ? Dans cet univers mathématique, où ils peuvent aussi être polysémiques, ont-ils rencontré les signifiés adaptés à la situation ? Faisons preuve d'imagination pour aller plus loin que ce qui semble être de l'évidence pour créer des outils et situations pédagogiques et didactiques qui explicitent ces processus aux élèves afin de les mettre aux commandes de leur véhicule de compréhension.

L'imagination créatrice

Il nous faut au préalable faire la différence entre l'imagination vagabonde intemporelle et l'imagination créatrice inscrite dans la triple temporalité passé, présent et futur comme acte de connaissance dans notre relation au monde.

Le processus d'imagination créatrice est à l'œuvre chaque fois que le sujet essaie des évoqués inédits (pour lui) afin de les confronter au perçu, soit pour découvrir ce que celui-ci peut contenir de caché à faire émerger, soit pour inventer ce qu'il sait n'avoir encore jamais été fait par rapport à ce perçu. Il semble alors évident que cet acte mental ait une influence sur tous les autres actes d'attention, de mémorisation, de réflexion et de compréhension. Il va apporter à l'attention curiosité et vigilance, à la mémorisation puissance évocative et élargissement du pouvoir d'anticipation, à la réflexion et la compréhension possibilité de changer de point de vue sur des acquis comme sur des processus de compréhension. Poser une réflexion ou une compréhension comme provisoire et la mettre en attente d'autres réflexions et compréhensions possibles relève de l'imagination créatrice.

Si l'attention est la porte d'entrée de l'activité mentale, l'imagination en est sans aucun doute le phare et le *booster* car elle donne à tous les autres gestes mentaux une dimension de puissance de présence au monde. Nous allons insister sur cet acte de connaissance dans l'apprentissage des mathématiques en effet, comme nous le verrons dans les pages suivantes, le monde mathématique dans lequel entre l'élève au collège est un monde mental en rupture avec le monde de la réalité. Pour penser la droite comme un ensemble de points sans début, sans fin, sans épaisseur, tel qu'entre deux de ses points on puisse encore en placer une infinité, ne faut-il pas faire œuvre d'imagination ? ! Il nous faudra alors, dans la suite de cet ouvrage, revisiter de façon plus approfondie tous les gestes mentaux du mathématicien sous cet éclairage de l'imagination créatrice.

Des itinéraires mentaux

Les situations-problèmes en mathématiques, quel que soit le niveau d'apprentissage, école, collège, lycée, sollicitent la mise en place d'itinéraires mentaux complexes où s'entremêlent l'attention, la réflexion et la compréhension. L'attention consiste à faire exister mentalement l'énoncé du problème en triant ce qui relève de l'activité mathématique elle-même, la compréhension permet de saisir dans ce tri des éléments à traduire et à confronter entre eux en analogies, attributions et sériation spatiotemporelle pour réfléchir en triant dans les acquis les outils à mobiliser pour mathématiser le problème et le résoudre.

Les projets de sens

« L'expression "projet de sens" est une invention d'Antoine de La Garanderie pour spécifier la nécessité pour l'homme d'inscrire toute activité de connaissance dans l'avenir : être attentif, mémoriser, réfléchir, comprendre, être créatif suppose de projeter (jeter devant soi) un horizon de sens pour donner vie à l'attention, à la mémorisation, etc. »[11]

Sans faire un exposé complet de ces tendances individuelles (voir le schéma de la page 27), il nous semble important d'en développer quelques-unes pour éclairer de possibles conséquences dans l'apprentissage des mathématiques.

« Avec les autres/auprès des choses » : ces expressions désignent des modalités du rapport de l'homme avec le monde et caractérisent une forme d'attention.

– L'apprenant « avec les autres », pour être attentif, ne peut entrer en relation avec l'objet de perception que par la médiation de l'enseignant. Ce

11. J.-P. Gaté, M. Giroul, A. Géninet, T. de La Garanderie, *Vocabulaire de la Gestion mentale*, Chronique sociale, 2009.

sont les mots, les gestes, les dessins de l'enseignant qui favorisent la naissance d'un climat de familiarité entre l'apprenant et l'objet de savoir »...

– Un apprenant « auprès des choses » manque d'attention si l'enseignant exerce un rôle trop prégnant entre l'objet d'apprentissage et ses élèves : l'enseignant doit d'abord s'effacer pour laisser l'apprenant entrer en dialogue avec l'objet à connaître.

« Opposant/composant » : ces expressions expriment des besoins différents des individus dans leurs processus de compréhension. Le « composant » privilégiant la recherche de liens de similitudes et l'« opposant » celle de liens de différences.

« Appliquant/expliquant » : dans son acte de compréhension d'une loi, d'une formule ou d'une théorie, le sujet appliquant a pour projet de repérer des situations de réutilisation de ces dites lois ou théories. Il se projette en aval de celles-ci en s'efforçant de saisir ce qu'il conviendra de faire pour les utiliser efficacement dans des exercices. Le sujet expliquant a pour projet de saisir le pourquoi de ces dites lois ou théories. Il se projette en amont de celles-ci en s'efforçant d'en repérer les fondements et justifications rationnelles. Si c'est un élève en situation de classe, il s'attachera à ne rien perdre des étapes d'un raisonnement explicatif fait par l'enseignant. Le petit enfant a un besoin important de s'expliquer le pourquoi des réalités qui l'entourent. Il serait dommage que l'école l'amenant au monde des codes fasse trop souvent taire ce besoin fondamental d'explications du pourquoi des choses abstraites.

« Découvreur/inventeur » : le premier cherche à faire émerger dans le perçu une présence cachée en lien avec ce qu'il a déjà en mémoire. Il peut être rapidement satisfait de sa compréhension qu'il a tendance à placer dans son passé. Le second est en recherche d'une absence à combler, analysant la situation présentée, il est curieux de ce qui manque et peut rester longtemps insatisfait de sa compréhension qu'il place dans un futur d'autres possibles. Ces deux projets de sens auront une influence considérable dans la compréhension des mathématiques.

Sans vouloir repérer chez chacun de ses élèves des dominantes de projets de sens, l'enseignant, (le rééducateur), informé de leur existence, y compris pour lui-même, développera une attention vigilante, une écoute des besoins individuels qui permettront à chaque apprenant d'être reconnu dans son originalité cognitive. Il aura aussi à cœur d'entraîner chacun à aller dans des directions moins spontanées et moins naturelles, par exemple, à tenir compte des similitudes si sa préférence va aux différences et réciproquement, pour ne pas l'enfermer dans des habitudes qui peuvent le limiter. Il sera vigilant dans son observation des élèves qui disent très (trop ?) rapidement : « J'ai compris ! » et de ceux qui disent aussi (trop ?) rapidement :

« Je n'ai rien compris », demandant aux uns et aux autres d'expliciter ces impressions afin de les rendre de plus en plus attentifs à l'émergence de leur sentiment de compréhension.

Il serait dommage que l'enseignant se contente de dire à ses élèves ce qu'ils ont à faire en mathématiques, il peut aussi leur parler de « qui ils sont » quand ils font des maths. C'est un « dialogue de compagnonnage » qui peut changer le regard des jeunes sur cet apprentissage, et sur eux-mêmes.

Voir tous les couples de « projet de sens » sur le schéma suivant. Il ne s'agit en aucun cas d'une typologie, ce sont des tendances, plus ou moins fortes, plus ou moins exprimées, de personnalités cognitives.

Les projets de sens

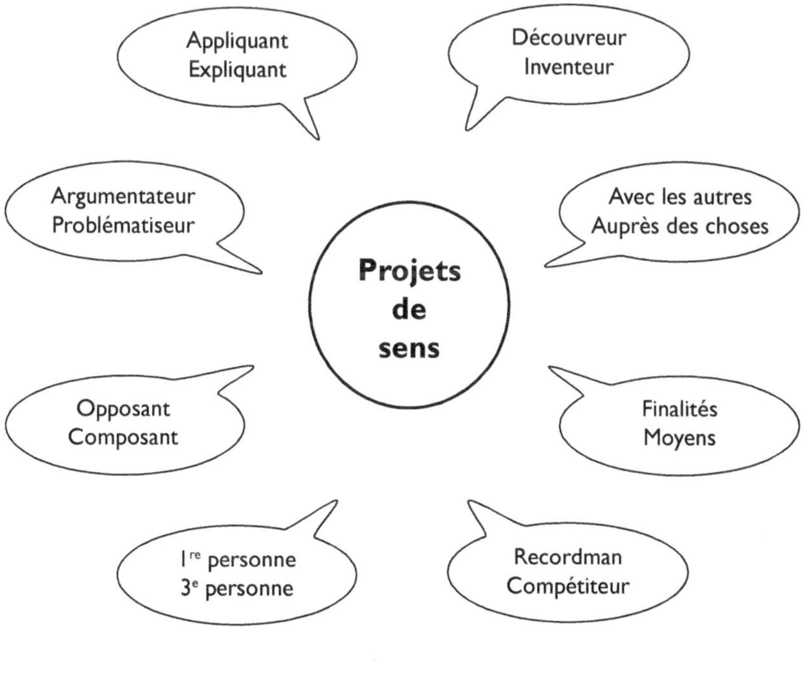

Chapitre 2

La pensée du mathématicien

L'histoire des mathématiques

Dans l'histoire de l'humanité, l'homme en contact avec le monde de la réalité, a de tout temps observé son environnement. Il s'est rendu attentif en triant des indices dans cet environnement et, faisant exister en évocations de toutes sortes les éléments ainsi sélectionnés, a exercé sa capacité à créer mentalement des liens d'analogie. Il a par exemple extrait du Soleil, de la Lune quand elle était pleine, des fleurs, des fruits..., une similitude de forme qu'il a ensuite pu dessiner sommairement sur les parois rocheuses des grottes où il s'abritait. Sentant l'imperfection de ses représentations, qui étaient déjà des modélisations, il a construit des outils grossiers, puis de plus en plus perfectionnés pour dépasser les limitations occasionnées à la fois par la complexité du monde et par ses maladresses. Du mouvement de la main pour dessiner un **« rond »** à l'invention de la « corde à 13 nœuds » pour construire des **« cercles »** puis des compas de plus en plus sophistiqués que nous connaissons aujourd'hui, il a fallu que se passe beaucoup de temps !

Sa quête de construction d'outils de plus en plus fins s'est inscrite dans un projet de maîtrise de la réalité, projet *d'abstraire* au sens étymologique *(séparer, dégager de la réalité)*. Il a créé et continue encore à le faire aujourd'hui, des outils et des modèles qu'il projette sur la réalité. Il met ces modélisations de plus en plus abstraites du monde à la disposition des Sciences : Physique, Chimie, Astronomie... et de toutes les activités artisanales et artistiques des hommes.

Du rond dessiné manuellement, quel que soit l'outil utilisé, à la construction des extraordinaires rosaces dans les vitraux des cathédrales, du cercle artisanal construit par l'enfant au cercle mathématique, objet purement abstrait, sans épaisseur, ensemble infini de points, tel qu'entre deux de ces points même très rapprochés on puisse encore en placer une infinité, il y a un grand écart ! Et pourtant, même si ceci n'est sans doute pas abordable avant l'âge de 12 à 13 ans, c'est le saut que l'enfant aura à faire dans le passage de l'école au collège.

Un monde de concepts

En français il y a des noms qui désignent des objets concrets : arbre, table, mais d'autres noms plus complexes parlent des relations, tel le mot « neveu » ou le mot « fruit » qui n'existent pas sans lien avec d'autres mots. Dans l'univers mathématique, les mots, les codes et symboles désignent tous des ensembles de relations. Le mot *« rectangle »*, souvent utilisé à l'école pour signifier la forme d'un objet concret parle, dans l'univers mathématique, un ensemble de relations entre des droites parallèles, des droites perpendiculaires, entre des points deux à deux symétriques par rapport à l'intersection des diagonales, entre les longueurs de ces diagonales ou des côtés, mais raconte aussi des vecteurs, translations, etc. Le nombre lui aussi existe dans l'infini de relations sémantiques avec d'autres nombres.

Sur le schéma qui va suivre, le lecteur peut repérer ce qu'il est possible d'installer dès l'entrée au CP, puis en CE1/CE2 quand la multiplication et la division prennent sens, puis les nombres décimaux, puis à *l'entrée au collège avec le nombre relatif, le nombre rationnel, etc. ce jeu de liens est sans fin.*

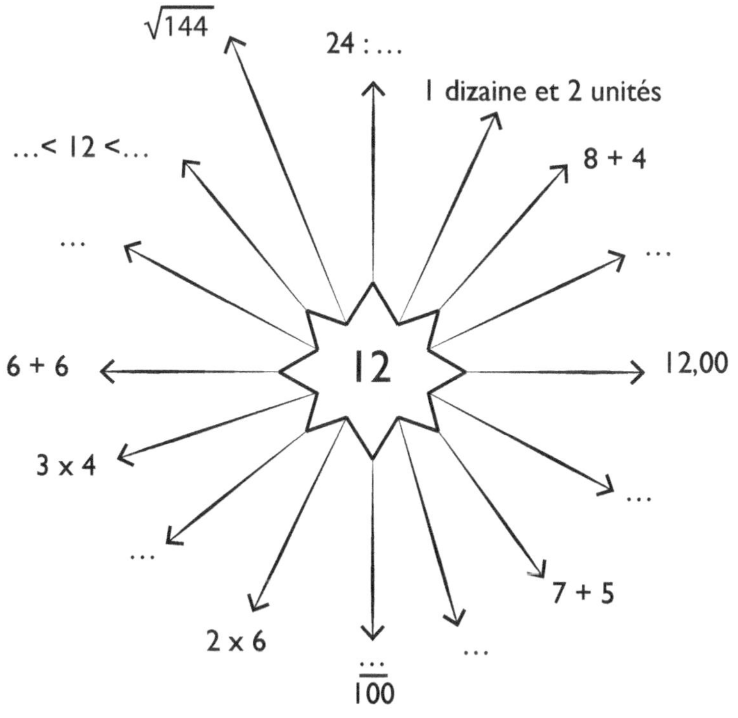

De même qu'il convient de différencier « le nombre de quelque chose » (12 œufs) du « nombre objet d'étude », tel que développé dans le schéma centré précédent, il faut comprendre la différence entre le « rectangle, forme géométrique » d'un objet concret et le rectangle que nous avons décrit plus haut. Le premier mot joue le rôle de l'adjectif qualificatif pour le nom « forme », le deuxième est un nom qui désigne un concept purement abstrait. Le rectangle mathématique est une *« idéalité »*, donc toute immatérielle, il n'existe que dans la tête du mathématicien.

Cette prise de conscience de la structure abstraite des concepts mathématiques est essentielle pour accompagner les élèves dans le *passage très progressif* de leurs évocations concrètes issues de la perception et de la manipulation de matériels à des évocations plus abstraites, en les entraînant très tôt à faire de plus en plus de liens.

L'histoire d'un concept

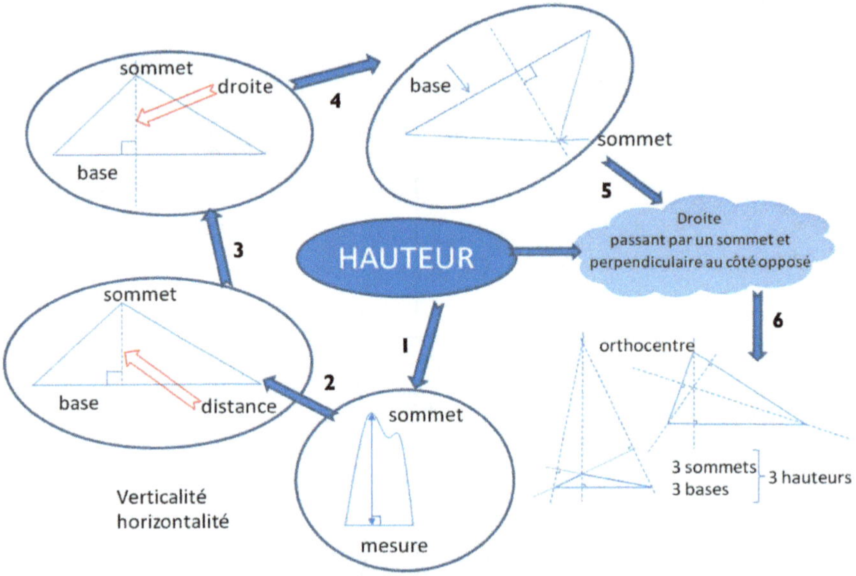

Ce schéma est à lire de bas en haut et de gauche à droite en spirale.

La hauteur a été initialement associée à des objets de la nature, mesurée avec des outils rustiques, en comparaison avec d'autres objets. Elle a été ensuite exprimée en « nombre de quelque chose » (coudées, empans, puis mètres, etc.). Ce sens est encore actuel reprenant la notion de *distance* entre le point le plus haut d'un arbre, d'un immeuble, d'une montagne, etc., et le point le plus bas, dans l'implicite de la verticalité et de l'horizontalité, mesurée à l'aide d'instruments de plus en plus sophistiqués. Ce sens premier de la hauteur lié à la verticalité est installé de façon prégnante dans la pensée des jeunes (et des adultes) et peut faire obstacle à l'évolution du concept dans le monde mathématique. Ceci est repris dans le triangle comme distance entre le sommet et la base. Bien entendu les mots « sommet » et « base » ont un sens courant en référence avec le haut et le bas et devront s'en dégager pour isoler dans un triangle les trois sommets et les trois bases correspondantes.

Vient ensuite, dans le prolongement de ce premier sens, la notion de ***droite*** passant par un sommet et perpendiculaire au côté opposé. Le mot « hauteur » sera donc polysémique en mathématiques. Penser les trois hauteurs d'un triangle n'est pas chose aisée pour des collégiens car cela suppose d'isoler à trois reprises dans une figure complexe un point (sommet) et une droite (support du côté opposé) en faisant abstraction de tout le reste. Ceci sera réalisé plus aisément dans un triangle acutangle que dans un triangle obtusangle, celui-ci contrariant l'idée que les hauteurs doivent se situer à l'intérieur du triangle. *(Nous verrons au chapitre 10 comment accompagner cette construction)*

Pour nous questionner sur la façon dont les enfants comprennent la langue mathématique il nous faut réfléchir à ce qu'elle peut avoir de spécifique par rapport à la langue française.

La langue mathématique

L'école est le lieu d'apprentissage de 3 langues :

- ***le français :*** dans sa dimension orale, cet apprentissage commencé dans l'environnement familial (quand c'est la langue maternelle) se poursuivra pendant toute la scolarité. Dans sa dimension écrite, c'est la nouveauté à l'entrée au cours préparatoire ;
- ***l'anglais*** oral récemment introduit dans les programmes de l'école ;
- ***la langue mathématique*** que nous avons coutume de présenter aux enfants sous l'appellation de ***« mathématicain »*** dont l'écrit est extrêmement rigoureux et l'oral plus ambigu.

À ces trois langues peuvent s'ajouter parfois *une langue régionale :* breton, basque…

Les mathématiques ne sont, à notre avis, pas assez enseignées dans leur dimension linguistique, or des obstacles à la compréhension et la mémorisation de ses concepts seront très souvent des obstacles épistémologiques linguistiques.

Au collège, la différenciation malaisée entre « développer » et « factoriser » serait peut-être éclairée par des réflexions sur les mots eux-mêmes : **développer** (2x + 3) (x - 1) n'est-ce pas « enlever les enveloppes » que constituent les parenthèses en appliquant la distributivité et **factoriser** 4 x 2 + 4x + 1 serait alors « envelopper » c'est-à-dire : mettre dans les enveloppes que sont les parenthèses en utilisant les identités remarquables ou encore la mise en facteur commun. Même si cette proposition paraît fantaisiste à certains, elle se rapprocherait des connaissances linguistiques des élèves et n'enlèverait rien au sens mathématique de passage, en aller/retour, d'un produit à une somme algébrique.

... « *On veillera à construire le langage spécifique progressivement. Ce qui implique de partir du français, d'y rester longtemps et de n'introduire la symbolique mathématique que lorsque cela deviendra nécessaire. Il n'est en effet pas nécessaire d'envahir la tête des enfants avec un jargon mathématique dès le départ. D'autres termes, inventés ou construits par ceux-ci, peuvent être employés au début pour progressivement construire la symbolique « conventionnelle ». En effet, il est préférable que l'enfant maîtrise un concept en utilisant un vocabulaire contextualisé (lié par exemple à la situation de découverte) plutôt que de forcer l'utilisation rapide d'un symbolisme conventionnel.* »[12]

C'est pourquoi nous proposerons dans le chapitre 5 que le sens de la numération soit parlé en français sur la manipulation des objets concrets aussi longtemps que nécessaire avant l'introduction des mots savants : unité, dizaine, centaine, etc. Faire à chaque occasion le va-et-vient entre le français et « le mathématicain » permettra aux enfants de rentrer peu à peu dans la rigueur du langage de l'expert sans rupture brutale de sens.

---

12. C. Van Nieuwenhoven, S. de Vriendt, *L'enfant en difficulté d'apprentissage en mathématiques*, De Boeck, 2012.

La langue mathématique est très ancienne, doublement polysémique discrète, minimaliste, cachotière et, pour toutes ces raisons, souvent trompeuse :

La langue mathématique

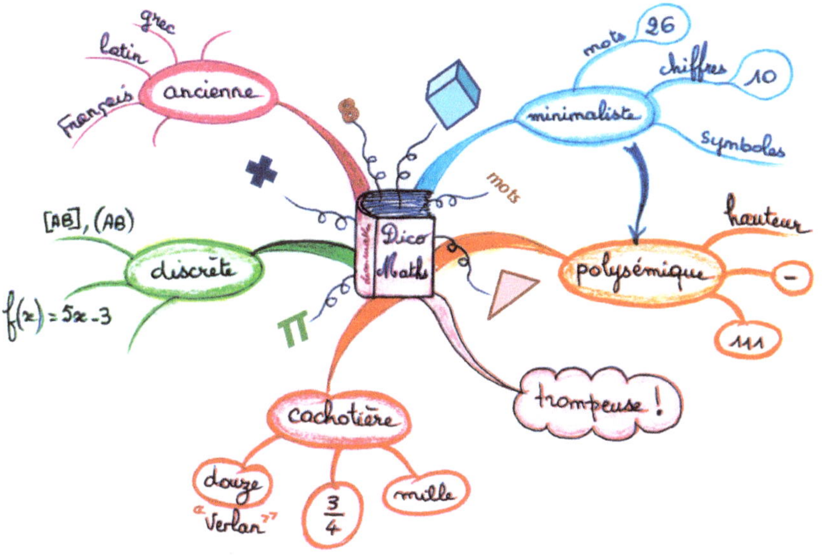

– *le « mathématicain » est une* ***langue ancienne*** qui s'inscrit dans l'histoire des mathématiques. Elle a évolué au cours des siècles, certains de ses mots sont relativement récents : si « développer » apparaît au XIIe siècle dans son sens courant et ne prendra son sens mathématiques que plus tard, « factoriser » est un mot savant qui n'est apparu qu'au XXe siècle. Chaque fois que c'est possible il est intéressant de s'appuyer sur l'origine et l'étymologique des mots et des symboles. Certains sont d'origine latine : quadrilatère de *quadri* (quatre) et *lateris* (côté), d'autres d'origine grecque : polygone de *poly* (plusieurs) et *gone* (angle), isocèle du grec *isos* (égal) et skelos (jambe), Le « 0 », trace du caillou absent dans le sable qui raconte l'absence de quantité réjouit beaucoup les jeunes enfants. Ces origines diverses expliquent que le sens premier attribué à un mot courant se soit au fil du temps enrichi, complexifié en s'inscrivant dans une pensée en évolution d'abstraction. Les mots savants du langage mathématique auront donc souvent des signifiés concrets, polysémiques pouvant contrarier le sens que le mathématicien leur a accordé ;

– ***le sens courant des mots utilisés par le mathématicien*** fait que des élèves vont les utiliser à contresens pour exprimer des concepts cependant bien compris. L'enseignant a à se préoccuper en permanence des signifiés que ses élèves ont pu installer au fil de leur développement sur les signifiants :

mots ou symboles mathématiques. Chaque fois qu'un nouveau concept est abordé, s'il fait appel à du vocabulaire utilisé dans d'autres contextes ainsi qu'à des acquis plus anciens il doit tenir compte des représentations mentales préalables des élèves pour que ceux-ci deviennent véritablement acteurs du cours. Tel élève peut très bien avoir compris la notion de parallélisme de 2 droites, y compris d'une droite à elle-même (et ce n'est pas si simple), recevoir la définition rigoureusement formulée par le mathématicien et continuer à exprimer celle-ci en disant avec beaucoup d'assurance : « Des droites parallèles sont des droites qui ont un point commun ! » Quelle ne fut pas notre surprise dans l'accompagnement de Nicolas, élève de 6e dont nous avions vérifié la compréhension ! Après notre insistance pour obtenir d'autres formulations, il finit par dire avec quelque impatience face à cette insistance de l'enseignant que manifestement il ne comprenait pas, « mais enfin, si elles sont comme ça, *(dessin correct à l'appui)* elles ont bien quelque chose en commun » ! Ceci n'est pas tout à fait faux, même en mathématiques, puisqu'elles ont même direction. Notre erreur d'enseignant a consisté à ne pas faire émerger le « déjà là » sur l'expression « *point commun* ». Nous avions à détacher ce nouveau concept de son utilisation dans le langage courant. Comment aurions-nous pu le faire ? Nous n'avions pas à l'époque imaginé que cela fut possible ! C'est bien le problème de l'enseignant, il est tellement installé dans sa logique d'expert qu'il a du mal à « redevenir petit ». Il pense naïvement que sa parole et ses développements explicatifs vont suffire.

« *Un mot mathématique est déjà un concept : pour constituer son domaine propre, il est généralement nécessaire de le situer dans ses relations avec la langue ordinaire.* »[13]

Ce « *principe de détachement* » nous amène à rechercher dans quel ensemble (mathématique, scientifique, empirique) cette notion a été acquise, rencontrée. Quelles représentations les élèves en ont-ils ? Cette représentation est-elle utilisable ? Si oui, on pourra s'y attacher, sinon il faudra la détacher de l'ensemble initial.

– Le « mathématicain » est doublement polysémique

Le conflit entre sens courant et sens savant évoqué ci-dessus se double d'un conflit, à l'intérieur même de l'univers mathématique, puisqu'un même mot, un même signe peuvent prendre des sens différents au cours de l'apprentissage. Nous l'avons évoqué à propos de la hauteur. De la même manière, le mot « rayon », associé dans le sens courant à la roue ou au Soleil désigne à la fois un segment (*un rayon du cercle)* et une distance *(le rayon du cercle)*.

Dans le nombre : **222,** le chiffre 2 prend 3 sens différents selon sa position dans le nombre écrit, sans parler du 2 de la puissance « 3^{-2} ».

13. S. Baruk, Dico *de mathématiques*, Seuil, 2008.

Le signe « - » parle à l'école d'une opération et à partir du collège, il est le signe d'un nombre négatif, l'inverse d'un nombre comme signalé ci-dessus, le signe d'une puissance, etc. Accrochés au sens premier, les collégiens multiplient les erreurs en calcul algébrique en écrivant, par exemple assez régulièrement :

$$-7 + 3 = -10$$

Ils sont les premiers agacés par ces erreurs récurrentes et l'expriment en disant : Mais pourtant je le sais que c'est -4… Ils ne comprennent pas pourquoi ces réponses leur échappent.

Même si le concept mathématique a évolué dans un domaine de plus en plus large, c'est une difficulté réelle pour beaucoup d'élèves que de suivre ses représentations successives. Leur tendance naturelle est de rester accrochés à l'une de ces représentations, pas forcément la première dans le temps.

Averti de ces risques, l'enseignant préparera ce « détachement » chaque fois que possible en présentant l'aspect provisoire du sens d'un mot ou d'un code. Par exemple : « 7 - 3 » est une phrase mathématique qui se traduit en français par « à une quantité de 7 objets, j'enlève 3 de ces objets » et « cette soustraction n'est possible que si le premier nombre est plus grand que le second ». Il conviendrait peut-être d'ajouter « pour l'instant ! », pour ne pas compromettre la compréhension de «-3 » au collège.

La polysémie du 2

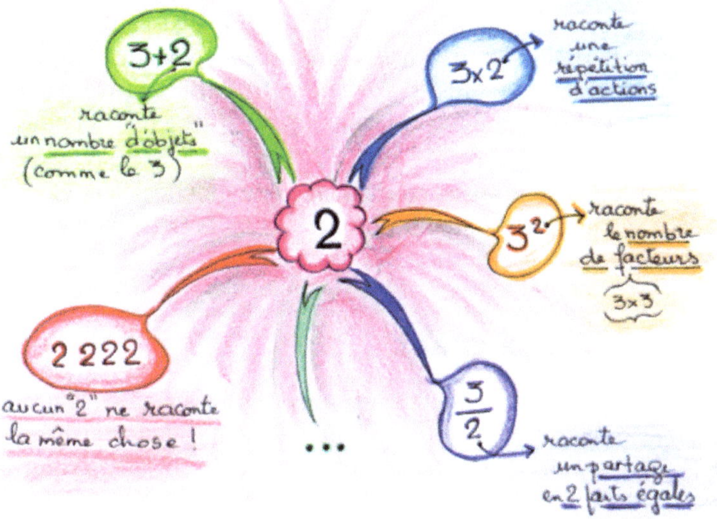

– Le « mathématicain » est minimaliste

Minimaliste certes, mais puissant puisque pour écrire les nombres il lui suffira de ***10 chiffres*** pour écrire une *infinité de nombres* et ces nombres auront toujours un sens quelle que soit l'ordre d'écriture de ses chiffres, alors que la langue française possède ***26 lettres*** pour écrire *un nombre limité de* **mots** contenus dans un dictionnaire et écrire des lettres dans n'importe quel ordre n'a pas souvent de sens. Ce parallèle entre les deux langues mérite d'être présenté aux enfants. (cf. les séquences sur le langage écrit et le langage parlé de la numération).

Le fait aussi qu'en mathématiques la progression se fasse majoritairement du simple au complexe en construisant des ensembles de nombres en inclusion, veillant à ce que les propriétés des premiers ensembles soient conservées dans les suivants, justifie que les codes de départ soient conservés même si leur sens évolue dans la démarche. Ce que nous avons signalé pour le signe « - » est vrai pour le signe « = » ou pour le mot « hauteur ».

– La langue mathématique est cachotière et trompeuse

Dans le langage de la numération tous les mots n'ont pas le même rôle, certains sont, sans ambiguïté, directement associés à un chiffre, c'est le cas des mots : « zéro », « un », « deux », « trois », « cinq », « six », « sept », « huit » et « neuf », mais « *quatre* » ne s'écrira pas toujours *« 4 »,* par exemple dans « *quatre-vingt* ». À l'inverse, les chiffres ne seront pas systématiquement associés au mot. Il n'y a jamais bijection entre le mot et le chiffre.

Les mots « *cent* » et « *mille* » cacheront souvent leur « *un* » comme dans « *mille cent douze* », ce même « *douze* », cache le *« deux »* et le « un dix » en les positionnant en sens inverse de l'écriture *« 12 »*. L'aspect inversé *(verlan)* du langage mathématique se retrouve aussi à l'école dans la *« fraction »*, qui se parle et s'écrit dans l'ordre inverse des deux actions qu'elle raconte, comme dans l'expression « centimètre carré » provoquant nombre de confusions chez Guillaume et beaucoup d'autres jeunes et adultes (voir pages 44 à 46).

Ces irrégularités seront mises en évidence et explicitées aux élèves de CP dans une séquence spécifique intitulée « des mots pour parler et écrire la numération ».

Le rôle de l'enseignant

C'est une erreur de penser que le saut dans l'abstraction des concepts et du langage mathématique, qui a pris tellement de temps dans l'histoire de l'humanité, puisse se faire rapidement par les enfants. Une autre erreur consiste à penser qu'il suffit de l'expliquer aux élèves pour que cela se fasse !

« Tu me dis, j'oublie. Tu m'enseignes, je me souviens.
Tu m'impliques j'apprends ! »
B. Franklin

L'implication se fera bien sûr dans les activités du groupe-classe, mais elle se fera avant tout dans la singularité de l'activité mentale. Les objets mathématiques étant des « objets de pensée », l'essentiel de l'activité du mathématicien est une activité mentale. Or celle-ci, par nature, ne peut être observée que par le sujet lui-même.

« Le fait que les images mentales ne soient accessibles qu'à l'organisme qui les possède n'interdit pas leur caractérisation. »… « Cet état de choses ne devrait pas nous empêcher de traiter scientifiquement les phénomènes subjectifs. Que cela nous plaise ou non, tous les contenus de notre esprit sont subjectifs, et le pouvoir de la science vient de sa capacité à vérifier ce qu'il peut y avoir de cohérent dans bon nombre de subjectivités individuelles. »[14]

Tenir compte de la subjectivité des processus mentaux nous impose une ***posture*** spécifique dans l'accompagnement des élèves :

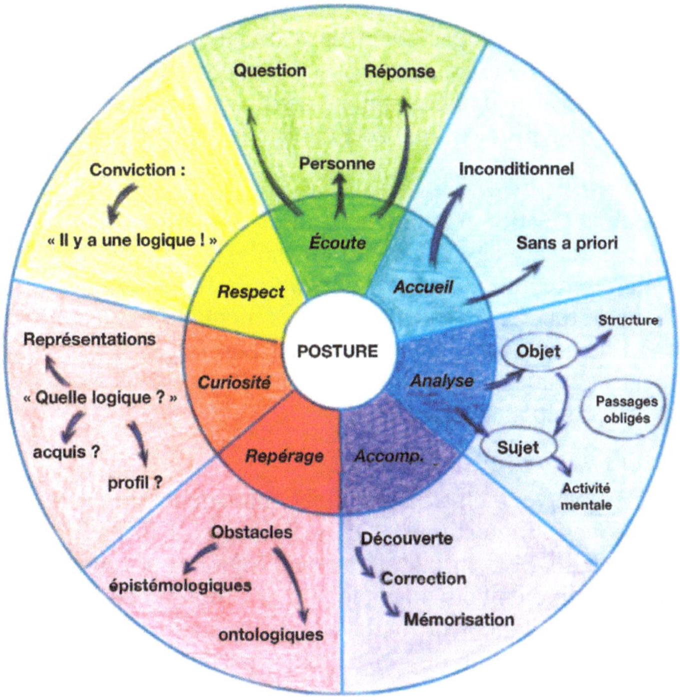

14. A. Damasio, *Le sentiment même de soi*, Odile Jacob, 2002, p. 112.

Écoute d'une question posée :

Poser une question est un acte intelligent, c'est quand l'élève ne pose plus de question qu'il nous faut nous inquiéter. Il y a donc à accuser **réception** de ladite question, même si elle est dérangeante dans l'instant, soit parce qu'elle demanderait de longs développements et que ce n'est pas possible à ce moment-là, soit parce qu'elle est hors sujet. Nous pouvons alors différer la réponse en évitant de la juger. Si la question semble ne pas présenter d'intérêt immédiat pour le groupe, elle a certainement du sens pour celui qui la pose, il y manifeste quelque chose de lui, parfois certes pour se faire remarquer et même cela mérite d'être entendu.

Respect de la réponse :

Si une question n'est jamais stupide, une réponse l'est encore moins. Il y a toujours une logique dans la réponse d'un élève, même si elle nous semble aberrante. Il y a une logique dans ce qu'elle contient et elle a du sens pour celui qui la formule. Certes ce n'est pas toujours ce que nous attendions, comme la définition des droites parallèles de Nicolas.

Curiosité de cette réponse :

La surprise devant des réponses des élèves nous entraîne parfois dans des réactions très rapides d'agacement ou d'impatience. Nous sommes tellement dans l'attente de la bonne réponse ! La reformulation de ce que vient d'être dit permet au jeune comme à l'adulte de se mettre en situation de réflexion pour y analyser ce que cela comporte de sens.

Analyse de la situation :

La théorie de la Gestion mentale nous offre une grille originale de lecture des tâches mathématiques. Il s'agit d'en analyser finement la structure perceptive spatiotemporelle, concrète/abstraite, la formulation des questions, mais surtout de repérer les incontournables mentaux liés à cette tâche dans ce qu'elle a de spécifique. Ce travail peut être fait en amont par l'enseignant qui a l'habitude de la démarche pour anticiper de possibles difficultés et de mieux accompagner ses élèves.

Repérage des obstacles possibles :

Les obstacles peuvent être dans l'objet mathématique, ils sont souvent épistémologiques, linguistiques, liés à l'origine et la nature des savoirs mathématiques, ils peuvent aussi être ontologiques et rencontrer chez les élèves des fonctionnements inadaptés ou des représentations erronées. Le « dialogue pédagogique » de la « Gestion mentale » pratiqué régulièrement nourrit l'imagination de l'enseignant qui, à force de questionner des Nicolas et des Guillaume, peut anticiper d'autres fonctionnements aussi originaux et créer des outils pédagogiques et didactiques susceptibles de contourner des difficultés repérées ou de les déloger si elles sont installées.

Un outil d'accompagnement pédagogique

Entraînés à la pratique du ***« dialogue pédagogique »*** tel que l'a défini Antoine de La Garanderie, les enseignants peuvent questionner leurs élèves sur leurs itinéraires mentaux, les formes de leurs représentations et les visées de sens qu'ils donnent à leur activité mathématique.

Ils ne sont alors pas au bout de leurs surprises. Découvrant l'extraordinaire logique des réponses des enfants, ils peuvent revoir leurs connaissances et pratiques d'expert et les revisiter sous cet autre éclairage de la pensée individuelle. La découverte de logiques mentales individuelles jusqu'alors inimaginées (voire inimaginables) permet d'éclairer des difficultés fréquemment observées dans les classes.

Pourquoi tant de difficultés dans la mémorisation des tables de multiplication ? Pourquoi des élèves de lycée confondent-ils si souvent fonction et courbe ?

Ce « Dialogue pédagogique » peut apporter de nombreuses réponses à de telles interrogations récurrentes des enseignants. Il est heuristique pour les enseignants qui vont déplacer leur questionnement de l'objet d'apprentissage au sujet qui doit se l'approprier. Il l'est d'abord et avant tout pour les élèves qu'il éveille à leur intériorité cognitive. Les premiers pourront analyser finement les incontournables mentaux d'accès, par exemple, à la compréhension de la numération ou des opérations, à la mémorisation des tables de multiplication ou encore à la différenciation spatiotemporelle de la fonction et sa courbe représentative, etc. Les seconds, à partir d'un accompagnement plus descriptif des moyens évocatifs, auront accès aux « comment faire » mentaux pour y accéder.

Le « dialogue pédagogique » est un outil d'accompagnement à la résolution de problème comme nous allons en donner un exemple.

Voici un exercice que vous pouvez vous amuser à résoudre tout en observant votre itinéraire mental (ce ne sera pas toujours chose aisée pour des experts qui sont dans la fulgurance de la procédure : plus elle est rapide, plus son observation est délicate). Il sera ensuite fait une analyse des solutions habituellement apportées et des stratégies mentales décrites lors de dialogues pédagogiques en formation d'adultes.

Une salle de spectacle peut contenir 2800 personnes. Lors d'un concert, 4/7 seulement de personnes désirant y assister ont pu trouver une place. On demande combien de personnes sont restées dehors ?

Analyse des réponses :

- *groupe 1* : « Ce n'est pas la peine, je n'y arriverai pas, de toute façon, moi les maths !.. » ;
- *groupe* 2 : « Ce problème n'est pas possible ! » ;
- *groupe* 3 : « C'est facile : (2800 x 4) : 7 = 1600 personnes ;
- *groupe* 4 : « ça y est : 2100 personnes ! »

Les trois premières réponses fusent ! La quatrième (bonne réponse) est quelquefois donnée extrêmement rapidement, mais la plupart du temps, elle surgit après un temps manifeste de réflexion et d'interrogation.

- *Le groupe 1 :* celui qui se précipite dans le « je n'y arriverai pas » exprime un tri évocatif dans lequel le plus prégnant est de toute évidence 4/7. Cet objet évoqué rencontre un évoqué négatif, souvenir d'échecs à répétition, bien ancré dans le cerveau limbique : l'information ne parvient pas au cortex cérébral. Certaines personnes arrivent à trouver le ressort et, canalisant leur réaction affective, retrouvent la maîtrise de leur réflexion. Elles expriment alors qu'elles sont revenues à l'énoncé pour passer en revue tous les indices avant de refaire leur tri.
- *Le groupe 2 :* Ces personnes, affirmant très fort que le problème n'est pas possible, prennent parfois beaucoup de temps pour accepter de se laisser convaincre. Nous nous sommes quelquefois demandée si nous avions vraiment convaincu...

En « dialogue pédagogique », elles décrivent un cheminement mental polarisé autour d'évocations visuelles concrètes ou verbales de « personnes désirant y assister »... et s'enlisent dans « Je ne peux pas savoir combien désirent ». D'autres expliquent qu'elles ont très bien imaginé dans leur tête les personnes à l'intérieur et à l'extérieur de la salle mais, ou bien cette totalité reste insécable : elles n'ont pas réussi à séparer le « dedans » et le « dehors » et extraire l'intérieur de la totalité des personnes ou bien, au contraire, elles les ont vus comme deux espaces de la salle bien séparés : dedans et dehors, sans pouvoir les inclure dans la totalité. Dans les deux cas, elles n'ont pas eu ce vécu mental d'inclusion des 2800 personnes dans l'état initial des personnes désirant y assister.

- *Le groupe 3 :* les personnes disent avoir géré en priorité 4/7 et 2800, faisant ainsi dans l'énoncé le tri des indices à l'allure mathématique, animées qu'elles sont par un projet mental (la plupart du temps implicite) de résoudre le problème en appliquant une stratégie automatisée de transformations bien maîtrisée (je divise par 7 et je multiplie par 4, les 2800 personnes représentant pour elles l'état initial).

La première des difficultés réside dans l'énoncé du problème car, dans l'histoire racontée, il y a inversion de l'état initial (Ei) et de l'état final (Ef) : il faut attendre la fin du texte pour avoir l'état initial, sur lequel doit s'appliquer 4/7. Certaines personnes (élèves ou adultes) construisent leurs évoqués dans l'ordre de ce qu'elles entendent ou de ce qu'elles lisent et sont alors décontenancées. Ce n'est qu'à la fin de la phrase qu'il est possible de prendre conscience de l'état initial.

De plus, cet état initial (Ei) n'étant pas connu, il faut effectuer une transformation (opérateur 4/7) sur une quantité inconnue. La transformation et l'état final sont connus, reste à découvrir l'Ei, il y a alors nécessité d'inverser la transformation. Ce que réussissent les personnes du groupe 4 :

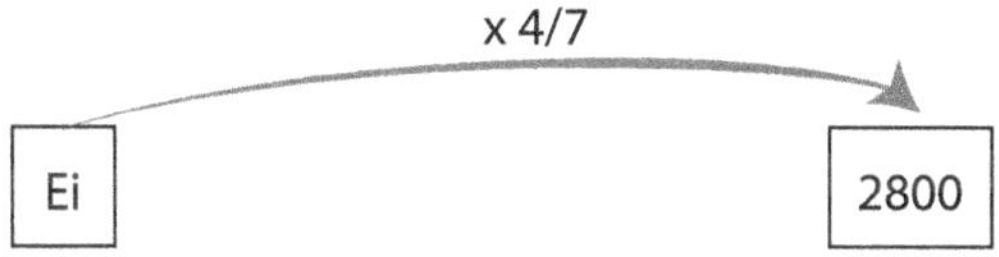

Cette transformation est décomposable en 2 transformations :

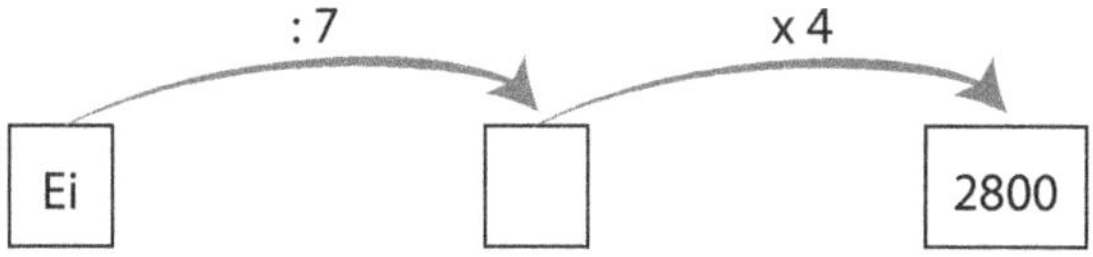

Il devient alors plus aisé de défaire la chaîne d'opérations

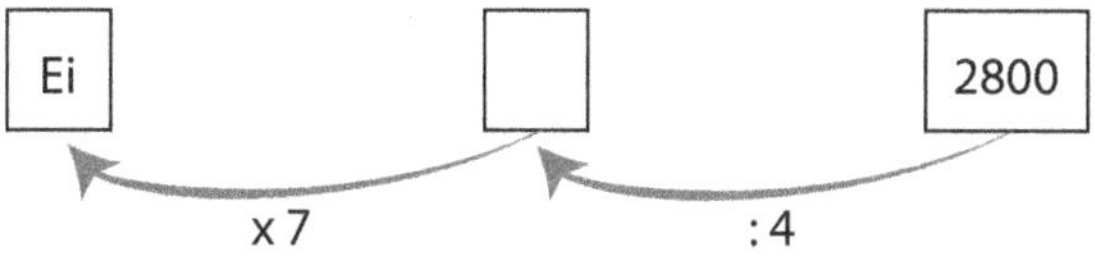

Il suffit ensuite, par exemple, d'exclure 2800 de 4900 : 2100 personnes
Une autre stratégie, plus spatiale, incluant le 4 dans le 7, est fréquemment utilisée :

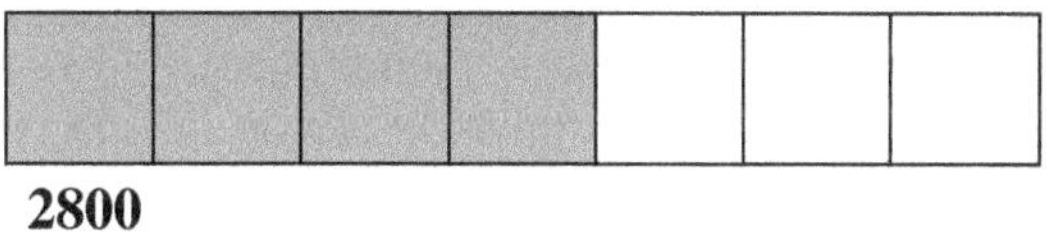

La réussite dépend de l'association de 2800 aux 4 parts de cet espace.

En plus de ces grandes catégories de stratégies, on rencontre parfois des nuances surprenantes :

« Le problème n'est pas possible... 4/7, ça n'existe pas ! »

Question : Ah bon ! C'est quoi pour vous 4 ?

Réponse : « Rien ! »

Q : Si je vous dis 3/4, qu'est ce qui se passe pour vous ?

R : « Je me dis 3/4 d'heure. »

Q : Est-ce que cela peut être autre chose ?

R : « Je peux voir une pizza coupée en 4 *dont* il *manque un morceau. »*

Q : Et alors, 4/7 d'une pizza ce serait quoi ?

R : « Ce n'est pas possible, je ne peux pas couper en 7 *(sic). Ça n'existe pas »*

Nous rencontrons ici une compréhension de la fraction uniquement ancrée dans le concret d'un vécu.

Des obstacles à la résolution d'un tel problème se situent à tous les niveaux : évocation de l'énoncé, tri des indices, confrontation, retour aux acquis mémorisés et tri, mise en relation de sens avec les indices évoqués puis résolution par le calcul.

La toute première difficulté surgit à la lecture de l'énoncé. Beaucoup d'élèves se précipitent dans la résolution du problème avant même d'en avoir saisi tous les éléments. Ils sont envahis par le projet mental de « faire des opérations » et trient dans le texte ce qui va dans ce sens : les nombres, les fractions et les mots indicateurs d'opérations : partager, plus, moins, etc. Ils trient les indices qui vont dans le sens de cette intention dominante et négligent alors des mots importants. **Le problème qu'ils résolvent n'est pas celui qui leur a été donné mais celui qu'ils ont évoqué.** Les quatre groupes décrits ci-dessus résolvent des problèmes différents parce qu'ils ont privilégié en évocation des éléments différents du texte.

Le rôle du dialogue pédagogique est d'amener chaque élève à la découverte de la logique de sa stratégie et de lui montrer où doit porter sa vigilance dans d'autres situations-problèmes.

Dans cet exemple comme dans beaucoup d'autres, des schématisations des processus seront une aide intéressante à cette prise de conscience.

L'accompagnement à la correction de l'erreur par le « dialogue pédagogique »

Réfléchir au statut de l'erreur nécessite de l'inscrire dans une triple temporalité : passé, présent et futur.

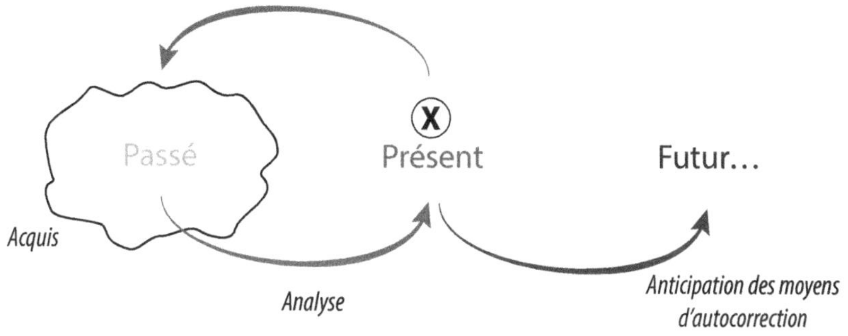

L'erreur manifestée dans le présent d'une tâche mathématique a son origine dans le passé des acquis de l'élève, ses savoirs comme ses savoir-faire. Nous pouvons, grâce au « dialogue pédagogique, rechercher avec lui la logique de cette erreur. Il y a aussi à lui communiquer que, puisqu'elle s'inscrit dans une logique de fonctionnement mental personnel, elle va probablement revenir à son insu. L'erreur est normale, utile, pourvu qu'elle soit analysée avec curiosité, sans jugement. Avoir l'explication du « pourquoi » d'une erreur ouvre la perspective de recherche des moyens mentaux à mobiliser dans le futur pour ne plus la refaire dans d'autres situations similaires.

Un exemple individuel puis collectif

Guillaume, élève de 6e, nous est adressé par un collègue professeur de mathématiques qui se plaint de sa fréquente confusion entre périmètre et aire. Son premier diagnostic était l'étourderie face à des consignes en situations-problèmes. Il était capable d'avoir 18/20 comme 5/20. Elle pense qu'il y a autre chose que ladite étourderie.

Voici notre dialogue :

P : C'est quoi pour toi un centimètre carré ? ***G : C'est un carré d'un centimètre de côté.*** P : Bien !	Questionnement ordinaire des enseignants que nous dirons « dialogue didactique », la réponse est acceptable même si la formulation manque de rigueur.

P : Peux-tu penser à un centimètre ? (mini pause silencieuse) Comment y penses-tu ?	**Début** **du « dialogue pédagogique »**
G : Je le vois. P : Peux-tu me décrire ce que tu vois dans ta tête ?. ou le dessiner ? ***G : C'est grand comme ça...*** P : Très bien ! et maintenant, peux-tu penser à un centimètre carré,... et me dire comment tu y penses ?	Geste des doigts pour communiquer la grandeur qu'il prolonge par un dessin d'un trait d'environ 1 cm sur sa feuille : ———
G : Je le vois aussi. P : Peux-tu me décrire ce que tu vois ?... ou me le dessiner ?	
G ***: Je vois un carré d'un cm de côté, comme ça...*** P : Peux-tu m'expliquer ce qui s'est passé dans ta tête ?	Voici ce qu'il dessine à côté du dessin précédent : ——— 1 cm □ 1 cm^2
G : Quand vous m'avez dit un centimètre, j'ai vu le cm et quand vous avez dit « centimètre carré », ***je l'ai tordu pour en faire un carré.***	- Geste à l'appui !

Pas un instant nous n'avions pu jusqu'alors imaginer une telle représentation chez nos élèves.

La première surprise passée, convaincue de la présence d'une logique, nous manifestons notre intérêt pour la réponse et après une courte réflexion, cette logique nous semble évidente. Ce que nous nous empressons de communiquer à Guillaume. Pour ce faire et accompagner l'élève dans l'autocorrection mentale de la forme évocative de sa représentation (ce que nous ferons avec lui rapidement), il nous faut expliciter ce que le concept impose de liens logiques et le mettre en parallèle avec la logique mentale de Guillaume.

Analyse sous P éclairage de la Gestion mentale

Dans l'expression « une table carrée » qui sépare en 3 mots ce que l'objet concret contient en simultané dans le monde de la réalité, « table » est un nom qui désigne l'objet et « carré » un adjectif qualificatif qui transforme la table, le « une » présentant l'objet est donc à attribuer à cet objet carré.

Une table carrée

Liens logiques (P3) ***d'attribution*** **en** ***« fusion »***
sur des évoqués concrets en Pl (Voir le schéma en page 18)

Guillaume a donc compris un centimètre carré en analogie avec le langage courant ! Il a créé mentalement les mêmes liens logiques d'attribution (P3) sur des évoqués concrets (PI) :

Un centimètre carré

Or dans l'univers mathématique, le « un » est à attribuer à « carré » (qui est ici un nom désignant un objet abstrait) et le « centimètre » à « carré » (celui-ci jouant le rôle de l'adjectif puisque, ultérieurement, il pourra être « mètre », « décimètre », etc.

Un centimètre carré

Nous réalisons alors l'obstacle épistémologique linguistique : l'erreur prend sa source dans la langue mathématique qui, dans cet exemple, inverse ce qu'elle est censée désigner, c'est du « *verlan* », ce que nous nous empressons de communiquer à Guillaume pour son plus grand plaisir : la « faute » est à attribuer au mathématicien qui aurait dû le nommer « *un carré centimètre* ».

La reconnaissance de la logique d'une erreur est fondamentale dans l'accompagnement des élèves car elle leur ouvre le champ de la correction de leurs erreurs sans la remise en cause de leur intelligence. La même expérience renouvelée tous les ans dans des groupes-classes y révèle la présence de plusieurs « Guillaume », y compris chez des adultes en formation.

(Les schémas des pages ***18 et 19*** *de description des paramètres évocatifs (P1/P2, P3/P4) seront une aide précieuse dans l'analyse des incontournables de la pensée mathématique et dans l'explication des erreurs possibles des élèves, nous y ferons régulièrement référence dans cet ouvrage.)*

Nous ne pouvons nous arrêter à la description de ce seul itinéraire de pensée et vous proposons d'analyser d'autres productions observées chez des jeunes comme chez des adultes. Nous allons trouver deux autres dessins qui ne relèvent pas tout à fait de la même logique mentale, nous allons nous en rendre compte dans l'exercice qui suivra.

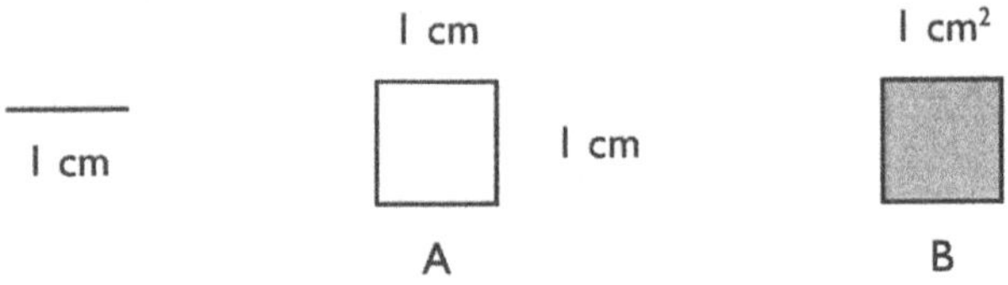

Voici 2 autres productions observées (A et B), à analyser après le même travail sur 3 cm^2.

Reprenons la même démarche en remplaçant 1 cm^2 par 3 cm^2 et nous observons plusieurs représentations :

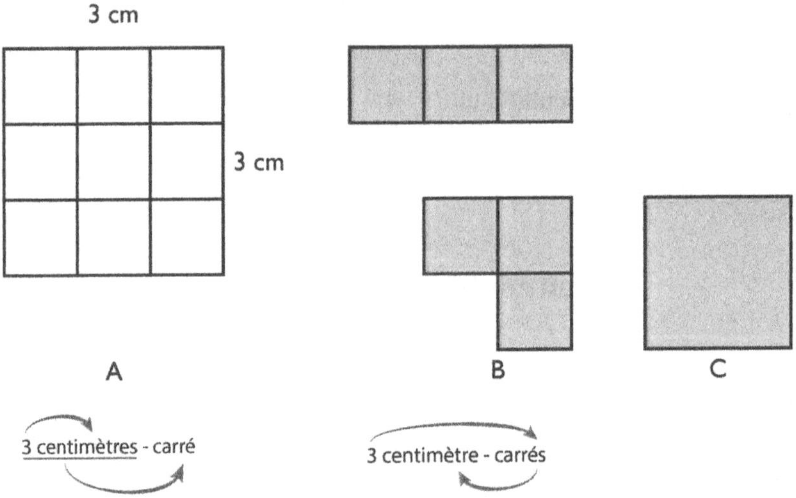

Le dessin **A** met en évidence l'attribution du nombre « 3 » au « cm », puis de ce « 3 cm » au *côté* du carré, alors qu'en **B,** le « 3 » est attribué, comme il convient de le faire en mathématiques, en souvenir de l'origine de son appellation, *au carré,* le « cm » jouant le rôle de l'adjectif qualificatif comme le ferait bleu ou rouge.

Dans le dessin **C,** la personne exprime sans doute une idée plus abstraite du concept, plus mathématique, le carré étant moins important et pouvant prendre d'autres formes, voire n'en prendre aucune pour ne pas être enfermé dans une forme géométrique. Pour cette 3e production il nous faut cependant être prudent et questionner la personne pour nous assurer que, comme pour Guillaume, les 3 cm n'auraient pas été « *tordus* » pour en faire un carré. Ceci dit, si c'était le cas, le carré n'aurait peut-être pas été colorié...

> « *Il ne s'agit pas de nier les différences,*
> *mais de s'en enrichir, de s'en enchanter et pour cela*
> *les regarder en face, d'en préciser la nature*
> *et d'en comprendre l'origine.* »
>
> Jacquard, Moi et les autres

Anticipation des moyens d'autocorrection

Cette séquence a le mérite d'amener des personnes à s'interroger sur la logique de leur représentation mentale, mais ne doit pas s'arrêter là. L'enseignant accompagnera les élèves à la *correction évocative* de leurs erreurs en leur faisant des propositions d'associations différentes à partir des mots de la langue mathématique, en images mentales visuelles, en impressions visuelles, en impressions d'espace ou encore en évocations verbales et tel a été **le choix de Guillaume : *« Quand j'entendrai centimètre carré, je me dirai : attention ! Les mathématiciens se sont trompés et je me dirai c'est un carré centimètre ! »***

Il nous reste alors à les mettre en **projet de mémorisation** de cette autocorrection en les incitant à se questionner : « Comment allez-vous faire pour vous en souvenir ? ». Ce n'est pas parce que l'élève a compris son erreur qu'il ne la refera pas. L'erreur bien installée dans la conscience va revenir. C'est le rôle de la mémorisation de donner au processus de correction une dimension de *futur* à la nouvelle compréhension.

L'analyse ici exposée des liens logiques ***d'analogie et attribution,*** incontournables de la compréhension de la langue mathématique sera poursuivie tout au long de cet ouvrage. Mais nous nous attarderons aussi longuement sur le lien de ***sériation spatiotemporelle*** indispensable dans la compréhension des concepts mathématiques.

Un « outil psychologique » d'aide à la sériation spatiotemporelle

Ce lien logique consiste à ranger mentalement des états et des transformations dans l'ordre de leur déroulement temporel :

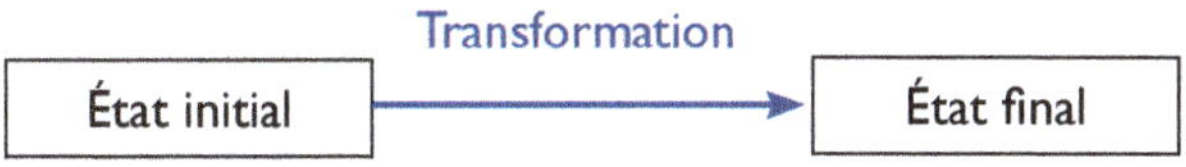

Cette structure sera un intéressant outil pédagogique et didactique dans l'accompagnement des jeunes depuis le CP jusqu'au lycée. Il a le mérite d'expliciter ce que l'apprenant doit installer dans sa pensée mathématique et sera repris et détaillé dans toutes les situations signifiées sur le schéma suivant :

– à *l'école :*

Le sens de la dizaine, de ***la numération,*** la compréhension et la complémentarité ***des opérations,*** le sens de ***la fraction, les situations-problèmes,***

– au collège :

La ***mise en équation*** d'un problème,

La compréhension d'un ***théorème*** et de sa ***réciproque,*** la démonstration,

– au collège et au lycée :

La compréhension ***des fonctions,*** avec la différenciation de leurs courbes ainsi que les calculs d'images et d'antécédents.

La sériation spatiotemporelle

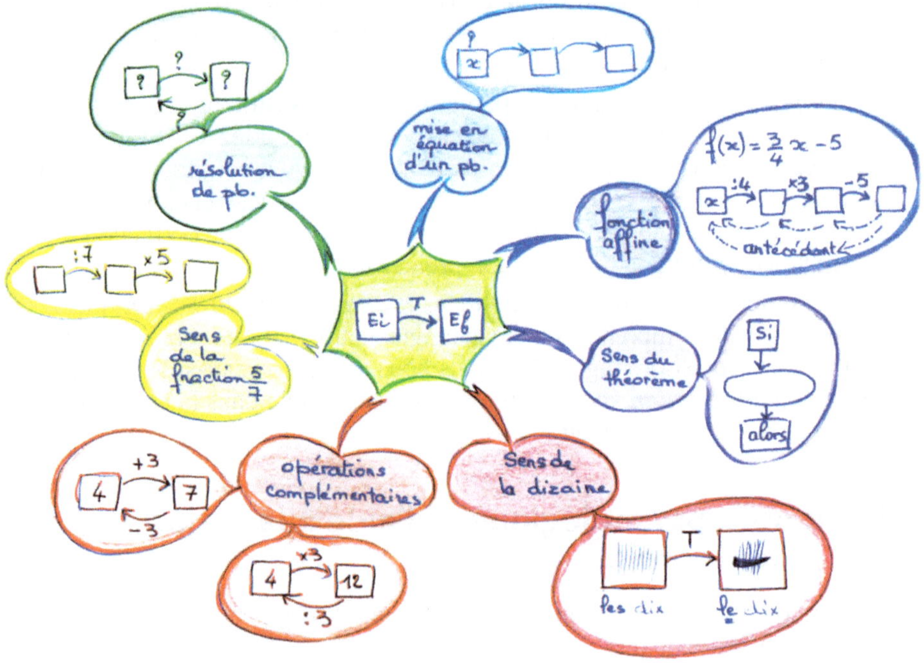

Les détails d'utilisation de ce schéma seront développés au fil des chapitres suivants.

Deuxième partie

La numération et les opérations

Il y a deux moments-clés dans les premiers apprentissages des mathématiques, ce sont :

1. Le sens de la dizaine, de la centaine ;

2. Le sens des opérations, en particulier de la multiplication.

Ces étapes doivent retenir toute notre attention. Elles sont à accompagner avec délicatesse, sans précipitation mais avec beaucoup de rigueur en tenant compte des étapes du développement de l'intelligence du jeune enfant.

Chapitre 3

Activités mathématiques en maternelle

Pour qu'un élève intègre un apprentissage, il faut qu'entre le message reçu (vu ou entendu) et l'action réalisée, il y ait une activité évocative, c'est-à-dire une reprise mentale en images, sons, mouvements, impressions, discours interne, de cette information.

Il ne faudrait pas croire que cette activité mentale soit automatique, beaucoup d'enfants en classe de maternelle ont mis en place des comportements sensorimoteurs : précipitation dans l'action sans appropriation de la consigne par exemple. Si les enfants ne le font pas spontanément, c'est aussi le rôle de l'enseignant de les éveiller à ce geste mental d'attention ou plus exactement de les entraîner à diriger leur attention sur des objets qu'ils n'ont pas choisis. Ils doivent désormais cibler leur geste d'attention sur des objets décidés par l'enseignant, alors qu'avant leur entrée à l'école ils avaient en général le choix de leurs objets d'attention. Le coloriage libre d'un **mandala créatif,** choisi par l'enfant est une intéressante activité de plaisir qui aide au recentrage et à la concentration. Elle a tout à fait sa place en classe maternelle, indépendamment de l'activité mathématique.

Un outil pédagogique : le « mandala créatif »

Le mot ***« mandala »*** prend son origine en sanscrit où il signifie ***« cercle »*** et plus précisément ***pensée contenue dans un cercle.***

Le **mandala**, ou **dessin centré,** est une image simple ou complexe, organisée de façon symétrique ou non, autour d'un centre. Il est présent dans la nature (fleurs, plantes, coquillages) et dans les cultures et religions du monde entier. On le retrouve aussi dans toutes les formes d'artisanat : sculptures, broderies, poteries, dentelles...

Lorsqu'une personne, adulte ou enfant, colorie un mandala, on peut observer que tout naturellement elle travaille en alternance du centre vers la périphérie et de la périphérie vers le centre. C'est le signe d'une véritable respiration mentale. C'est un travail d'équilibration naturelle des deux hémisphères cérébraux : hémisphère droit et hémisphère gauche. Il n'est alors pas étonnant d'observer le retour au calme, le recentrage et le bien-être de la personne.

- Le coloriage d'un mandala est à proposer aux enfants dans des périodes d'agitation, de fatigue ou de mal-être pour qu'ils vivent, dans le calme du coloriage, un retour à l'équilibre, une réharmonisation.
- Il est particulièrement utile aux enfants qui ont des difficultés d'écoute et de concentration, qui se fatiguent vite dans un travail intellectuel ou qui manifestent une agitation constante, voire une hyperactivité.
- Il peut aussi être pris comme une activité de détente pour aider les enfants à puiser dans les ressources de leur imaginaire. Ce n'est pas un coloriage ordinaire, il développe le potentiel créatif.

Dans tous les cas, ce doit être une **activité de plaisir !**

Un exemple de « mandala créatif » à colorier :

Un passage obligé de la compréhension du nombre

Avant l'entrée à l'école, l'enfant a déjà rencontré des nombres, mais c'était toujours des nombres... **de quelque chose.** Ces nombres ne sont que des mots qu'il a mis sur une réalité.

Acquérir le sens de la numération suppose de se détacher progressivement de cette réalité des objets et de constituer des évocations des codes mathématiques en créant des liens entre ces deux mondes : concret et abstrait. Le passage de l'un à l'autre dans l'apprentissage de la numération n'est pas toujours aisé. Il doit retenir toute notre attention et nécessite de respecter un certain nombre d'étapes.

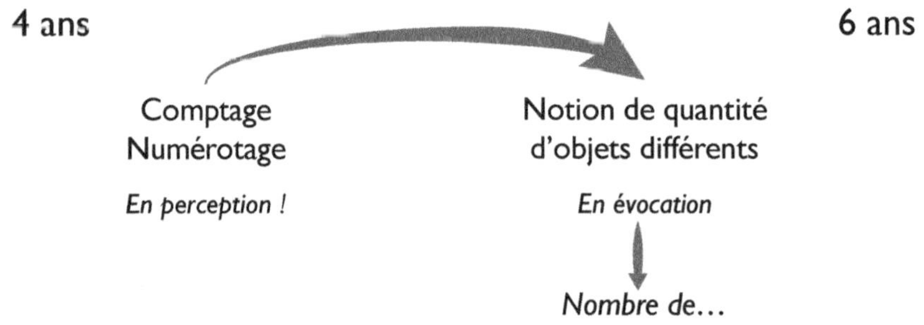

Entre 4 et 6 ans, l'enfant doit acquérir la notion de quantité.

Un enfant de 4 ans qui compte les éléments d'une collection, attribue à chacun des objets perçus un numéro et lorsqu'il a terminé son comptage, il nomme le dernier objet de la collection plus que la quantité significative de cette collection. Comprendre un nombre nécessite de passer du ***« comptage numérotage »*** en perception au ***« dénombrement ».*** Cet accès à la notion de quantité impose l'activité évocative. Le passage à l'abstraction du nombre de... est lent et pas toujours aisé : il oblige à un changement de point de vue : ***passer du contenu concret*** *(les objets)* ***au contenant abstrait (le nombre).***

Le nombre « 4 » désigne en effet une ***quantité*** d'objets réunis dans une collection par le fait, soit qu'ils sont identiques ou semblables, soit, beaucoup plus tardivement, qu'il y ait entre eux une ***unité*** de sens : 4 objets tout simplement.

Telle une petite fille qui n'arrivait pas, en fin de maternelle, à comprendre que 4 « pommes rouges » et 3 « pommes vertes » donnaient 7 pommes exprimait ce manque pour elle d'unité de sens, tant elle vivait le sens de la différence entre les objets. La proposition faite par l'enseignant de « peler les pommes » dans sa tête lui a permis de supprimer cette différence, la similitude de sens lui a alors semblé évidente : « Ah oui, ça fait 7 pommes ! »

Pour ce faire, nous conseillons d'éviter le « sur comptage » qui maintient les enfants en perception. Ils continuent à égrener la comptine numérique sans pour autant intégrer la quantité ainsi nommée.

Pour accompagner l'accès à la notion de quantité, des activités de mémorisation de « collections-témoins » sont connues et fréquemment utilisées par les enseignants :

- jeux de doigts avec ou sans comptine, dés, dominos. Les doigts permettent un ancrage évocatif sur le ressenti extéroceptif des quantités,
- jeux de dés et de dominos qui faciliteront la mémorisation d'organisations spatiales de ces quantités simples en « image mentale » globale pour de très petites collections. Dès qu'elles seront mémorisées, elles seront rapidement reconnues et sollicitées pour dénombrer des collections.

Ces activités sont prônées dans les instructions officielles de **la Direction de l'enseignement scolaire** qui propose aussi « d'autres illustrations des nombres par des quantités sont utilisées, en ne se limitant pas aux collections usuelles », ainsi que « la réalisation d'une collection de quantité identique à celle d'une collection donnée ». Nous avons tenu compte de toutes ces instructions dans les propositions qui vont suivre :

Un outil didactique : le « mandala d'apprentissage »

Les ***mandalas de nombres*** qui proposent une perception visuelle globale, spatiale, de collections d'objets identiques, similaires ou complètement différents sont des outils pertinents pour accompagner le passage à la notion de quantité. Dans ces structures centrées les éléments sont présents ***simultanément,*** sans priorité ni ordre, mais peuvent encore, pour un temps si nécessaire, être saisis ***successivement*** par un comptage temporel.

Leur coloriage, guidé ou non comme nous le présentons ci-après, allie l'activité créative de recentrage et l'activité mathématique selon les choix et progressions faits par l'enseignant.

Les 2 fiches suivantes s'inscrivent dans un objectif d'association d'un nombre à des collections différentes d'objets. Leur structure centrée permet de ramener toutes les collections au même nombre. La répétition dans le coloriage facilite l'appropriation de la quantité.

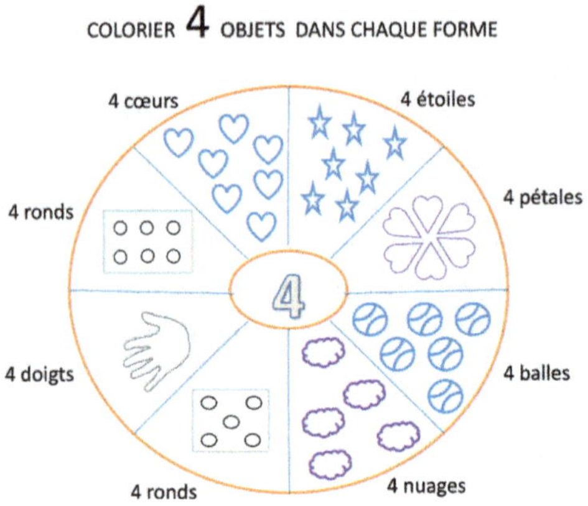

Consigne orale : colorier quatre objets dans chaque forme.

Ou encore pour solliciter l'inventivité mathématique[15] :

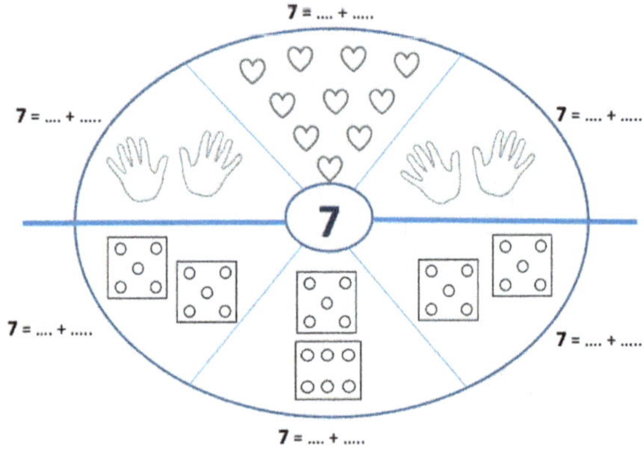

Colorier 7 objets (doigts, points, étoiles) de plusieurs façons différentes.

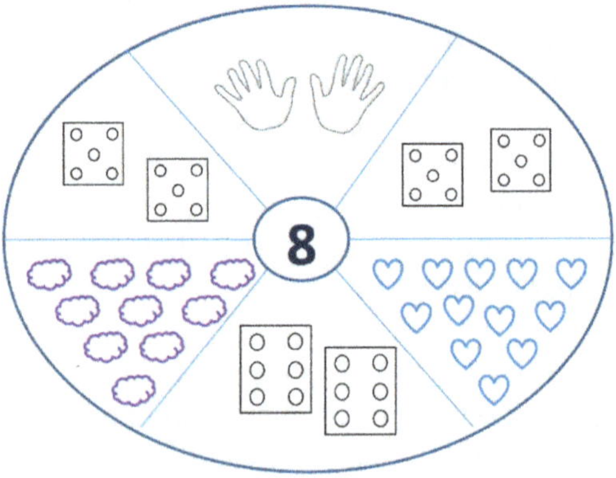

Colorier 8 objets (points, doigts, nuages) de plusieurs façons différentes.

15. Ces deux mandalas sont issus du livret, A. Géninet, *Graphismes et mandalas MS-GS*, Retz, 2004.

D'autres mandalas comme ceux qui suivent peuvent associer le coloriage créatif et le repérage de quantité d'objets dispersés, mais organisés spatialement. Ils ont pour objectif d'entraîner les jeunes enfants au changement de regard sur des collections d'objets. Ils peuvent passer d'une focalisation étroite (isoler un élément dans un ensemble) à une focalisation large (vue d'ensemble du mandala), c'est-à-dire à faire fonctionner leurs deux hémisphères cérébraux, le gauche et le droit. Le passage progressif à l'abstraction suppose que les enfants aient pris très tôt l'habitude d'une grande mobilité de pensée sur les concepts qu'ils rencontrent, en particulier sur les nombres avec lesquels ils peuvent jouer en expérimentant des liens entre eux.

Le jeu de la connaissance, accompagné dès la petite enfance, est source de jubilation, donc de motivation à l'activité intellectuelle. Le coloriage de ces mandalas de nombres peut aider les enfants à accéder progressivement et par imprégnation au concept de nombre, mais il s'agit là d'un apprentissage complexe qui doit retenir toute la vigilance des enseignants de l'école : un enfant qui sait compter peut très longtemps donner tous les signes de la compréhension des nombres (et plus tard de la numération) sans véritablement en avoir acquis le sens. Un savoir-faire maîtrisé en mathématiques n'est pas toujours le signe d'une vraie compréhension.

Ce mandala permet d'allier l'apprentissage du nombre et la reconnaissance de formes géométriques :

Consigne orale : Combien ce mandala contient-il de triangles ?...

Combien contient-il de cercles ?

Les mandalas[16] peuvent être encore plus complexes et être conçus pour des élèves de CP ou CEl, en voici un exemple :

Combien ce dessin contient-il de cerises ? de feuilles ? de cercles ? D'autres exemples de mandalas d'apprentissage seront présentés tout au long de cet ouvrage, avec les « schémas heuristiques », ils constituent des outils pédagogiques et didactiques intéressants à tous les niveaux de la scolarité et pas uniquement en mathématiques.

Exemple de séquence de coloriage dirigé à visée d'apprentissage

Les objectifs pédagogiques de ces séquences sont nombreux :

- tout d'abord, améliorer la concentration des enfants et leur motricité fine ;
- apprendre la tenue du crayon en appui sur la dernière phalange du majeur, et tenu très légèrement entre le pouce et l'index, sans crispation pour s'entraîner à colorier en va-et-vient puis en ronds de droite à gauche, dans le sens inverse des aiguilles d'une montre… ;
- les sensibiliser à l'esthétique en valorisant leurs productions même maladroites ;

16. Voir A. Géninet, *Graphismes et mandalas d'apprentissage,* CP/CEl et cycle 3, Retz, 2006.

- accompagner leur mémorisation des quantités en amenant une dimension ludique dans leur apprentissage des mathématiques ;
- améliorer leur expression orale dans la communication de leurs activités dans le groupe-classe.

Dans une activité collective de coloriage d'un *mandala de nombre*, l'enseignant proposera en amont de la réalisation de regarder, écouter **pour** *faire exister dans leur tête* ce qu'ils vont voir et ce qu'ils vont entendre afin de créer le réflexe d'évocation. Ce faisant, il les met en **projet** d'attention.

Pour faciliter cette mise en projet de ses élèves, c'est **avant** de commencer une activité que l'enseignant veillera à leur communiquer précisément l'objectif à atteindre, non seulement la finalité, mais aussi les moyens qu'il va leur proposer. Il leur dira **avant** de leur donner, ou leur montrer, un document, **ce qu'il y a à faire, pour quoi** le faire et **comment** il convient de le faire, y compris le « comment faire » mental.

L'enfant informé du « comment faire » peut surmonter ses appréhensions et ses blocages, mettre en place des stratégies efficaces, véritables tremplines vers une dynamique de réussite.

Déroulement d'une séquence de coloriage d'un mandala de nombre

➠ 1re partie

Mise en projet d'attention

« *Je vais vous montrer un dessin (minipause), vous allez le faire exister dans votre tête (minipause), pour le retrouver quand je l'aurai caché (minipause), ensuite nous en parlerons (minipause).* »

Les pauses signalées sont des pauses évocatives de quelques secondes qui facilitent l'appropriation de la consigne.

Soutien

« *Je vous montrerai le dessin autant de fois que vous en aurez besoin.* »
Avant de montrer le mandala, s'assurer que les enfants ont compris en faisant reformuler la consigne par l'un ou l'autre.

Perception du mandala

Leur donner le temps de l'observation, silencieux de préférence, et leur demander s'ils ont eu assez de temps avant de cacher le mandala.

Propositions d'évocations

Leur rappeler, après quelques instants d'observation silencieuse, qu'ils peuvent « *le photographier* », « *se le raconter* » *ou* « *l'imaginer dans la tête* ».

Suppression de la perception

Après s'être assuré que les enfants ont eu assez de temps, cacher le mandala (pause) et leur demander de le laisser revenir dans leur tête.

Contrôle de l'évocation

Questionnement pour savoir si c'est suffisant ou si une deuxième présentation est nécessaire.

Dialogue

Faire dire aux enfants ce qu'ils ont retenu en valorisant toutes les réponses. Dès que les enfants parlent mieux, les questionner sur la forme de leurs évocations et l'intention qui les a dirigées (projet mental). C'est le « dialogue pédagogique » décrit par Antoine de La Garanderie.

Deuxième présentation et dialogue.

Mise en projet d'enrichissement des évocations du document.

➠ 2e partie : coloriage

Mise en projet de coloriage

« *Maintenant je vais vous donner ce dessin* à *chacun, pour le colorier.* » (pause). Ne pas distribuer les mandalas tout de suite car créer une attente facilite l'attention.

« *Pensez aux couleurs que vous voulez utiliser.* » (pause pour évoquer les choix)

Consignes de propreté, soin, calme, silence, plaisir. (pause)

Anticipation des couleurs

Permettre alors aux enfants d'aller chercher leurs crayons, feutres...

Temps de coloriage silencieux

Distribuer enfin le mandala à colorier. L'enseignant se tient à la disposition des enfants, les guide si nécessaire et les encourage. Il peut lui-même faire le coloriage pour montrer aux enfants que c'est une activité tout à fait sérieuse qui n'est pas réservée aux « petits ». Le temps de coloriage dépend des enfants, celui qui estime avoir fini vient en faire part à l'enseignant qui le questionne sur son ressenti (sans évaluer la production) et peut colorier un autre mandala ou vaquer à d'autres occupations sans déranger les autres.

➠ 3e partie : prolongement possible (dans une autre séance)

Temps d'évocation de la séance précédente

« Vous allez prendre un temps pour laisser *revenir dans votre tête le dessin que vous avez colorié hier avant d'aller le reprendre. »* (pause).

Dialogue

Leur demander de laisser revenir dans leur tête ce qui a été dit la veille.

Les enfants disent ce dont ils se souviennent. Diriger le dialogue pour leur permettre d'aller un peu plus loin que le contenu concret du dessin, (questionner : « Combien y avait-il d'objets ? Lesquels ? ») et d'accéder peu à peu au nombre par l'intermédiaire des collections colorées.

Reprise du mandala

Annoncer aux enfants qu'on va leur redonner leur mandala pour qu'ils observent plus en détail le contenu et pour compter les différents objets pour « mettre le nombre dans leur tête ». Leur redonner leur dessin et laisser un temps silencieux d'attention.

Dialogue

Après avoir à nouveau caché le mandala, leur demander combien il y avait d'objets identiques ?

Synthèse et temps d'évocation du gain de connaissance

Insister sur le plaisir pris au coloriage et sur la satisfaction pour chacun d'en savoir un peu plus sur le nombre.

Mise en projet de réutilisation du mandala

Il peut être mis dans le cahier, recommencé pour ceux qui ne sont pas satisfaits... On pourra en parler à la maison, l'offrir, en refaire d'autres, apprendre d'autres nombres...

La pensée logique

Ce qui vient d'être présenté relève d'un préalable à l'acquisition du sens de la numération. Même si le programme ne comporte ni partie mathématique ni autres parties disciplinaires, ce n'est pas la seule façon de préparer la pensée mathématique à l'école maternelle. Toutes les occasions seront bonnes pour travailler les structures logicomathématiques : apprendre à comparer, classer, organiser, ranger dans l'espace : dessus, dessous, et dans le temps : d'abord, ensuite, après... Toutes ces activités contribuent de façon fort intéressante au développement des liens logiques d'analogie, d'attribution et de sériation spatiotemporelle (évocations en paramètre 3).

En analogies : similitudes et différences

Nous alertons ici les enseignants sur des dominantes de « profils cognitifs » individuels qui peuvent amener des personnes, même très jeunes, à manifester des préférences cognitives : les uns seront plus sensibles aux similitudes quand d'autres le seront aux différences. Sans vouloir trop anticiper, ni aborder des complexités à un âge où les enfants n'ont pas un développement intellectuel suffisant, nous conseillons cependant, dans toutes les activités de comparaison de faire rechercher à la fois ce qui est pareil et ce qui n'est pas pareil, d'une part pour nourrir tous les profils cognitifs et d'autre part pour les entraîner à aller dans une direction qui ne leur serait pas spontanée, car le jeune enfant est encore très malléable.

Or, dans nombre de situations mathématiques, l'apprenti mathématicien devra inclure un ensemble dans un autre. Ceci ne sera pas possible sans atténuation des différences et majoration des similitudes. Nous en avons donné un exemple en relatant la difficulté de l'enfant à saisir que l'on peut mettre ensemble 4 pommes rouges et 3 pommes vertes pour faire 7 pommes. Le fait de peler les pommes permet bien d'en supprimer ce qui n'est « pas pareil » et d'inclure le 4 et le 3 dans le 7.

Nous retrouvons cette problématique à plusieurs niveaux de la scolarité par exemple dans la comparaison des quadrilatères ou des nombres : le carré est aussi un rectangle et le nombre entier un décimal.

Nous sommes là, nous direz-vous, bien loin de l'école maternelle ! Certes, mais si les instructions de la direction de l'enseignement scolaire relatives à l'école maternelle demandent de **« penser les apprentissages sur le long terme »,** il nous faut bien intégrer la nécessité de la mise en place de **démarches préventives,** l'entraînement à la recherche de similitudes **et** de différences en fait partie.

Nous venons d'insister sur le lien logique d'analogie pour plusieurs raisons : tout d'abord, c'est le premier lien logique dans le développement du petit enfant, mais ce sera aussi celui de l'expert, en particulier du mathématicien qui s'appuiera très souvent sur les outils qu'il aura créés pour aborder des situations nouvelles en démarche analogique.

En attribution

La maîtrise des liens d'analogie influencera les liens d'attribution : *l'inclusion,* nous venons de l'aborder pour le carré et le nombre entier, *l'exclusion, la fusion* en totale similitude, *l'intersection* et *l'union.*

Ils seront indispensables à analyser dans la compréhension de la numération, des opérations et autres concepts mathématiques comme nous l'avons laissé entrevoir, dans la polysémie du signe « = » (page 207).

En sériation spatiotemporelle

Reste à aborder ce lien qui consiste à ranger des états et des actions dans l'ordre de leur déroulement temporel. C'est un lien fort complexe pour des enfants de maternelle et devenu de plus en plus difficile à intégrer en raison d'évolutions sociétales et éducatives qui tendent à accentuer la dimension spatiale du monde dans lequel nous vivons.

Nombreux sont les neuroscientifiques qui font ce constat. *« Les nouveaux médias favorisent l'immédiateté alors que la conscience et le sentiment des émotions nécessitent une relative lenteur. »*[17]

Il n'y a pas que les médias bien sûr, tout l'environnement y contribue, les enfants aujourd'hui vivent souvent plus d'activités, si ce n'est d'hyperactivité, plus d'impatience, moins d'attente, moins d'ennui, bref, moins de temporalité que les générations précédentes.

Pour développer cette conscience temporelle qui ne sera véritablement acquise que beaucoup plus tard, à l'adolescence, les enseignants de l'école font dans leurs classes un travail fort intéressant quand ils font, par exemple, reproduire des séquences sonores ou gestuelles dans un ordre chronologique, ranger des images de scènes concrètes pour trouver ce qui s'est passé d'abord, ensuite, après, enfin. Ces activités sont fondamentales pour préparer petit à petit, sans précipitation, toutes les activités d'acquisition des mathématiques dans le raisonnement déductif.

Nous aurons besoin, dans les chapitres suivants, de revenir longuement sur l'analyse des liens logiques à mobiliser dans la compréhension des concepts et activités mathématiques à tous les niveaux de la scolarité.

---

17. A. Damasio, « La conscience et le soi », *Cerveau et psycho,* n° 42, novembre-décembre 2010.

Chapitre 4

L'apprentissage de la numération

Les apports de la didactique

Dans leur ouvrage *Introduction* à *la didactique des sciences et des mathématiques*[18], J.-J. Dupin et S. Joshua font état des recherches didactiques sur l'acte d'apprendre que nous ne pouvons ignorer :

➠ **L'apprentissage n'est pas linéaire, on n'apprend pas par couches ! Apprendre c'est réorganiser sans cesse ce que l'on sait déjà sous l'éclairage de nouveaux apports !**

Certes, pour accéder à un concept il y a des prérequis indispensables, mais trop d'enseignants ignorent que tout nouvel apprentissage doit permettre de réorganiser, clarifier, ancrer les précédents.

C'est ainsi que l'apprentissage de l'addition et de la soustraction « à retenue » seront des occasions très intéressantes d'ancrer le sens de la dizaine et de la centaine.

Dans l'addition de 57 et 48, le 8 et le 7 permettent de fabriquer une dizaine supplémentaire et dans 57 - 48, il faudra « casser une dizaine » parmi les 5 de 58 pour enlever les 8 de 48.

De même, en cours moyen, l'apprentissage des nombres décimaux devra revisiter les nombres entiers si nous voulons que les seconds soient compris comme des cas particuliers des premiers. Il ne suffit pas que l'enseignant le dise, ce sens de l'inclusion des nombres entiers dans les nombres décimaux doit être vécu mentalement par les enfants.

➠ **Analyse et synthèse sont deux activités mentales complémentaires et indispensables de la compréhension**

De fait il y a encore trop peu de place faite aux activités de synthèse dans les établissements scolaires y compris les écoles primaires. Faire une synthèse, c'est remettre en présence simultanée des notions qui ont été reçues dans l'inévitable succession de la pratique pédagogique. La synthèse peut s'apprendre et s'entraîner dès le plus jeune âge.

---

18. J.-J. Dupin et S. *Joshua, Introduction à la didactique des sciences et des mathématiques,* PUF, 2003.

➠ Comprendre les mathématiques nécessite de prendre l'habitude d'une grande « mobilité de pensée »

L'habitude de créer des liens entre des acquis constitués au fil du temps dans la successivité des apprentissages peut être sollicitée par l'enseignant qui instaure dans ses séances des activités pour : « Jouer avec un nombre », aussi bien que « Jouer avec un objet géométrique ». Ces jeux sont des activités purement mentales où chaque élève est sollicité pour créer des liens entre des nombres ou des formes géométriques.

Les propositions pédagogiques et didactiques faites dans cet ouvrage tiennent compte de ces éclairages.

De récentes instructions officielles dans les programmes de mathématiques en collège proposent aux enseignants la mise en place de « démarches spiralées » pour « traiter de l'ancien au travers du nouveau » et « revenir régulièrement sur une notion ». Pourquoi attendre le collège ? Ceci est intéressant à mettre en place dès l'école.

La « présentation spiralée » présentée dans le chapitre 2 sur le concept de hauteur nous semble particulièrement pertinente pour passer de l'élémentaire au complexe. Elle s'appuie sur du « déjà là » pour donner sens à la nouveauté sans s'en éloigner, tout en permettant de revisiter, réorganiser, redonner sens à des acquis sous des éclairages différents tout en ouvrant à l'infini de l'enrichissement sémantique.

Exemple de démarche spiralée sur le nombre 12 :

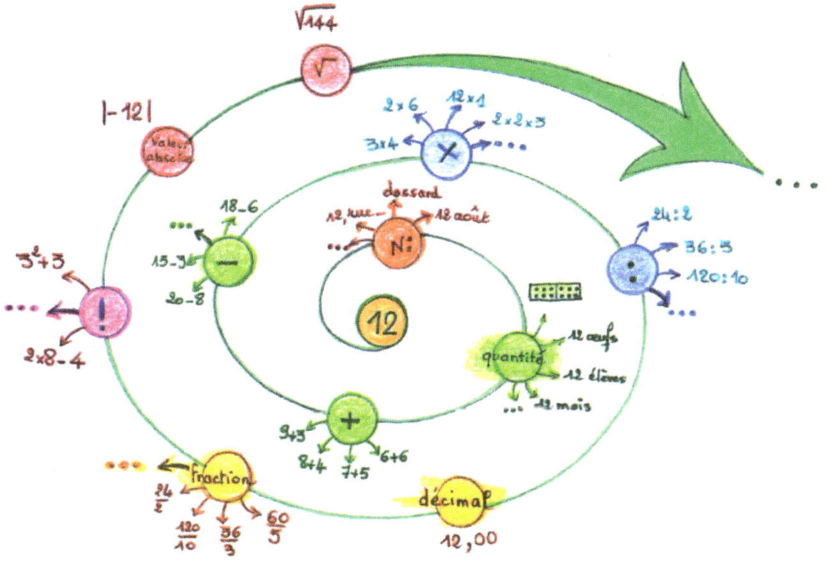

Les couleurs sont significatives de différents niveaux de scolarité.

Pourquoi tant d'échecs dans la compréhension de la numération ?

Beaucoup trop d'élèves de tous âges sont capables de dire que dans le nombre 12 : « 2 est le chiffre des unités et 1 celui des dizaines », sans avoir acquis le sens spatiotemporel de la numération : ils se contentent de redonner un discours mémorisé. Ceci ne les empêche pas d'être parfois très efficaces en calcul, car ils ont mis en place de bons automatismes. Les symptômes de cette non-acquisition fondamentale vont se manifester quelques fois rapidement à l'école au moment de l'apprentissage de la multiplication, mais le plus souvent en situations-problèmes – on dira qu'ils n'ont pas le sens des opérations – ou encore, beaucoup plus tard, au collège, en calcul algébrique. Les enfants acquièrent en effet des savoir-faire qui peuvent faire illusion pendant plusieurs années. Si les difficultés d'acquisition du langage écrit se manifestent rapidement en CP, cet « effet retard » dans l'apparition des difficultés en mathématiques fait qu'elles sont plus difficilement identifiées et plus compliquées à résoudre.

Sans avoir la prétention d'en faire une liste exhaustive, nous avons identifié quelques causes d'échec dans la compréhension de la numération chez le jeune enfant :

- ***familiarité des nombres :*** Les nombres lui sont familiers en dehors de l'école. Cette impression de déjà-vu de nombres qu'il sait parfois dire et écrire peut éteindre sa curiosité et l'empêcher d'être pleinement attentif aux activités conduites par l'enseignant. Il peut être actif manuellement et absent dans sa tête ;
- ***le piège du concret :*** Lorsque l'enseignant fait manipuler des allumettes (ou des cubes) qu'il fait mettre en paquets (ou en barres) de dix, il a un objectif extrêmement clair de faire acquérir le sens de la dizaine, le sens de la numération. L'enfant en échec est celui qui, de la pratique de l'enseignant, quelle qu'en soit la qualité, n'a retenu que l'aspect événementiel, contextualisé, anecdotique : il a joué avec des allumettes, des cubes... qu'il a attachés, rassemblés, souvent même très sérieusement, mais ceux-ci restent des objets concrets : allumettes, cubes, élastiques, etc. Il se souvient très bien des manipulations car son activité mentale prend du sens (et s'arrête) dans le concret de la séquence pédagogique (évocations en paramètre 1). Il n'a pas évoqué les codes abstraits correspondants (évocations en paramètre 2), ou même s'il les a évoqués, il ne les a pas mis en relation avec l'activité elle-même (pas de liens P3 entre le P1 et le P2). Or paradoxalement, cet enfant en difficulté a peut-être, plus qu'un autre, besoin de donner du sens à ce qu'il fait à l'école. Quel sens y a-t-il concrètement à construire un paquet de dix allumettes ou une barre de dix cubes ?.. Il accepte (en a-t-il le choix ?) de jouer à ce jeu, mais n'en voit pas l'intérêt, et

cela l'empêche d'accéder au concept de dizaine, de centaine. Il convient donc de réfléchir à un accompagnement et à des outils pédagogiques qui facilitent, dès le CP, une activité mentale qui fasse sens pour l'enfant et qui l'accompagnent dans la constitution de liens logiques entre le concret et l'abstrait pour créer une pensée mobile et créative ;

- ***l'implicite de l'activité mentale :*** Son activité mentale peut se constituer sur des évocations qui ne sont « pas les bonnes » : il peut continuer à évoquer **le contenu** des dix unités quand il devrait en évoquer **le contenant** de la dizaine. Il n'aura alors pas agi mentalement le lien logique d'inclusion des dix unités dans la dizaine. L'enseignant qui n'a pas la connaissance de ces incontournables de la compréhension de la dizaine ne peut pas les expliciter aux enfants. Reconnaissons que dix parle à la fois le contenu pluriel (les dix) et le contenant singulier (le dix pour la dizaine). Quand l'enfant parle de « la dizaine », évoque-t-il le contenu ou le contenant ? L'expérience nous montre que cela n'est pas si simple. Preuve en est que tel enfant qui écrit régulièrement la dizaine**s** se justifie en disant « il y en a beaucoup ». Nous retrouverons la même erreur en grammaire sur l'accord du verbe dans « on chant**ent** ».

Des passages obligés de l'activité mentale

Comprendre la dizaine, c'est comprendre que dans l'écriture du nombre 12, le 2 et le 1 ne racontent pas la même chose. Si nous parlons d'allumettes, seul le 2 parle des allumettes, le 1 raconte une histoire : on a réuni dix allumettes pour en faire 1 paquet. Ce 1 est donc le résultat de la transformation des dix objets en 1 paquet. Ce paquet est un autre objet de nature différente des dix objets précédents, mais qui n'existe pas sans la présence de chacun de ces dix objets. Le 2 parle un contenu, le 1 se fabrique, c'est un contenant. Il y a donc dans le chiffre des dizaines une dimension plus temporelle que dans le chiffre des unités.

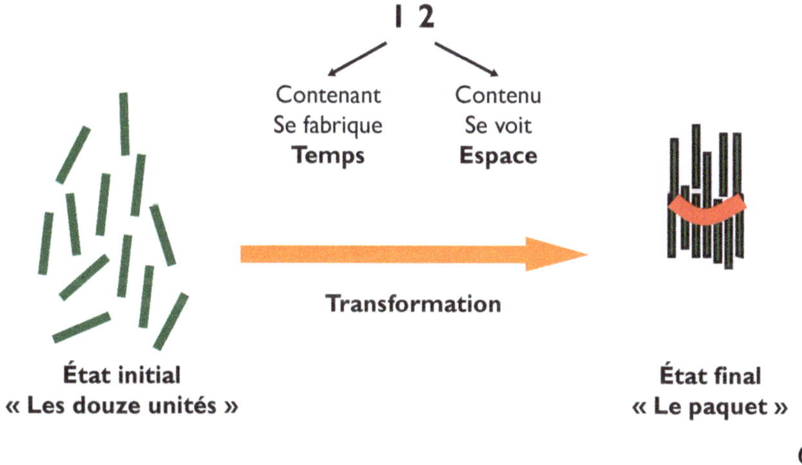

Outre les liens logiques *d'analogie : similitude* des objets de la collection dix, il y a nécessité de créer mentalement des liens *d'attribution : inclusion* des dix unités dans le contenant-dizaine, ainsi que des liens de *sériation spatiotemporelle :* passage d'un état initial (les dix) à un état final (le dix) par une action de rassemblement.

Il faut aussi faire émerger des liens ***d'analogie différence*** puisque dans le nombre écrit « **11** », derrière l'apparente similitude des deux chiffres se cache une différence de sens spatiotemporel. *(Voir les liens logiques, ou P3, dans le schéma page 19.)*

La compréhension de la dizaine est une activité mentale complexe par ce fait qu'elle sollicite la constitution de toutes les catégories de liens logiques. Ces liens logiques ne sont en aucun cas **reçus** de l'enseignant, ils doivent être **agis mentalement** par l'enfant !

Ce qui vient d'être ici développé pour la dizaine en CP sera à reprendre de la même manière pour le sens de la centaine en CE1 ainsi que pour le sens de la virgule dans le nombre décimal en cours moyen.

Stratégie d'accompagnement

Fort de toutes ces constatations, il nous semble désormais évident que pour accompagner la compréhension des mathématiques il faille en permanence se préoccuper de la pensée de l'apprenant dans l'évolution de son intelligence et des passages obligés de son activité mentale pour accéder au sens du concept à aborder.

Où en est-il dans sa pensée et où doit-il très précisément aller ? Voici deux questions que l'enseignant et le rééducateur auront à se poser à chaque instant pour mettre en place des protocoles et outils pédagogiques et didactiques qui soient des « instruments psychologiques » tels que les a définis *Lev Vygotski*, c'est-à-dire des aides au développement de l'intelligence de l'apprenant.

Démarche

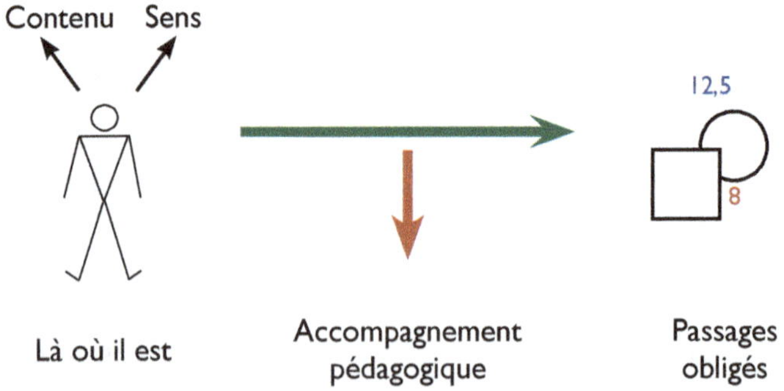

Un préalable : l'enfant n'a pas conscience de toute sa richesse mentale. Le rôle de l'enseignant est aussi de l'amener à cette prise de conscience puisque là se trouve la matière première de son activité mentale d'appropriation des contenus scolaires.

Quelques jeux d'évocation à partir de mots concrets comme parapluie, chocolat…, accompagnés du **« Dialogue pédagogique »** aideront les enfants à découvrir des images mentales de formes et de natures différentes auxquelles ils pourront s'exercer dans l'activité mathématique. Le faire sur du non-scolaire, aide au non-jugement et libère des *a priori* et des craintes d'être évalués. Il ne s'agit pas de leur demander « à quoi cela leur fait penser », mais bien « comment y ont-ils pensé » pour leur faire découvrir leurs évocations concrètes de toutes sortes, celles qu'ils ont eux-mêmes produites spontanément, mais aussi celles qui sont décrites par les autres et auxquelles ils peuvent s'entraîner.

Il conviendra ensuite d'accompagner le passage de la pensée concrète à la pensée abstraite (passage du paramètre 1 au paramètre 2), sans précipitation, en étapes sans rupture, en allers et retours fréquents, sans perdre de vue que la pensée concrète est une grande ressource de compréhension du monde et que ***quitter la pensée concrète ne signifie pas y renoncer !***

Progression didactique

L'apprentissage des mathématiques est aussi l'apprentissage d'une langue étrangère. De même qu'apprendre un mot suppose que l'enfant en connaisse le sens, l'orthographe et la prononciation, l'apprentissage du nombre nécessite que soient prises 3 directions de travail : 1. construire le sens du nombre, 2. savoir l'écrire en chiffres, 3. savoir le dire et l'écrire en mots mathématiques et faire des liens entre ces trois visées.

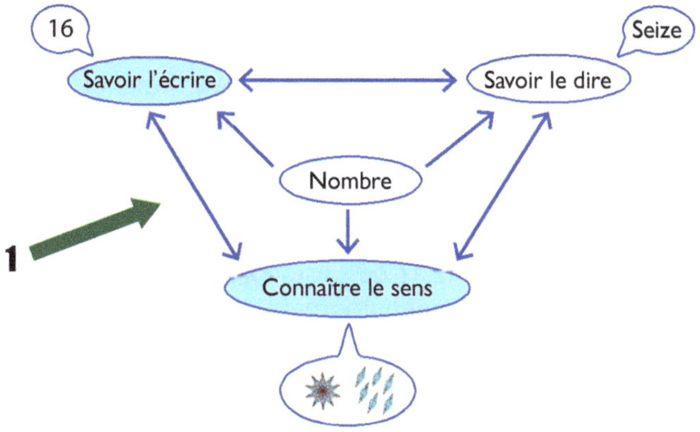

« 1 rosace et 6 losanges »

Beaucoup d'enfants à l'entrée au CP savent faire le lien entre des nombres simples écrits (à un ou deux chiffres) et ces mêmes nombres parlés : ils ont, par exemple, mémorisé le lien entre 16 et « seize » (ceci devient plus difficile pour des nombres plus grands). Cette connaissance qu'ils ont peut faire obstacle à leur attention quand l'enseignant introduit le sens de la numération : ils pensent qu'ils savent ! Pour cette raison, nous conseillons de dissocier pour un temps le langage parlé (seize) et le langage écrit (16) en ***privilégiant la verbalisation*** du sens des chiffres contenus dans le nombre, sans trop rapidement parler le nombre lui-même : Le nombre 16 sera décrit comme 1 « rosace » et 6 « losanges » pour devenir petit à petit, sans trop de précipitation 1 « dizaine » et 6 « unités ». Comme ils savent déjà pour beaucoup le parler (seize), il sera alors intéressant de leur montrer comment ce mot en contient deux autres : « sei » raconte le 6 et « ze » la dizaine, mais en « verlan ». 17 reprendra le bon ordre de l'écrit avec la difficulté introduite par la disparition du « un » dans « dix », dont on ne sait s'ils le vivent comme un pluriel « les dix » (contenu) ou un singulier « un dix » (contenant).

Cette confusion sera manifestée un peu plus tard chez des enfants qui, pour écrire « deux-cent-quarante-trois », traduisent « 200403 » !

Analyser finement les processus mentaux indispensables dans la compréhension de la numération et en repérer les obstacles permettent à l'enseignant, au rééducateur, de construire des séquences d'apprentissage et des outils susceptibles de prévenir ces difficultés ou de les déloger si elles sont installées.

Nous travaillerons donc patiemment dans la construction de la dizaine (et plus tard de la centaine), pas à pas, sur le passage du sens du nombre à son écriture en chiffres pour que s'installe en profondeur le lien entre le paramètre 1 et le paramètre 2, nous le ferons en allers et retours. Le passage à la langue mathématique parlée, plus complexe pour de nombreuses raisons explicitées dans le chapitre 2, fera ultérieurement l'objet d'un travail spécifique et sera l'occasion de revisiter et d'ancrer le lien entre le concret et l'abstrait. De nombreux exercices seront proposés en individuel, en binômes ou en groupes pour jouer avec les trois directions exposées ci-dessus. Cela sera à nouveau revisité quand seront abordées les opérations, en particulier l'addition et la soustraction.

Les propositions de matériels et de protocoles décrites dans cet ouvrage tiennent compte à la fois des incontournables de la pensée de compréhension de la numération et des obstacles épistémologiques précédemment repérés. Il n'existe sans doute aucune pratique pédagogique parfaite, aucun matériel idéal, notre ambition est simplement de repousser les limites de l'échec.

Description du matériel

Dans notre recherche d'une pratique en cohérence avec les passages obligés de l'activité mentale de conceptualisation de la numération et pour contourner les obstacles précédemment repérés, nous avons réfléchi à la fabrication d'un matériel :

- ***moins concret et familier*** que celui utilisé habituellement à l'école pour faciliter l'accès au code ;
- permettant de ***faire disparaître le contenu*** des unités ***dans le contenant*** de la dizaine et faciliter ainsi les liens d'inclusion ;
- présentant un ***contenant qui ait une réalité*** différente des objets contenus mais ***en lien direct de sens*** avec ce contenu ;
- sollicitant l'activité manuelle pour amener chaque enfant à fabriquer sa dizaine, sa centaine, etc.
- amenant une ***dimension ludique et esthétique.*** Plaisir et esthétique sont deux sources importantes de la ***motivation*** des enfants, aussi nous avons voulu que ce matériel soit beau : il l'est d'autant plus qu'il est colorié !

Les unités sont des « losanges » en bristol et illustrés de motifs centrés en mandalas. Si le mot losange semble prématuré pour des enfants, l'adulte peut leur demander quel nom concret on pourrait leur donner : pétales, pointes, branches, piques... Les enfants ont beaucoup d'imagination ! Il nous semble souhaitable de réserver le mot « unités » pour un peu plus tard quand on passera du langage concret à la langue mathématique.

Dix losanges peuvent être rassemblés et collés sur un petit disque en carton pour former une **« rosace » :** c'est le mandala de la **dizaine.**

Une rosace-dizaine

Dix rosaces seront superposées et fixées en leur centre par une punaise sur un bouchon ou une gomme, ou encore en utilisant une pâte à fixer, un système d'aimants, etc. pour fabriquer une « **roue** » **:** c'est le mandala en 3 dimensions de la **centaine.**

Une roue-centaine

Ultérieurement, dix roues pourraient être assemblées en « **manège** » **:** ce serait le mandala du **millier quand on changera de classe.** Ceci dit, les manipulations, dont nous savons combien elles sont essentielles pour comprendre les unités simples, doivent être limitées dans le temps et être peu à peu remplacées par des manipulations que l'ont fait seulement mentalement. Elles seront assez rapidement abandonnées au profit de codes écrits puisque le projet fondamental du mathématicien est bien de créer des outils (ici des codes écrits puis parlés) pour se dégager de la matérialité et de continuer à faire uniquement mentalement ce qu'il ne souhaite plus ou ne peut plus faire en vrai : il s'économise et devient puissant dans l'utilisation de ces nombres.

Un manège-unité de mille

Ce matériel est aussi conçu pour garder une cohérence entre les entiers, les décimaux et les fractions. Il peut être utilisé dans l'apprentissage de la virgule, en effet, chaque losange peut être partagé en dix « **morceaux** » identiques : ou **dixièmes,** puis chaque morceau à nouveau en dix parts égales pour obtenir des **« miettes » :** ou **centièmes.** Ces partages ont été tracés sur des losanges sans motifs. Utiliser le même matériel pour les entiers et les décimaux facilite grandement la compréhension des nombres entiers comme cas particuliers des nombres décimaux.

Les morceaux-dixièmes

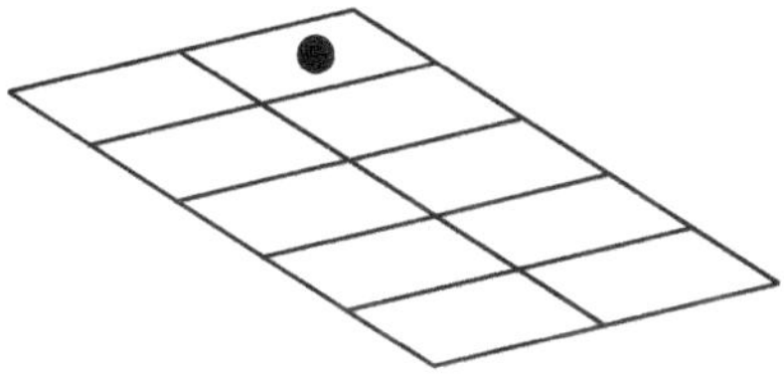

Les miettes-centièmes

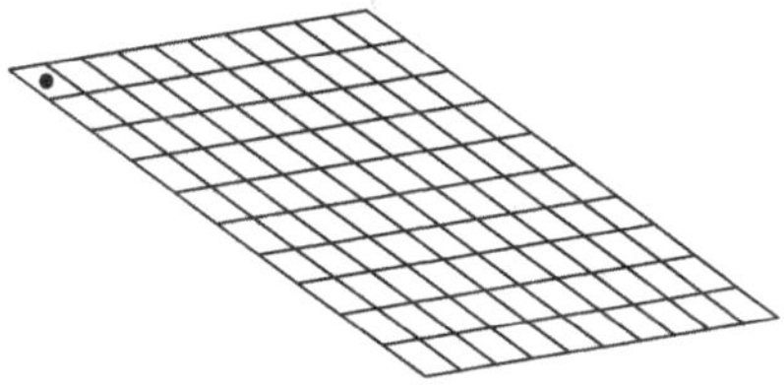

Les mêmes losanges peuvent aussi servir de support à l'apprentissage des fractions après avoir été partagés en 6, 8, 12 parts égales, etc.

Pourquoi avoir choisi le « mandala » comme support d'activité de conceptualisation ?

Ce mot d'origine sanscrite signifie cercle. Il désigne un dessin centré, présentant plus ou moins de symétrie. Présent dans toutes les cultures et les religions de l'Orient à l'Occident, il est aussi utilisé dans toutes les formes d'art et d'artisanat : rosaces des cathédrales, sculptures, céramiques, broderies, etc. Il exprime le besoin universellement ressenti par l'être humain de retrouver son centre, son équilibre psychique.

Nous avons déjà abordé l'intérêt de son coloriage à titre individuel pour retrouver calme et concentration dans une activité ludique et esthétique. Ces dessins et schémas centrés sont désormais régulièrement utilisés par des enseignants à des fins d'apprentissage de concepts. Ce sont des outils facilitateurs de la compréhension en analyse aussi bien qu'en synthèse, comme de la mémorisation. Ils provoquent une activité cérébrale intense, comme nous l'avons déjà évoqué dans le chapitre 3, par la mise en évidence des liens logiques (paramètre 3). Ils procurent à la personne qui s'y adonne un sentiment de cohérence et de maîtrise de l'objet d'étude.

Le mandala s'est donc imposé à nous comme support de compréhension de la numération pour allier les ressources de la créativité individuelle et collective et les incontournables de la pensée logique. Sa forme centrée présente dans le losange comme dans la rosace, la roue et le manège nous est apparue comme parfaitement adaptée pour donner à la dizaine (ou à la centaine) cette harmonieuse « *unité* » d'un objet construit par la « réunion » des dix losanges (ou des dix rosaces) qui le constituent. La rosace, la roue et le manège sont **l'état final** de l'assemblage (il faut du **temps** pour le faire) des dix losanges, des dix rosaces ou des dix roues en un autre objet différent, qui n'existe pas sans la présence de chacun d'eux. Elle permet, surtout lorsque les rosaces sont coloriées, d'occulter partiellement le contenu pour ne faire entrevoir que le contenant en facilitant le changement de point de vue sur les objets manipulés. De plus, il y a un lien de sens entre la rosace, la roue, le manège et les losanges, puis les morceaux et les miettes, certes ce sont des objets différents, mais ils n'existent pas les uns sans les autres. Ils permettent à l'enfant de comprendre que dans le nombre 111,11 (dans lequel quand il est prononcé on n'entend aucun « 1 »), tous les « 1 » racontent des histoires différentes.

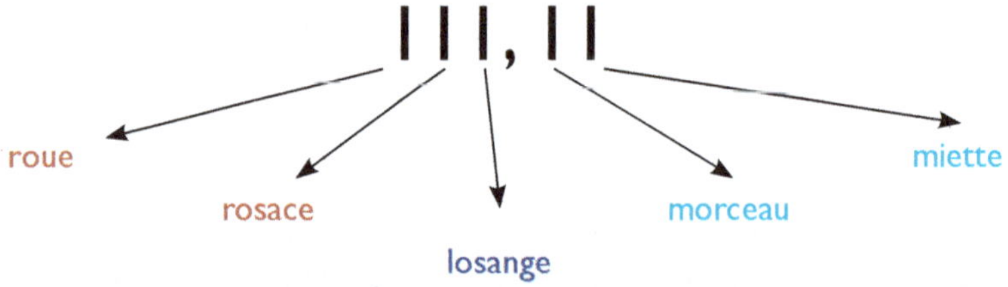

Ce vocabulaire imagé sera conservé assez longtemps pour ancrer le lien entre le concret et l'abstrait et sera progressivement remplacé par le vocabulaire mathématique en prenant soin que ce vocabulaire abstrait « dizaine, centaine, dixième, centième » ne se détache pas trop vite du sens concret.

Utilisation du matériel

Le principe sous-tendant nos propositions pédagogiques consiste à solliciter le va-et-vient entre l'évocation des objets concrets (Pl) et celle des codes abstraits (P2). Voici nos propositions :

- **expliciter** aux enfants à chaque instant ce qu'ils ont à évoquer, c'est-à-dire les mettre en projet de faire exister dans leur tête les objets ***et*** les codes correspondants ;
- leur donner du temps pour le faire : **temps d'évocation** silencieuse ;
- les interroger sur ce qu'ils ont mis dans leur tête afin de **vérifier** qu'ils ont bien fait le lien entre la réalité et les écritures mathématiques, en y mettant du sens dans l'espace des objets et le temps des manipulations ;
- **leur demander de verbaliser le « pourquoi »** de chaque chiffre dans les écritures 12,25, etc. « Dans 32, peux-tu me dire ce que raconte le 3 ?.. et le 2 ?.. »

L'enseignant (le parent ou le rééducateur) aura à sa disposition des losanges prédécoupés, des petits disques adhésifs en bristol pour les disposer, des rosaces coloriées et non coloriées, ainsi que des punaises et bouchons pour fixer les rosaces en roue. Il aura préparé un tableau (comme présenté en annexe) qu'il aura replié dans sa partie supérieure pour cacher les mots mathématiques et dans ses parties latérales pour ne garder que les colonnes sur lesquelles il souhaite travailler, par exemple : losange et rosace en CP, pour aboutir au tableau complet en CM. Sur ce tableau il peut déjà avoir placé les différents objets dans les colonnes pour les présenter aux élèves en fin de travail. Dans les séances il utilisera des tableaux à colonnes vides pour que les enfants puissent écrire les nombres correspondant aux objets manipulés. Il s'efforcera de travailler dans les deux sens : de la manipulation à l'écriture des nombres et de l'écriture d'un nombre à la manipulation des objets.

Le futur utilisateur peut craindre, à juste titre, la lourdeur des manipulations : disposition des losanges sur le disque pour réaliser la rosace, empilement des rosaces pour fabriquer une roue, découpage des losanges pour les morceaux (dixièmes) et les miettes (centièmes), or cette lourdeur est intéressante car elle peut rapidement faire sentir à l'enfant l'économie que produit l'évocation : je peux fabriquer les objets dans ma tête sans être obligé de les faire en vrai. D'ailleurs, quand il y en a trop à fabriquer (grands nombres) ou à découper (les dixièmes et les centièmes), la manipulation devient difficile, voire impossible, et c'est là que le mathématicien continue à imaginer dans sa tête des choses qu'il ne peut plus faire en vrai ! L'enfant vit alors la puissance de ses évocations dans l'activité mathématique. Les codes écrits lui permettent de rendre présents mentalement des objets même s'ils sont absents de ses perceptions, tel est leur rôle ! La manipulation des objets nous limite tant par nos maladresses que par l'imperfection des outils que nous utilisons, l'évocation ouvre à la puissance de la pensée mathématique. Le projet du mathématicien n'est-il pas, dans le prolongement de ses observations de la réalité et de ses actions sur celle-ci, de modéliser le monde.

Le tableau de la numération

Se fabriquent ←   → Se découpent

roue	rosace	losange	,	morceau	miette
			 ,		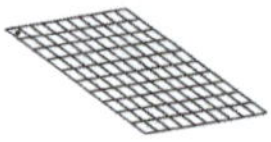
centaine	dizaine	unité		dizième	centième

Unités simples

Matériel de numération

Matériel de base (accompagnement individuel)		Matériel supplémentaire pour une classe	
Matériel	Quantités	Quantités pour 10 élèves	Quantités pour 30 élèves
Losanges	30	150	450
Rosaces	20	100	300
Roues	2	10	30
Losanges « morceaux »	10	50	150
Losanges « miettes »	10	50	150
Losanges fractions (6 modèles)	10 (x6)	50 x 6	150 x 6
Feuilles rosace N/B pour photocopies à colorier	1		
Feuille fractions pour photocopies à colorier	1		
Feuilles fractions pour photocopies à colorier	1		

Chapitre 5

L'enseignement de la numération

Exposé de la démarche

(Dans le respect de la progression présentée au chapitre 4.)

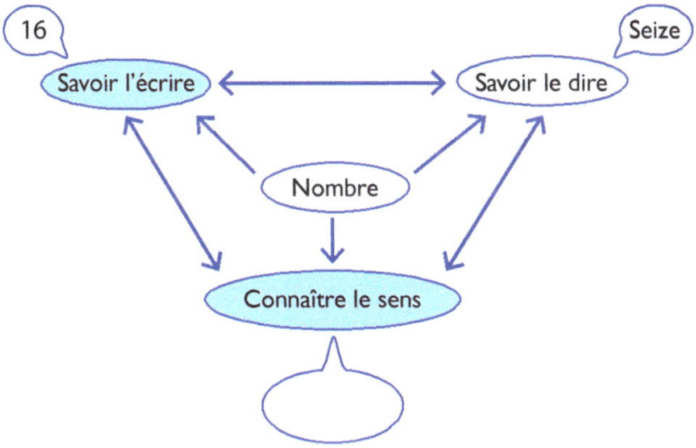

La démarche doit être rigoureuse et respecter les **4 étapes suivantes :**

1. Actions concrètes

Les enfants effectuent des *manipulations d'objets concrets pour* accéder aux codes écrits, en allers et retours : ils assemblent des *losanges* pour construire des *rosaces,* puis des *rosaces* pour obtenir des *roues*.

2. Évocation des actions

Les manipulations concrètes sont peu à peu remplacées par des *actions uniquement pensées* en absence progressive du matériel, toujours en allers et retours : penser des objets (losanges et rosaces) et donner l'écriture du nombre correspondant, puis penser l'écriture d'un nombre et décrire oralement les objets correspondants.

3. Utilisation de documents supports de représentations imagées du matériel de construction de la numération et fiches d'exercices.

4. Travail uniquement sur les chiffres et les symboles

Cette démarche en 4 étapes sera reprise pour l'accès au sens des opérations. L'accent sera mis à chaque instant sur la présence mentale des quantités d'objets ou/et des nombres écrits et cela quel que soit le niveau de classe, y compris en CM quand il conviendra d'aborder le nombre décimal, dans un souci de démarche spiralée où chaque nouvelle connaissance permet de revisiter et d'ancrer les connaissances plus anciennes. C'est une condition nécessaire pour que s'installe une compréhension en profondeur chez tous les élèves quel que soit leur rythme d'apprentissage. En effet, le temps d'apprentissage n'étant pas linéaire, il nous faut accompagner des réorganisations incessantes de ce qui a déjà été visité pour que tous vivent leurs apprentissages des mathématiques dans un sentiment de logique de leur successivité et de cohérence de leur globalité.

La dizaine en CP

Matériel : losanges colorés ou non
disques en bristol
colle repositionnable ou pâte à fixer
tableau à 2 colonnes (modèle 1) ⟶

Pli

Rosace	Losange

Actions concrètes

- Proposer aux enfants de placer sur le disque en carton les losanges l'un après l'autre.
- Utiliser la feuille (modèle 1), que l'on aura pliée à la verticale à l'endroit indiqué pour ne faire apparaître la colonne de gauche que lorsque la rosace sera construite et y noter à chaque fois, dans la colonne de droite, le nombre de 1 à 9 de losanges installés sur le petit disque. Quand la rosace est obtenue, il convient d'expliquer aux enfants que **les dix** losanges ont été transformés en **1** rosace et que ce « 1 » sera écrit dans une nouvelle colonne que, par convention, on place toujours à gauche de la précédente.
- Le praticien peut alors déplier le tableau
- Chaque chiffre ainsi placé est indicateur du nombre d'objets de la colonne correspondante.

Remarque : nous conseillons de ne pas inscrire trop rapidement le « 0 » dans la colonne des losanges, sauf si les enfants le suggèrent. On peut alors leur demander ce que raconte ce « 0 » et leur donner les explications signalées p. 78.

Remarque : Il est intéressant d'expliquer ici que ce regroupement par dix a une histoire et se justifie par le fait que l'être humain pouvait compter sur ses doigts des deux mains uniquement jusqu'à dix et qu'il a alors trouvé un moyen d'écriture des quantités plus grandes.

- Déplier la feuille pour faire découvrir et utiliser cette deuxième colonne.
- Faire évoquer silencieusement le tableau et le sens des deux colonnes qui ne peuvent contenir qu'un chiffre chacune.
- Il est possible de poursuivre la fabrication de nouvelles rosaces en continuant à disposer des losanges sur d'autres disques et en faisant à chaque fois écrire le nombre correspondant.
- En fin de séance une rosace photocopiée sera distribuée à chaque enfant pour être coloriée à la maison. Ce sera pour chaque enfant l'occasion de réactiver l'activité de classe et de revivre, par le temps du coloriage, le temps de construction de la dizaine.

Évocation des actions

- **Étape 1 : passage du concret à l'abstrait :** à partir d'un choix d'objets, par exemple : prendre 5 losanges et 3 rosaces (sans nécessairement commencer par des rosaces), demander aux enfants de les faire exister dans leur tête, puis comment ils les écriraient dans le tableau, enfin les faire écrire.
- **Étape 2 : retour de l'abstrait au concret :** à partir de l'écriture de nombres, par exemple : écrire 48 et demander aux enfants qu'est-ce que cela fabrique comme objets dans leur tête. On peut aussi leur faire poser les objets concrets, mais *dès que possible on limitera la manipulation des objets en se contentant de le faire mentalement (faire exister les objets dans sa tête !)*

Le travail peut se faire en binômes : dans un premier temps, le premier fait le choix d'objets et passe commande du nombre écrit, le second donne la réponse. Dans un deuxième temps, un enfant écrit un nombre et passe à son camarade commande des objets correspondants (ceux-ci peuvent être posés concrètement ou seulement décrits verbalement).

Si le travail se fait dans un groupe, il est important d'imposer à tous un temps d'évocation silencieuse pour laisser à chacun le temps de formulation de sa réponse orale ou écrite.

On insistera sur le fait que l'évocation permet de faire l'économie de beaucoup de manipulations et que l'écriture du nombre permet de rendre présentes dans sa tête des quantités, y compris très grandes, d'objets « absents ». Tel est le rôle des codes abstraits (des mots aussi bien que des nombres).

– Étape 3 : introduire le « 0 »

Quand les chiffres sont placés dans le tableau, il n'y a aucun doute sur les objets qu'ils racontent, mais le mathématicien, un peu paresseux, ne va pas dessiner le tableau à chaque fois qu'il veut écrire une quantité d'objets. Si pour écrire une rosace, il écrit seulement 1, comment saurais-je qu'il parle d'une rosace et non pas d'un losange ? Il va donc inventer une convention qui ne laisse aucun doute dans l'esprit du lecteur et va utiliser un symbole pour raconter ***l'absence d'objets dans une colonne,*** c'est le « 0 ». En effet, Lorsque l'homme comptait avec des cailloux (du mot latin *calculus),* il posait des cailloux sur le sable et la **trace du caillou absent** a donné ce 0. Pour communiquer au lecteur qu'il parle d'une rosace seule, il écrira donc : 10 pour que chacun puisse comprendre que le « 0 » de droite marque l'absence de losange dans la colonne de droite et le « 1 » de gauche raconte l'existence d'une rosace dans la colonne de gauche. Rien ne l'empêche donc d'écrire 5 losanges sous la forme 05, ce que le mathématicien ne fera pas par « paresse ». Si les enfants ont amené le « 0 » plus rapidement, cette explication leur sera tout de même donnée.

– Étape 4 : passer du langage concret au vocabulaire mathématique

Introduire peu à peu les mots mathématiques « unités » et « dizaines » en remplacement du nom des objets et en signifiant que, quels que soient les objets choisis, la « règle du jeu » mathématique sera la même. Le mot « unité » mérite que l'enseignant s'y attarde pour expliquer qu'il a ici deux sens : c'est « *un* » parmi d'autres et tous les objets font partie d'une « *unité de sens* », Ces objets sont d'abord identiques, mais ultérieurement il suffira qu'ils aient une caractéristique commune : des objets, des vêtements, des fruits. Le mot « dizaine » contient le « dix » avec la bizarrerie orthographique du « x » qui devient « z » facilitant ainsi sa prononciation.

- Étape 5 : anticiper une globalité de sens

Même si en CP le travail se cantonne aux nombres à deux chiffres, il ne faut pas oublier que les enfants ont déjà rencontré d'autres nombres (y compris à virgule). Il est possible d'expliquer à ce moment que ce qui vient d'être fait avec des losanges pour fabriquer des rosaces sera ultérieurement refait en regroupant dix rosaces pour former un autre objet. La curiosité des enfants étant attisée, nous ne voyons pas d'inconvénient à leur présenter, même rapidement, la totalité du tableau de la numération présenté au chapitre précédent en leur signifiant que le travail sera poursuivi en CE1 pour les grands nombres et en CM pour les nombres à virgule. Il est alors possible de proposer aux enfants de demander à leurs parents dix photocopies en couleur, sur papier épais, de leur rosace personnelle coloriée pour qu'ils réalisent une roue comme celle qu'ils viennent d'apercevoir sur le tableau.

La connaissance des « Profils cognitifs en Gestion mentale » nous permet d'affirmer que nombre d'enfants ont besoin d'anticiper une globalité conceptuelle pour se motiver à apprendre ; même si cette globalité n'est qu'entrevue, elle les met en appétit de connaissance. Ils souffrent du découpage extrême des apprentissages et ressentent, pas toujours consciemment, le besoin d'inscrire une notion dans un ensemble plus vaste qui lui donne sens. L'aspect esthétique du tableau complet suscite toujours l'intérêt, voire l'enthousiasme des enfants : ils trouvent que c'est « beau » !

Utilisation des documents avec représentations imagées du matériel

Écrire les nombres correspondants

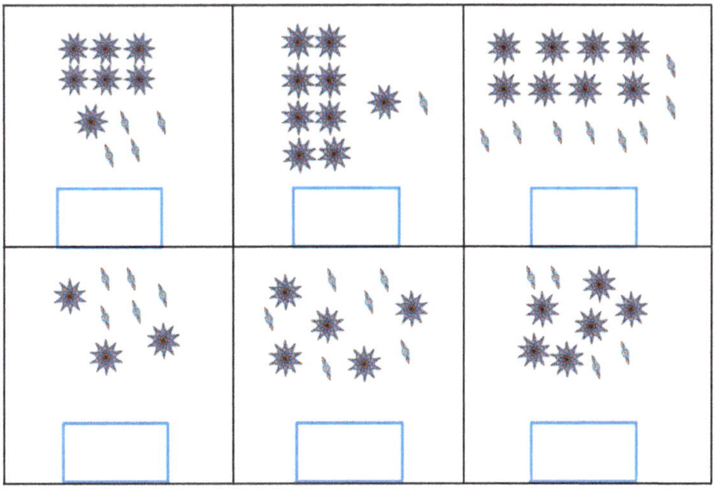

Écrire les nombres à côté des objets[19]

	Nombre		Nombre

		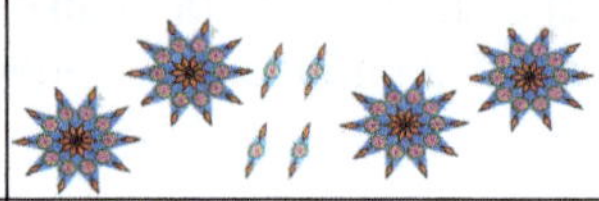	

Ou sous forme de jeu :

Qui à raison ?

	Léo	Yann
	43	34
	24	42
	27	72
	25	52

Entoure la bonne réponse

19. Fiche extraite de A. Géninet, *L'apprenti mathématicien,* n° 1 et n° 2 avec guide d'utilisation sur CD ROM, Hermitage, 2012.

La centaine en CE1/CE2

Matériel : le même qu'en CP

punaises et bouchons (ou gommes)

tableau à colonnes jusqu'à 999 (ou tableau à 4 colonnes au-delà du millier)

feuilles d'exercices ou cahier élèves

Pli

Roue	Rosace	Losange

Construire la centaine

Mener en début de séquence un dialogue avec toute la classe sur le sens de chaque chiffre écrit dans un nombre de deux chiffres : on peut utiliser le « *protocole de repérage du sens de la dizaine* » décrit p. 87. Si le besoin s'en fait alors sentir, on reprendra une activité comme celle décrite pour le CP.

Utiliser le tableau ci-dessus dont on aura plié verticalement la partie gauche comme indiqué pour ne garder que les colonnes des unités et des dizaines. Faire empiler, par chaque enfant si possible, et fixer sur un bouchon 2, 3, etc. rosaces en faisant écrire dans la colonne « rosace » le nombre de 1 à 9, indicateur de la quantité obtenue. Dès que j'en ai fixé dix, par convention, et pour reprendre le principe retenu en CP, je m'arrête car j'ai une « roue ». Le tableau peut alors être déplié et laisser apparaître la colonne de gauche qui va recueillir le nombre de roues (de 1 à 9).

Écrire le nombre **111** et faire verbaliser le sens de chaque « 1 » : seul celui de droite nomme le losange, les deux autres racontent une histoire, celle de la fabrication d'une collection. Chaque « 1 » nomme des objets différents, de gauche à droite :

1 roue (qui contient 10 rosaces donc 100 losanges)

1 rosace (qui contient 10 losanges)

et 1 losange

Soit au total : **111 losanges**

« **cent** **onze** **losanges** »

un « cent » une dizaine une unité

Le langage mathématique, minimaliste s'il en est, omet le « un » du cent et parle le onze en « verlan ». (Voir la rubrique « langage parlé »).

Entraîner les élèves à penser la roue en termes de contenant : c'est un 1, mais aussi à évoquer son contenu : dix rosaces. Dans 111 il y a donc dix rosaces contenues dans la roue et une rosace toute seule, soit *11 rosaces en tout*. Ce travail consiste à évoquer les objets roue et rosace en focalisation large, ce sont des *contenants,* mais aussi en focalisation étroite pour que soit évoqué leur *contenu*. Ce changement de focalisation sollicite les deux hémisphères cérébraux et contribue à la mobilité de pensée. Il sera utile pour répondre à la question : « Dans le nombre 573, combien y a-t-il de dizaines ? Ou quel est le **chiffre** des dizaines et quel est le **nombre** de dizaines. » Or, dans ce type d'exercices, trop d'élèves donnent la bonne réponse car ils ont repéré qu'il suffisait de « couper » le nombre au bon endroit, sans en avoir la compréhension.

Nombre	Le chiffre des dizaines est :	Le chiffre des unités est :	Le nombre des dizaines en tout est :	Le nombre des unités en tout est :
234				
578				
738				
127				
953				
648				
352				
473				

Dès que les élèves sont à l'aise dans le passage du concret au code, on peut progressivement abandonner les mots « losanges », « rosaces » : et « roues » pour ne retenir que le vocabulaire de la langue mathématique unités, dizaines et centaines. (L'enseignant n'hésitera pas à y revenir chaque fois qu'il sentira des interrogations chez certains enfants).

Généralisation de la structure

[c d u]

Pour accéder à :

Milliards	Millions	Mille	Unités simples
[c d u]	**[c d u]**	**[c d u]**	**[c d u]**

Il serait encore possible de reprendre le matériel et faire évoquer la fabrication du *« manège »* millier avec dix roues, sans le fabriquer autrement que dans sa tête et imaginer alors des dizaines et des centaines de manèges dans une nouvelle classe, la classe des *« mille »* mais nous pensons qu'il suffit de l'expliquer, les manipulations deviennent trop lourdes.

Le « manège/millier »

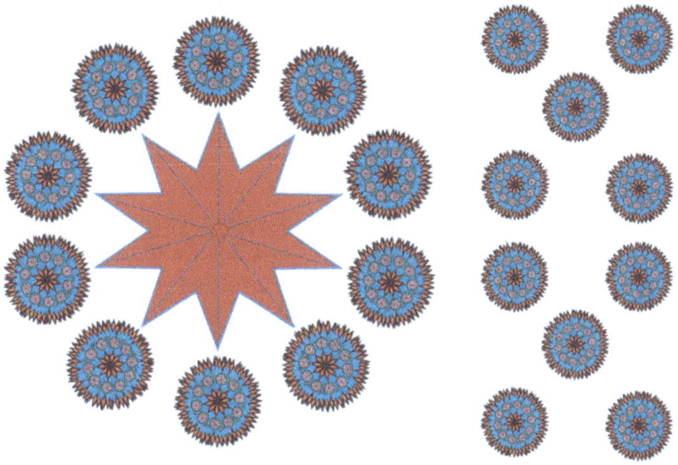

Anticiper une globalité de sens

Comme nous l'avons exposé précédemment : pour nourrir les besoins cognitifs de certains enfants et donc leur motivation, il est souhaitable de présenter le tableau complet (comme ci-après), en grand format avec les objets couleurs car, même si en CE1 le travail se cantonne aux nombres entiers, les enfants ont déjà rencontré des nombres plus grands et… des nombres à virgule. Le travail n'est donc pas fini, il sera poursuivi en CM et le mathématicien peut continuer dans sa tête à l'infini !

Se fabriquent ←

Se découpent →

roue	rosace	losange	,	morceau	miette
			 ,	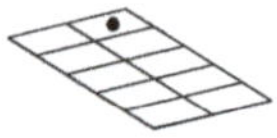	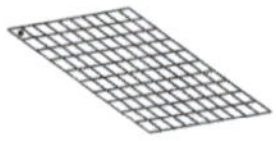
centaine	dizaine	unité		dizième	centième

Le nombre décimal en CM1/CM2

Matériel : le même qu'en CP

losanges prépartagés en dix, puis cent parts égales

ciseau

tableau complet à colonnes

feuilles d'exercices ou cahier élève

Reprendre en début de séquence un dialogue avec toute la classe sur le sens de chaque chiffre écrit dans un nombre de trois chiffres : on peut utiliser le protocole de repérage du sens de la dizaine décrit en annexe. Si le besoin s'en fait alors sentir, on reprendra des activités comme celle décrites pour le CP et le CEl.

Expliquer aux enfants que si, jusqu'à présent ils ont appris à faire des **regroupements** par dix, ce qui se racontait dans des mots comme diz**aine** et cent**aines,** désormais, ils vont apprendre à faire des **« découpages »** successifs en dix parts égales, à écrire et à parler les quantités obtenues.

Faire découper aux ciseaux un losange modèle p. 71 en dix parts égales, en prendre par exemple 6 et expliquer qu'une colonne est prévue dans le tableau qu'ils connaissent pour recueillir ce nombre de « 6 morceaux », que cette colonne se situe à droite des précédentes et que le symbole qui racontera ce découpage aux ciseaux c'est la virgule «, ».

Demander aux enfants ce que pourrait signifier alors, par exemple, le nombre 23,6. Recommencer avec d'autres nombres. *(Retour du P2 au P 1)*

Poser ou nommer des objets et faire écrire le nombre correspondant. *(Passage du P1 au P2)*

Introduire le vocabulaire mathématique : dixièmes, centièmes, de même que les regroupements se traduisaient en «… aines », les découpages se raconteront en **«… ièmes »**

Comprendre que tout nombre entier est aussi un nombre décimal

Première partie

Demander aux enfants de « penser à un nombre décimal »

Introduire un dialogue pédagogique sur la **forme évocative** pour habituer les enfants à s'auto-observer dans leur activité mentale et à s'enrichir des découvertes des autres : « Comment y avez-vous pensé : en le voyant ? en le disant ? en l'entendant ? en impressions ? en mouvements ? etc. »

Échanger sur le **contenu** de l'évocation : « À quel nombre avez-vous pensé ? » L'enseignant fait une synthèse, accompagnée ou non d'une collecte au tableau, puis choisit un nombre contenant un 0, parmi ceux qui ont été donnés si possible.

Questionner les élèves sur le sens de chaque chiffre dans l'écriture du nombre. Par exemple, pour 12,06 : que raconte le 1 ? le 2 ? la virgule ? le 0 ?.. le 6 ? »

Présenter à la classe le tableau de la numération pour y écrire le nombre et demander aux élèves de l'évoquer car il sera caché pour la suite du travail :

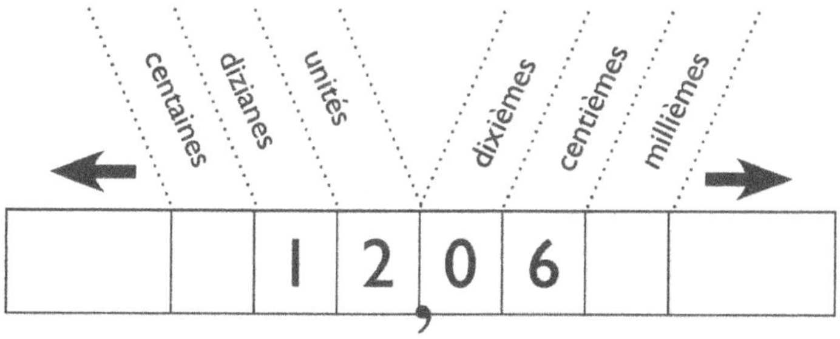

Faire réfléchir sur les colonnes vides : « Si le 0 parle l'absence de quantité, comme dans la colonne des dixièmes, pourrait-on ajouter aussi des 0 dans les colonnes « centaines » et « millièmes » ? pourquoi ne le fait-on pas ? »

Verbaliser un début de définition : il a une virgule et ***des zéros après le dernier chiffre à droite.*** Cette deuxième partie de la définition est importante pour aborder ultérieurement l'existence de « nombres à virgule non-décimaux » (comme π).

Deuxième partie

Demander aux enfants de « penser à un nombre entier ». Collecter les réponses à l'écrit ou à l'oral, en choisir un (par exemple 18)

Inviter les élèves à placer le nombre dans le tableau et les interroger : « Pouvez-vous l'imaginer avec une virgule ? Comment l'écririez-vous ? Pourrait-on rajouter des 0 ? Pourquoi ne le fait-on pas ? », etc.

Reprendre silencieusement ce qui a été dit sur le nombre décimal : « Laisser revenir dans votre tête ce que nous avons dit du nombre décimal… »

Échanger et débattre : « Alors, 18 est-il un nombre décimal ? »

Conclusion

Dialoguer et débattre : « Si nous devions mettre tous les nombres entiers dans une boîte et tous les nombres décimaux dans une autre boîte, comment seraient disposées ces boîtes ? »

Laisser une pause évocative silencieuse.

Échanger à nouveau et verbaliser la définition : « Tout nombre entier est un nombre décimal ».

Illustrer par le dessin suivant en y ajoutant des exemples :

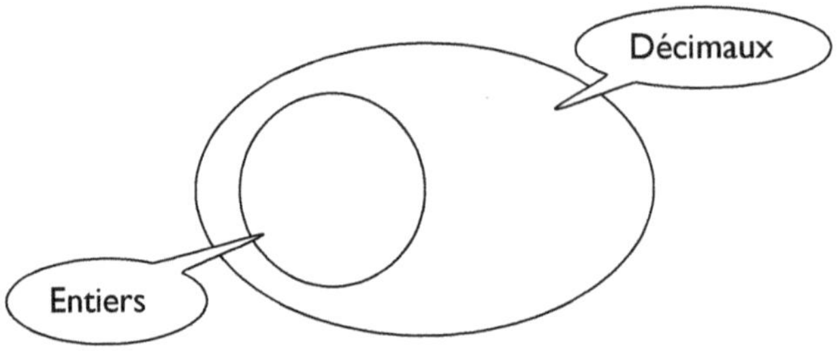

Cette conclusion est à écrire et à mémoriser.

Remarque : la mémorisation de cette conclusion permet aux élèves, qui ont vécu mentalement le lien d'inclusion des entiers dans les décimaux, de conserver leur compréhension. Pour ceux qui ne l'ont pas encore acquise et qui sont restés sur des liens d'analogie (en particulier de différence) entre les entiers et les décimaux, la présence simultanée et conflictuelle dans leur conscience des deux points de vue peut permettre à plus ou moins long terme l'évolution de leur compréhension des nombres.

Séquence de repérage du sens de la numération en rééducation ou remédiation

Matériel : bandelettes de papier

Sens de la dizaine

Écrire, par exemple, le nombre 12 et demander à l'élève (ou aux élèves) pourquoi ce nombre s'écrit avec un 1 et un 2 alors que lorsque nous parlons le nombre nous n'entendons ni « un » ni « deux ».

S'il reste sans réponse, le questionner : « Que racontent ce 1 et ce 2 ? », « Quel sens ont-ils ? »

Si l'enfant répond, et c'est très fréquent, « Il y a une dizaine et deux unités », il ne faut pas en déduire trop rapidement qu'il a compris la dizaine. Parle-t-il d'un pluriel **les** dix unités (contenu) ou d'un singulier : **le** dix (contenant) ?

Pour s'en assurer, on lui demandera de prendre 12 bandelettes et de nous montrer alors dans cette collection où est le 1 et où est le 2. On devrait voir « 1 quelque chose » et « 2 quelque chose »…

Voici la réponse attendue, un paquet de dix et deux unités :

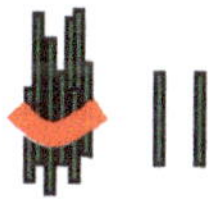

Voici quelques réponses, la plus fréquente étant la première :

Pierre

Mouni, CM1, 10 ans

Eliott, 12 ans

Bettina

Pour la première réponse, le praticien peut compter les bandelettes posées et s'étonner de la présence de 3 objets : alors, 3 ce serait la même chose que 12 ?

Parfois c'est la question posée qui n'a pas été comprise par l'enfant, alors on ne tirera pas de conclusion avant d'avoir questionné sur le sens vécu par lui. S'il demeure incapable de faire une manipulation correcte, on peut émettre l'hypothèse que le sens de la dizaine n'est pas acquis et reprendre le travail comme indiqué dans les pages précédentes.

Si la réponse est correcte, pour des élèves de fin de primaire ou début de collège, on peut continuer par le repérage du sens de la virgule.

Sens de la virgule

Écrire ensuite le nombre 12,5 et demander à l'élève (ou aux élèves) de fabriquer 12,5 bandelettes.

La réponse ordinaire, y compris chez des adultes consiste à poser, à côté du paquet de dix et des deux bandelettes, une demi-bandelette de papier (pliée en deux ou coupée).

La question : « Comment se fait-il que l'on coupe en 2 quand on écrit, **5** ? ». La question laisse sans voix une majorité d'élèves et d'adultes.

Il faut alors expliquer le sens de la virgule en reprenant le sens du nombre décimal.

L'utilisation du tableau complet avec tous les objets permet ici aussi de redonner sens global à la numération.

Sens de la fraction

L'introduction de l'écrit fractionnaire de 3 dixièmes (3/10), par exemple, permettra aussi d'amener la notion plus générale de fraction avec des collégiens. De même que l'écriture 3/10 raconte deux actions : couper l'objet en dix parts égales et en prendre 3, 5/8 signifiera le partage en 8 parts égales pour en prendre 5. Le matériel ici présenté a été prévu pour ce travail puisque certains losanges ont été prépartagés en 4, 6,8, etc., parts égales.

Travail sur le langage écrit

Dès le début du travail sur la numération, il nous semble intéressant de poser un parallèle entre la langue mathématique écrite et la langue française écrite. Construire avec les enfants, soit sur papier en individuel, soit sur TNI (tableau numérique interactif) ou tableau ordinaire, un document comme celui que nous proposons à la page suivante met en évidence la sobriété de l'écriture des nombres, mais aussi sa puissance puisqu'avec moins de signes (dix au lieu de vingt-six), le mathématicien peut écrire une infinité de nombres qui auront toujours du sens. Avec ses 26 lettres l'écriture du français ne peut donner qu'un nombre limité de mots. Certes ce nombre peut encore varier dans une langue qui évolue, mais notre dictionnaire, à une époque déterminée, a une fin, pas le « dictionnaire des nombres » !

Ajoutons à cela qu'une suite de lettres n'a pas toujours de sens en Français : *exemple* « prst » (même si ceci a du sens en tchèque), en mathématiques une suite de chiffres, écrits dans n'importe quel ordre a toujours du sens : *exemple* « 3 854 890 185 438 » !

Chaque fois qu'un enseignant prend de la hauteur par rapport à sa discipline et fait des ponts entre deux ou plusieurs didactiques, il ouvre au sens des apprentissages scolaires en permettant aux élèves de faire des liens de compréhension.

1. **Questionnement sur la langue française écrite :** « Que faut-il pour écrire la langue française ? »... *des lettres pour faire des mots,* « combien de lettres,... combien de mots ?.. », dialoguer avec les enfants en valorisant leurs réponses. Insister sur la différence entre lettre et mot et mettre en évidence qu'il existe des mots d'une seule lettre : on peut en lister quelques-uns. L'essentiel de la discussion peut être résumée comme sur la partie gauche du tableau.
2. **Questionnement sur l'écriture des nombres :** « Et pour écrire les nombres, de quoi dispose-t-on ? »... *des chiffres pour écrire des nombres...,* « combien de chiffres,... combien de nombres ? » Continuer le dialogue pour mettre en évidence la puissance de la langue écrite mathématique qui, avec un minimum de signes (dix) on peut écrire une infinité de nombres qui auront toujours du sens. Voir une synthèse possible sur la partie droite du tableau précité.
3. **Distribution d'une copie du document créé avec eux,** soit immédiatement si le praticien l'a ainsi prévu, soit en différé. Dans ce deuxième cas, il conviendra de donner aux enfants un temps silencieux d'évocation de ce travail et de leur demander de repenser au tableau construit avec eux. Les questionner en « Dialogue pédagogique » sur ce qui se passe alors dans leur tête est toujours intéressant pour qu'ils se sentent de

plus en plus acteurs de leur compréhension et de leur mémorisation. Les questionner ensuite en « Dialogue didactique » sur les connaissances retrouvées permet au praticien d'apprécier la qualité de la production mathématique.

4. **Mise en projet de réutilisation de ce document :** donner une dimension de futur à un apprentissage est fondamental pour la mémorisation et la motivation des enfants. On peut leur proposer d'utiliser ce document pour en faire un court exposé aux parents. Il convient alors de les y préparer en leur demandant de réfléchir silencieusement au comment ils s'y prendraient pour le communiquer.

Écrire les nombres en chiffres

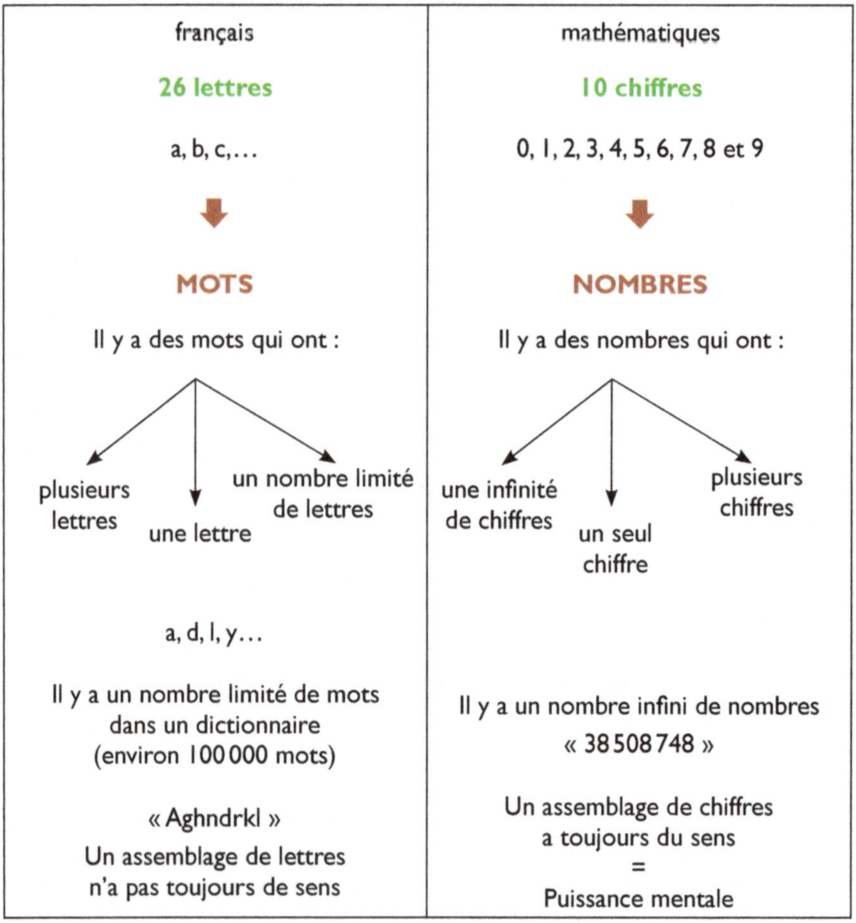

Parler et écrire des nombres en mots

À l'entrée au CP, beaucoup d'enfants savent « parler » des nombres puisque beaucoup d'entre eux savent « compter jusqu'à... 50..., 60... ». Ils ont été encouragés à le faire par l'admiration que ceci suscitait dans l'entourage familial !

La compétence ainsi acquise d'égrainer des mots mémorisés dans un certain ordre peut être rapprochée de celle qui les amène à réciter une poésie ou à chanter une chanson. Pour autant, elle ne leur ouvre pas automatiquement la capacité d'isoler un nombre entre deux autres nombres, de dire avec des mots un nombre écrit en chiffres et encore moins d'écrire en chiffres ou en mots un nombre entendu.

Nous retrouvons ici un obstacle déjà relevé : l'apparente familiarité du langage parlé peut leur laisser croire que celui-là est acquis. Les premières difficultés rencontrées dans l'association de l'écrit et de l'oral risquent de les décevoir et de leur faire vivre un sentiment d'échec. L'approche ici exposée à pour objectif de rassurer les jeunes enfants et de nourrir l'exigence de sens qui est la leur en les accompagnant dans l'explicitation des liens étymologiques entre l'écrit et l'oral. Si « 16 » se dit « seize », il y a une raison de sens : le mot seize est composé de deux éléments qui s'ajoutent : « **sei** » et « **ze** », le premier est une trace historique de « **six** » et le deuxième celle de dizaine, mais en ***« VERLAN »,*** Il en est de même pour « onze », « douze », « treize », « quatorze » et « quinze ». En revanche, « soixante » contient aussi cette double racine, « soi x » pour six et « ante » pour la dizaine, mais cette fois la structure est multiplicative et n'est plus en verlan (c'est la même chose pour cinquante, quarante et trente, avec pour ce dernier la bizarrerie orthographique du « ente » au lieu de « ante ».

Tout ceci doit être pointé, explicité et accompagné en compréhension/mémorisation.

Les propositions suivantes sont à revisiter en fonction de l'âge des enfants, en classe ou en rééducation.

Le travail est à faire en *4 temps :*

- rechercher et expliciter le vocabulaire ;
- passer de l'écrit en chiffres à l'oral ;
- passer de l'oral à l'écrit en chiffres ;
- passer de l'oral à l'écrit en mots.

Recherche et expliciter le vocabulaire

Lister tous les mots « mathématicains » pour parler les nombres (jusqu'à 99 en CP, 999 en CEl, plus loin à partir du CE2) : Combien y a-t-il de mots pour parler tous les nombres dans l'univers mathématique ? L'intuition première, y compris chez nombre d'adultes, est celle d'une grande quantité ! La recherche étant faite, c'est la surprise de la réponse :

- en France : 26 mots nombres (auxquels on peut ajouter « et ») ;
- en Belgique : 28 (avec en plus « septante » et « nonante ») ;
- en Suisse : 29 (avec l'ajout de) « huitante ».

Présenter le tableau sur lequel on demande aux enfants de repérer et d'éliminer ce qu'ils savent.

Pointer tout ce qui leur semble anormal ou difficile : de onze à seize, vingt puis soixante-dix, quatre-vingts...

Expliciter le sens et le rôle de chaque mot.

- ***Un, deux, trois, cinq, six, sept, huit, neuf,*** qui indiquent, sans ambiguïté, le chiffre à écrire, l'inverse n'étant pas vrai ! (***quatre*** fait exception car dans quatre-vingts, quatre-vingt-dix,... il ne s'écrira pas).
- ***Dix, « cachotier »*** parle la colonne, mais cache son « un », par exemple dans « *dix-huit* » et ***ambigu*** puisque dans dix mille, il s'écrira 10 alors que dans dix-sept, il s'écrira 1.
- ***Onze, douze..., seize,*** qui contiennent, *en verlan,* à la fois l'indicateur du chiffre des unités et le « **un dix** ».
- *Vingt,* qui joue l'ancien pour parler « deux dix » en souvenir des **Mayas,** qui comptaient les doigts des mains et des pieds.
- ***Tr****ente* (un peu « snob » dans son orthographe), ***quar****ante,* ***cinqu****ante,* ***soix****ante,* qui parlent à la fois le ***chiffre des unités*** et la ***colonne des dizaines.***
- *Soixante-dix, quatre-vingts et quatre-vingt-dix,* trompeurs, et très « vieux-jeu », car ils racontent des histoires très anciennes : le premier, celle des Babyloniens, il y a 3 700 ans, qui comptaient en base soixante à partir des phalanges des doigts (ils avaient la table de 24 !) et les deux autres encore celle des Mayas.
- *Cent* aussi ***« cachotier »*** que dix quand il est tout seul, puisqu'il cache son « un ». Cent est seulement indicateur de la colonne dans « deux cents ».
- « Million », « milliard », mots spéciaux qui ne parlent pas les chiffres, mais la « classe ».
- « Mille » aussi ne parle que la classe, mais cache son « un » dans mille deux cent.

Mettre en évidence l'originalité de la prononciation de « diz-huit » par rapport à « dix-sept ».

0	zéro	10	dix			
1	un	11	onze			cent
2	deux	12	douze	20	vingt « original »	mille
3	trois	13	treize	30	trente (un peu snob)	million
4	quatre	14	quatorze	40	quarante	milliard
5	cinq	15	quinze	50	cinquante	
6	six	16	seize	60	soixante	
7	sept			70	septante	
8	huit			80	nonante	
9	neuf					

26 mots nombres
(28 en Belgique) - (29 en Suisse)

Donner ce tableau aux enfants en les mettant en projet de le reprendre mentalement à la maison pour en assurer la mémorisation à plus long terme.

Remarque : les mots « unité », « dizaine » et « centaine » ne sont jamais nommés !

Passer de l'écrit en chiffres à l'oral

Installer la structure sur les « unités simples » :

[c d u]

c → Toujours nommé

d → Souvent caché : « vingt »
Trente
Quarante
Cinquante
Soixante
! Soixante-dix
Quatre-vingts
Quatre-vingt-dix !

u → Jamais nommé

Faire mémoriser cette structure et entraîner les enfants à parler des nombres écrits en chiffres, et à écrire en chiffres des nombres écrits en lettres ou parlés.

Ce travail est essentiel puisqu'il conditionne toute la suite de l'apprentissage du vocabulaire de la numération. Nous avons mis en évidence des difficultés liées aux mots et expressions comme « quatre-vingts » dont l'écriture ne contiendra ni le chiffre 4, ni le 20. L'accompagnement doit se faire patiemment, sans précipitation.

Annoncer le changement de catégorie :

Il s'agit maintenant de changer de catégorie, changer de « CLASSE » et de passer aux « mille », « millions », « milliards », mais le vocabulaire sera toujours le même, il suffira de nommer la catégorie (classe) dans laquelle on se trouve, sauf pour les unités simples (qui ne seront jamais nommées). Si le langage est maîtrisé jusqu'à 999, l'enfant découvrira joyeusement qu'il a le pouvoir de réitérer ce qu'il sait pour nommer de très grands nombres : c'est un vrai plaisir pour les enfants de nommer : 999 999 999 !

			Jamais nommées ↑
Milliards	Millions	Mille	Unités simples
[c d u]	**[c d u]**	**[c d u]**	**[c d u]**

Remarque : mille ne prend pas de « s » au pluriel car c'est déjà un pluriel, son singulier étant « mil ».

Faire lire des nombres que l'on aura placés dans ce tableau.

Faire mémoriser cette nouvelle structure et la faire évoquer dans les deux étapes suivantes :

À partir de cette « structure de tête », s'entraîner à parler *(et ultérieurement* à *écrire en mots)* des nombres écrits en chiffres en l'absence du tableau :

321 321 321 321

346 284 817

Écrire en chiffres un nombre entendu

Ceci est très difficile pour un grand nombre d'enfants, surtout s'il n'a pas été fait le travail de clarification du sens et du rôle des mots. On insistera sur les mots qui parlent les classes (en rouge ci-dessus). Il est possible de les spécifier de façon personnelle : sonore et/ou gestuelle…

Reconnaissons la complexité de la traduction en chiffres de l'expression suivante :

« **Trois millions cent quatre-vingt-seize mille cinq cent dix-huit…** »

Les seuls mots sans ambiguïté étant ici : trois, cinq et huit !

Proposer avant toute chose aux enfants de faire exister dans leur tête le tableau de la numération qu'ils ont préalablement mémorisé, ils peuvent en avoir une image visuelle, une impression visuelle ou spatiale ou encore se le parler mentalement en imaginant plus ou moins de mouvements dans cet espace mental dans lequel ils pourront imaginer les chiffres.

Écrire en mots un nombre écrit en chiffres

Cette compétence découle directement de la compétence précédente : si les enfants savent parler les nombres écrits en chiffres, leur écriture en lettres relève d'une compétence orthographique ordinaire

Tout cela peut être accompagné d'exercices sur des fiches prévues à cet effet :

Des lettres aux chiffres

Écriture en lettres	Écriture en chiffres
Quarante-cinq	
Vingt-huit	
soixante-trois	
Dix-neuf	
Douze	
Cinquante-sept	
Soixante-dix-sept	
Quatre-vingt-huit	
Soixante-douze	
Quatre-vingt-treize	
Soixante-quatorze	
Quatre-vingt-dix-neuf	

Ou encore :

Écrire en chiffres et en lettres les quantités ci-dessous[20] :

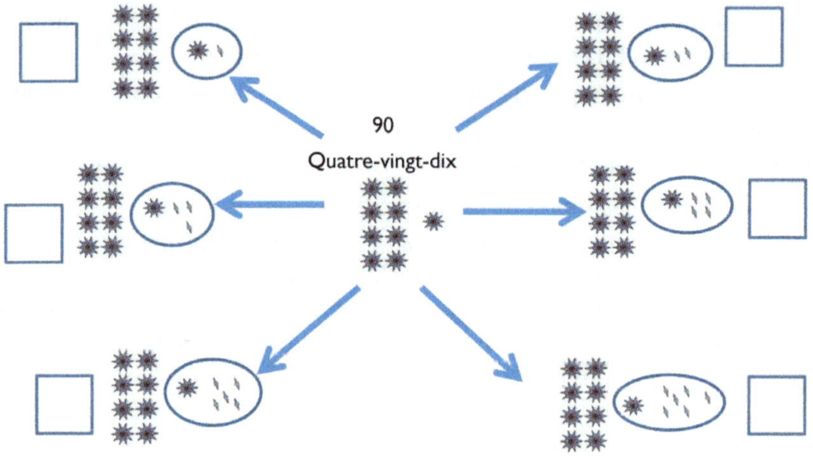

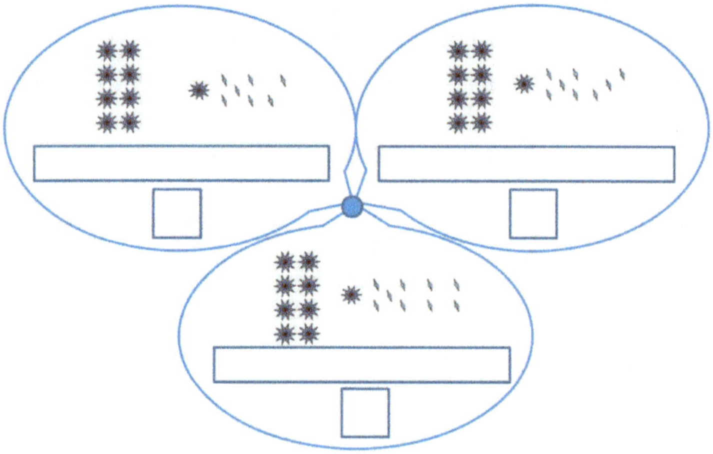

20. Fiche extraite de A. Géninet, *L'apprenti mathématicien*, n° 1 et n° 2 avec guide d'utilisation sur CD ROM, Hermitage, 2012.

Chapitre 6

Le sens des opérations

Un artisan ne conçoit pas de confier à son apprenti un travail précis sans lui avoir, au préalable, montré, décrit et explicité les outils à utiliser, leur rôle et utilisations spécifiques ainsi que la façon de s'en servir.

Nous pensons que la compréhension des opérations est à accompagner indépendamment de la résolution de problèmes, certes, elles seront mises au service de ceux-ci, mais ne nous précipitons pas. Les opérations sont des concepts mathématiques à aborder pour eux-mêmes. Ce sont des moyens d'accès à des calculs qui permettront aux enfants de vivre l'expansion sémantique du nombre. Chacune de ses opérations a une structure logique à expliciter, à faire vivre dans sa spécificité. Ce sera une autre étape que de réfléchir à la structure d'un problème : il y a ce que raconte l'opération et il y a ce que raconte le problème et ce n'est pas toujours en harmonie. Ce n'est pas parce que le texte dit « de plus » qu'il conviendra de faire une addition et le lecteur sait combien les enfants se précipitent dans le choix d'une opération à partir d'un tri d'indices trop rapide.

Ces opérations seront présentées deux par deux dans leur complémentarité comme ci-après. Ce sera une nouvelle fois l'occasion du passage de la langue française qui parle la réalité des objets à la langue mathématique qui parlera les nombres et les opérations.

Pour chacune d'elle, afin d'éviter la confusion permanente entre opération et calcul, nous décrirons ***4 étapes : P action décrite,*** son expression dans les ***deux langues :*** français et mathématique, ***le résultat de cette action*** sur les 2 nombres et enfin ***le calcul*** effectué et schématisé.

Le sens de l'addition

Elle raconte la **réunion** de deux collections d'objets mises en présence simultanée et en lien de sens (ce sont des objets identiques).

L'addition

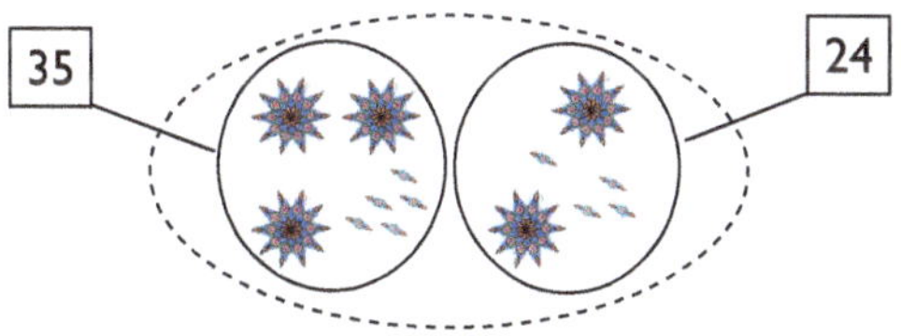

- *En français,* je dis : « Je *réunis,* ou je rassemble, ou je mets ensemble les deux quantités 35 et 24. »
- *En langage mathématique,* je dis : « j'additionne **35 et 24** ».
- J'écris : **35 + 24,** c'est la **somme** des deux nombres.
- Je fais le **calcul :** 35 + 24 = 59 et je schématise :

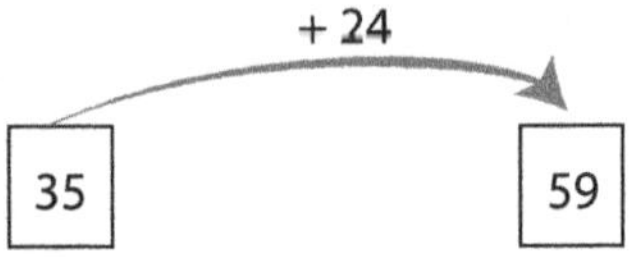

Le sens de la soustraction

Elle raconte une **inclusion** d'un ensemble dans un autre, puis une **exclusion** de celui-ci, ici le 24 est à inclure dans 59 (avant de l'exclure).

À la différence de l'addition, la deuxième quantité n'est pas donnée au départ, c'est le signe «- » qui impose de la faire exister en inclusion dans la première.

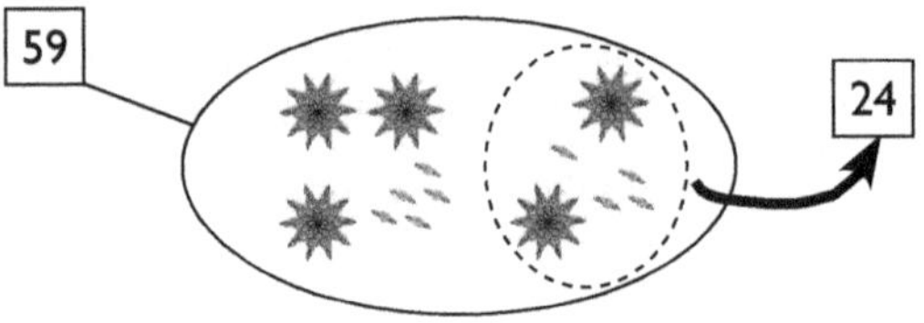

- *En français,* je dis : *« J'enlève,* je retire ou j'ôte la quantité 24 à la quantité 59. »
- *En langue mathématique,* je dis « je **soustrais** 24 à 59 ».
- J'écris : **59 - 24,** c'est la **différence** des deux nombres.
- Je fais le **calcul :** 59 - 24 = 35 et je schématise :

*L'**addition*** et la ***soustraction*** sont deux opérations complémentaires

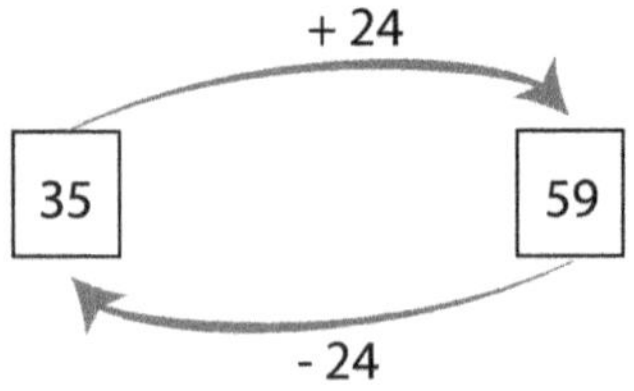

L'accompagnement pédagogique

Nous avons choisi dans cet ouvrage de séparer, pour mieux les développer, la compréhension de la numération de celle des opérations. Dans la réalité de la pratique de classe, ou en rééducation, l'addition et la soustraction seront à intégrer dès l'enseignement de la dizaine pour en ancrer la compréhension. Le sens de ces deux opérations pourra être travaillé à partir du matériel « losanges et rosaces ».

L'addition sera abordée très vite dans le prolongement du sens de la dizaine. Par équipes de deux, en respectant les 4 étapes comme précisé *ci-dessus* : *on réunira deux collections d'objets, on les dessinera, on parlera l'opération dans les deux langues, on écrira la somme, on posera et effectuera le calcul en ligne* en choisissant des calculs simples au départ (sans « retenue »), par exemple : 23 + 41.

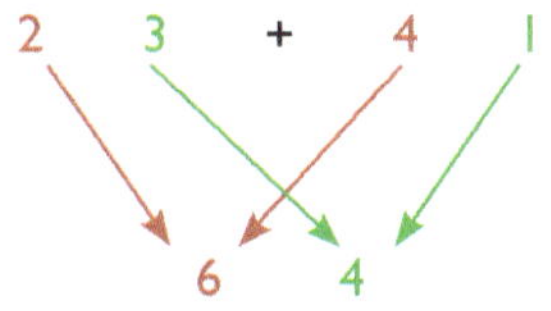

23 + 41 est la somme des deux nombres

23 + 41 = 64

Cette égalité est à comprendre en « fusion » : de chaque côté du signe « = » il y a le même nombre !

On respectera au départ la spontanéité des enfants qui additionnent les deux nombres en commençant par les dizaines : c'est **« l'addition naturelle »,** celle que chacun fait au supermarché pour évaluer approximativement le montant de ses achats ! Il n'y a pas à imposer trop tôt la technique en colonnes, elle ne s'imposera que sur des calculs plus complexes, pour gagner du temps ou pour « faire plus propre ». Elle peut cependant être proposée. **L'apprentissage d'une technique opératoire ne doit pas être vécue comme une contrainte ou une corvée, mais bien comme une aide et une simplification de stratégie ;** le dire ne suffit pas, c'est à faire vivre, encore une fois sans précipitation !

La technique opératoire additive :

Puis vient l'addition « à retenue ». Ce sera l'occasion de faire vivre la fabrication d'une nouvelle dizaine quand la réunion des unités dépassera dix et permettra d'introduire progressivement le calcul posé en colonnes, comme dans le tableau de la numération, avec la présence de la retenue dans la colonne des dizaines.

d	u
1	
3	4
2	8
6	2

Pour accompagner la compréhension du sens de la **soustraction,** on suivra strictement le même cheminement, pas à pas. Par équipes de deux : *l'une disposant (réellement ou en pensée) d'une collection d'objets, l'autre lui en réclamant une partie (les nombres étant choisis par l'enseignant), l'enseignant mettra ses élèves en projet de vivre mentalement la situation, puis fera décrire l'activité évocative d'inclusion/exclusion,* il *dessinera les deux collections d'objets en inclusion et la flèche d'exclusion ; on parlera l'opération dans les deux langues, écrira la différence, on posera et effectuera le calcul en ligne* en choisissant des calculs simples au départ (sans « retenue »), par exemple : 53 - 21.

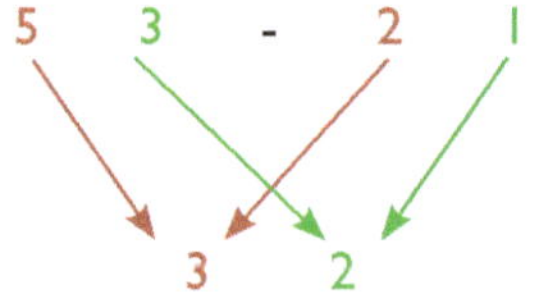

53 - 21 est la différence des deux nombres

53 - 21 = 32

Là encore la spontanéité des enfants s'exprime en commençant par les dizaines : c'est **« la soustraction naturelle »,** elle est encore à respecter pour être peu à peu remplacée par la soustraction traditionnellement posée en colonnes, quand les enfants auront admis que c'est ainsi plus simple, mais seulement quand sera introduite « la soustraction à retenue ».

Par exemple dans :

53 - 28

Je peux évidemment commencer par enlever 2 dizaines à 5 dizaines, mais comment faire pour enlever 8 unités à 3 unités ?

d	u
4	10
~~5~~	3
2	8
2	5

Vient alors l'idée que les dizaines/rosaces contiennent des losanges, il suffit d'en défaire une parmi les 5, en vrai ou en pensée, pour récupérer les 10 losanges contenus et de les joindre aux 3 losanges isolés,

II ne reste plus lors que 4 rosaces et le calcul devient alors possible. Viendra alors l'idée de commencer le calcul par les unités pour éviter les ratures : c'est la proposition qui suivra.

La technique opératoire soustractive :

d	u
4	10
5	3
2	8
1	
2	5

Ce n'est que très progressivement que sera amenée la proposition d'une disposition encore plus simple pour éviter les ratures, une « retenue » étant écrite à côté du 2 pour penser à enlever la dizaine qui a été défaite. Tout ceci doit être régulièrement verbalisé pour que la maîtrise de la technique ne s'éloigne pas trop vite du sens et surtout ne le chasse pas.

L'habileté à ces calculs suppose la maîtrise des ***« tables d'addition »,*** mais pas uniquement dans le sens calcul ——————→ résultat ! Pour ce faire, nous proposons une présentation non linéaire de ces tables, alors que c'est souvent le cas dans les documents donnés aux enfants, sous forme de tableau à double entrée. Ces tableaux les entraînent dans l'ajout répétitif de « 1 » : 7 + 8 = 15 et 7 + 9, j'ajoute 1 pour obtenir 16 ! Or, ce qu'il faut entraîner, c'est le lien en fusion de 15 et 7 + 8 ou 8 + 7, comme d'ailleurs avec 9 + 6 et 6 + 9, pour ouvrir le champ des relations sémantiques entre les nombres.

Dans cet objectif qui sera d'ailleurs repris pour les tables de multiplication, nous avons conçu ce ***« puzzle recto/verso »*** pour que les enfants s'y amusent !

Puzzle « table d'additions » recto :

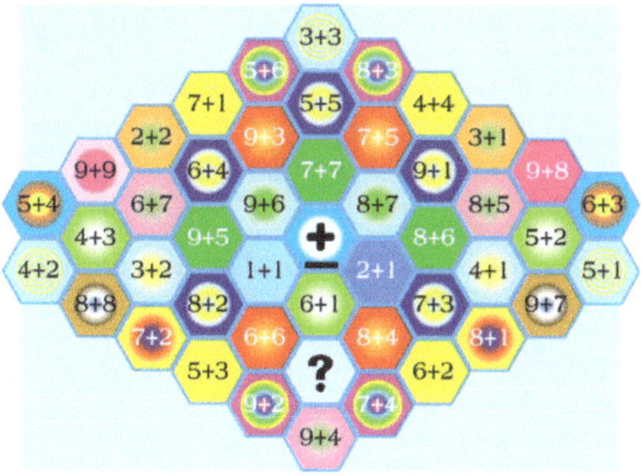

Les enfants repèrent rapidement qu'il y a, comme le dit Ethan : « 5 soleils » : (5 + 5), (6 + 4), (9 + 1), (8 + 2) et (7 + 3) et cela le questionne ! Il retourne donc les pièces du puzzle et découvre que ce sont 5 façons de trouver 10 !

Puzzle « table d'additions » verso :

Sur cette face verso, il s'agit de retrouver toutes les façons de décomposer, par exemple 11.

Nous proposons aussi dans des « cahiers élèves » des fiches d'exercices[21] comme celui-ci :

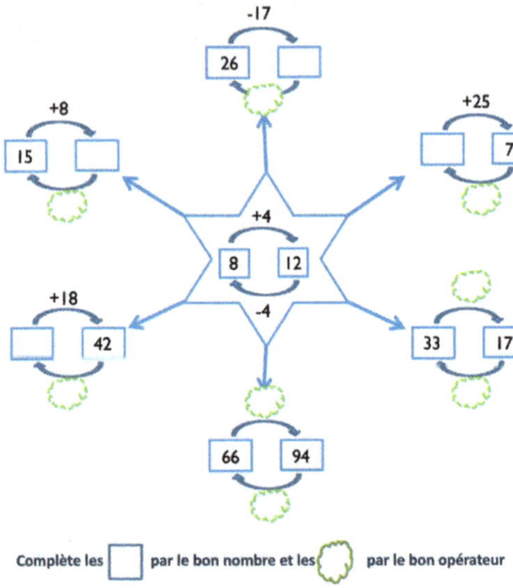

Ou encore :

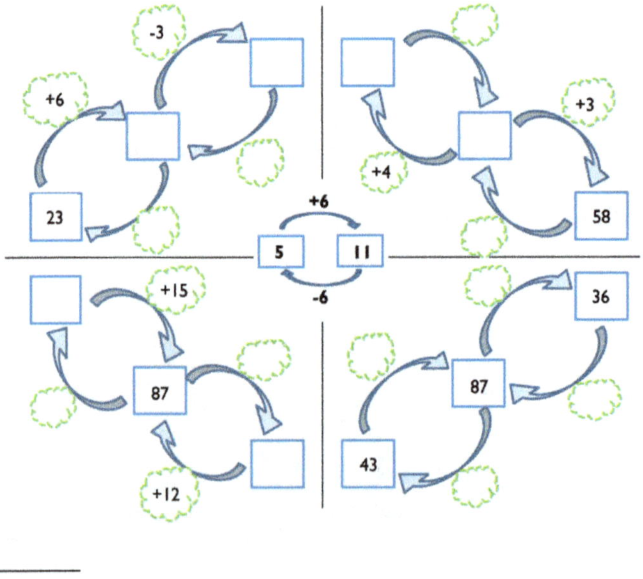

21.. Fiche extraite de A. Géninet, *L'apprenti mathématicien*, n° 1 et n° 2 avec guide d'utilisation sur CD ROM, Hermitage, 2012.

Le sens de la multiplication

La multiplication raconte une **sériation spatiotemporelle,** étymologiquement parlant : ***l'action*** de ***plier « moult »*** fois la corde à nœuds qui servait par exemple aux bâtisseurs du Moyen Âge.

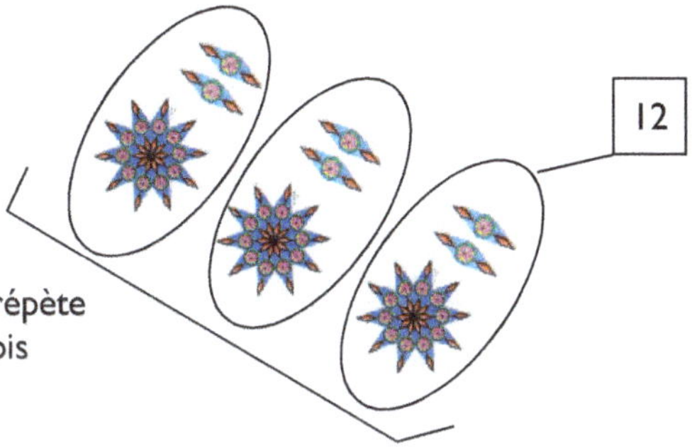

Nous nous attarderons sur la multiplication car c'est la première opération où les deux nombres ne racontent pas la même chose, seul le premier nombre, ici 12, a une dimension spatiale puisqu'il parle des objets, le 3 a une dimension temporelle car il raconte une répétition, (même s'il est possible pour le lecteur de le spatialiser dans l'état final). Cette différence fondamentale de sens des deux nombres rend la compréhension de la multiplication plus difficile que celle de l'addition et la soustraction. La présenter comme une succession d'additions ne facilite pas les choses et entraîne à plus ou moins long terme la confusion entre ces deux opérations de structures très différentes. La complexité de l'opération tient aussi à la présence de plusieurs liens logiques : outre la sériation spatiotemporelle relatée cidessus, il y a à agir des liens d'attribution en inclusion, puisque le 12 est inclus dans chaque unité du 3, d'union des 3 collections et d'analogies en similitudes des 3 quantités et différence de sens des deux nombres 12 et 3.

- *En français* je dis : Je prends 3 fois la quantité 12.
- *En langage mathématique* : je dis : **« Je multiplie 12 par 3. »**
- J'écris : **12 x 3,** c'est **le produit** des deux nombres 12 et 3.
- J'effectue **le calcul :** 12 x 3 = 36 et je le schématise :

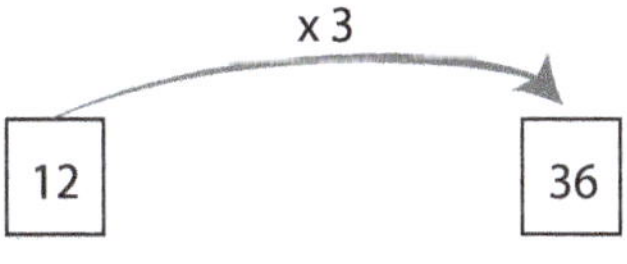

Le sens de la division

La division raconte la fabrication de **parts égales,** en **sériation spatiotemporelle,** les parts étant en inclusion/exclusion dans la quantité initiale.

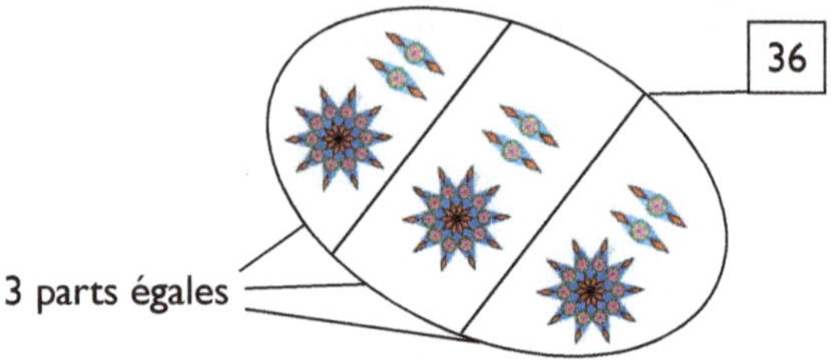

- *En français* je dis : Je partage la quantité 36 en 3 parts égales.
- *En langage mathématique* je dis : « **Je divise « 36 par 3.** »
- j'écris : 36 : 3, c'est **le quotient** exact de 36 par 3.
- Je fais **le calcul :** 36 : 3 = 12 et je schématise :

La multiplication et ***la division*** sont deux opérations complémentaires

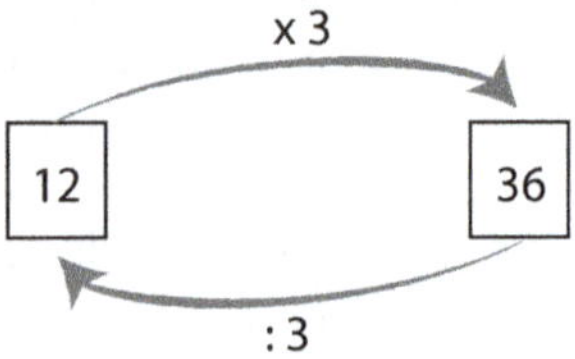

Il y a un réel intérêt à remettre en présence simultanée les structures logiques des quatre opérations vécues dans l'inévitable linéarité du temps didactique, ce sera l'occasion d'en revisiter le sens et de les comparer, en similitudes et différences, pour signifier la spécificité de chacune. C'est un temps de synthèse dont nous avons précédemment relaté l'importance.

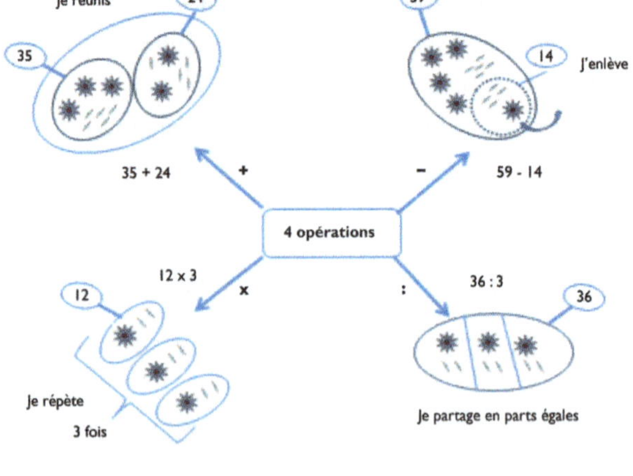

L'accompagnement pédagogique

La multiplication racontant une succession temporelle d'actions, devra être vécue concrètement temporellement par les enfants. De fait elle est trop souvent présentée uniquement dans son état final : dessiner « 3 paquets de 12 », c'est mettre en évidence spatialement le résultat d'une triple temporalité qui demeure implicite.

Nous proposons donc une activité où les enfants devront se déplacer dans la classe pour aller chercher plusieurs fois la même quantité d'objets. L'enseignant a, par exemple, disposé des losanges dans une boîte. Il demandera à un élève d'aller y en chercher **6** et de venir les disposer sur le bureau une première fois, puis une deuxième fois, puis une troisième fois. Les **3** voyages terminés, il propose à tous les élèves de revivre dans leur tête ce qui vient de se passer puis demande à l'enfant qui à fait les déplacements de verbaliser ce qu'il vient de faire pour qu'il exprime la différence de structure des deux nombres 6 et 3, le 6 c'est de l'espace, il l'avait dans la main, le 3 c'est du temps, ce sont les voyages !

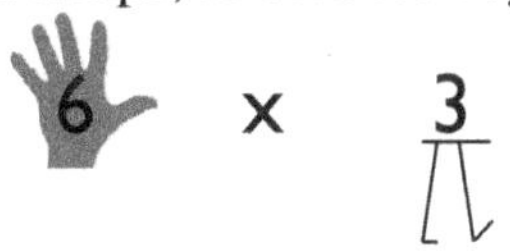

Ne pas hésiter à faire refaire ces voyages par un ou deux autres élèves de la classe. Faire calculer ou compter la quantité des objets obtenus. Faire réfléchir les élèves sur la proposition suivante : « Et si je vous avais demandé d'aller 6 fois chercher 3 objets... ? ». Certes le résultat du calcul sera le même, mais l'histoire sera différente.

Après la compréhension de la dizaine, la compréhension de la multiplication est probablement le moment le plus important de l'apprentissage des mathématiques à l'école, en tout cas il doit retenir toute notre attention et doit se conduire délicatement, prudemment.

Suite de l'activité : l'enseignant peut continuer à questionner ses élèves en leur demandant ce qu'il se passerait s'il leur demandait d'aller chercher 6 objets seulement 2 fois..., puis une seule fois..., et enfin zéro fois ! ou d'aller chercher 3 fois 0 objet !

Ces questionnements doivent solliciter leur réflexion silencieuse. L'enseignant leur demandera de ne pas formuler leur réponse trop rapidement pour laisser à chacun le temps de vivre le sens de ces propositions. L'objectif est de faire émerger le rôle du 1 et du 0 dans la multiplication.

N x 1 = N et 1 x N = N

N x 0 = 0 et 0 x N = 0

C'est à ce moment de son apprentissage, prolongé par la mémorisation des tables de multiplication, que l'élève entre vraiment dans le monde abstrait des nombres, dégagés des objets concrets. Dans cet univers, si la multiplication est une opération commutative : 6 x 3 = 3 x 6, elle ne l'est pas dans la réalité sur des « nombres de... », et le nombre 18, qui pouvait déjà se déguiser en 10 + 8, ou 9 + 9, ou 20 - 2,... a encore gagné en puissance, et ce n'est pas fini, comme l'indique la spirale suivante !

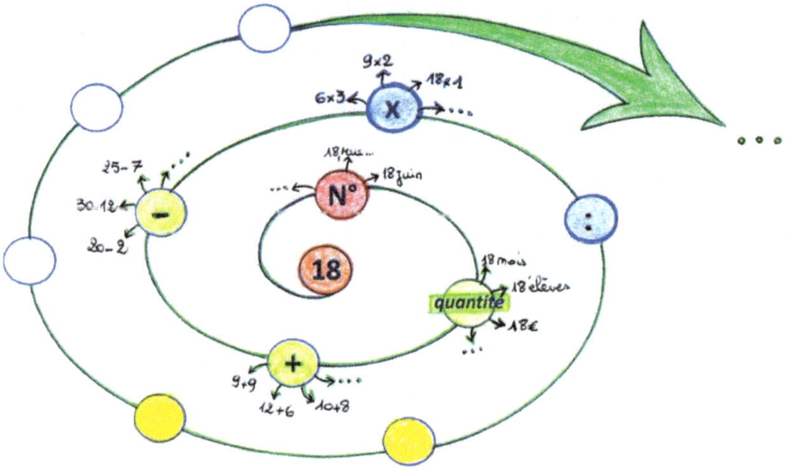

La technique opératoire de la multiplication

Celle-ci ne peut véritablement faire l'objet d'un travail spécifique que dans la mesure où les tables de multiplication commencent à être maîtrisées.

Pour multiplier 235 par 32, il faudra multiplier 235 par 2 d'abord, puis par 30 (soit **par 10** et par 3), ce qui justifiera le décalage vers la gauche ou la pose d'un **0** sur la deuxième ligne de la multiplication par 3., et enfin additionner les deux résultats.

235 x 32 = 235 x [(2 + 3x10)]

		2	3	5
x			3	2
		4	7	0
	7	0	5	0
	7	5	2	0

La division

Elle peut être vécue concrètement dans la manipulation des objets concrets : faire des parts égales dans une feuille de papier, une tablette de chocolat, mais il faut bien reconnaître que ce seront des parts « à peu près égales ». Il est aussi possible de faire le lien avec le partage du losange en 10 parts égales pour aborder le nombre décimal.

Cependant, la multiplication étant le moment de décrochage avec les objets de réalité, il est selon nous souhaitable de l'amener très rapidement sur les nombres seuls : diviser 18 par 3 c'est trouver le nombre dont le produit par 3 est égal à 18 ! Ceci sera d'autant plus aisé si la multiplication a été l'occasion de « jeux de nombres », que les tables de multiplication ont été mémorisées en appui sur les résultats et que la division a été présentée comme complémentaire de la multiplication.

La technique opératoire de la division

Les techniques actuellement imposées aux élèves dans certaines classes, même si elles ont du sens dans les calculs eux-mêmes, nous semblent vraiment trop lourdes d'écritures ! Dans la division de 1 144 par 13, faire écrire aux enfants « la table de 13 » dans la succession des multiples pour repérer celui que sera contenu dans le dividende 1144, puis poser la soustraction sous ce dividende crée une surcharge perceptive qui fait que les enfants ne savent plus où ils en sont ! Les enfants sont intelligents, ne sous-estimons pas leurs capacités et entraînons-les à mentaliser des résultats intermédiaires pour ne poser à l'écrit que le minimum de traces nécessaires à la conduite de leur calcul. Ils y arrivent très bien. Ceci n'est possible évidemment que s'ils sont entraînés régulièrement, **tous les jours,** au « calcul mental réfléchi » dans des séances de « jeux de nombres », à partir des quatre opérations. N'oublions pas que l'essentiel de l'activité du mathématicien est son activité mentale pour des raisons que nous avons abordées au chapitre 2.

1144	13

En 114, combien de fois 13 ?.., il n'y a pas à trouver tous les multiples de 13 mais peut-être, par tâtonnements, à trouver par quoi il serait possible de multiplier 13 pour se rapprocher de 114… Peut-être 9 ? Faisons le calcul mental… C'est trop grand ! et 8 ? 3 fois 8 = 24, ôté de 24 ? Il reste 0, l'enfant peut poser le 2 de retenue ou le mettre sur ses doigts ; 8 fois 1 = 8, plus 2, donne 10, ôté de 11 = 1, etc.

② 1144	13
10.	8…

Faisons verbaliser toute la classe sur ce genre de division ou même sur des calculs plus simples. Mémoriser une comptine de calculs c'est aussi se donner une structure transférable sur d'autres calculs.

Remarque : pour vivre pleinement la complémentarité des opérations + et -, puis x et : l'apprentissage des tables d'addition et de multiplication fait « dans le désordre » et « en partant des résultats », tel que nous l'avons conçu dans les ***puzzles recto verso,*** facilitera grandement ***la mobilité de pensée*** des enfants : ils joueront avec les nombres sur des jolis supports et nous avons déjà signalé combien le plaisir et l'esthétique nourrissent la motivation à apprendre. Ils peuvent aussi s'entraîner sur des exercices[22] comme ceux que nous avons déjà présentés pour l'addition et la soustraction :

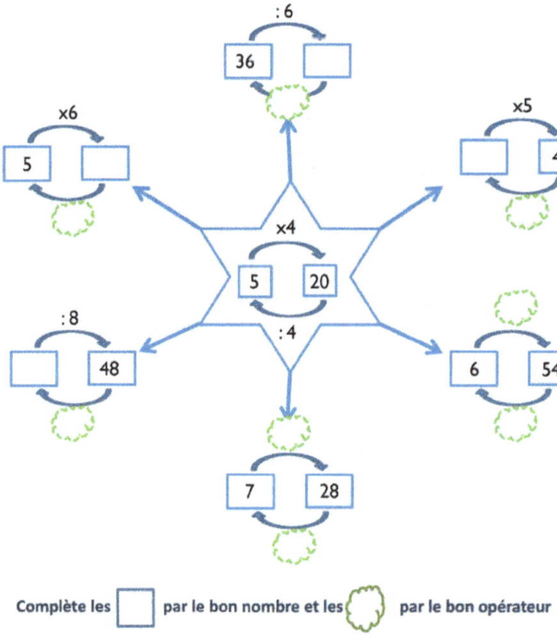

22. Fiche extraite de A. Géninet, *L'apprenti mathématicien,* n° 1 et n° 2 avec guide d'utilisation sur CD ROM, Hermitage, 2012.

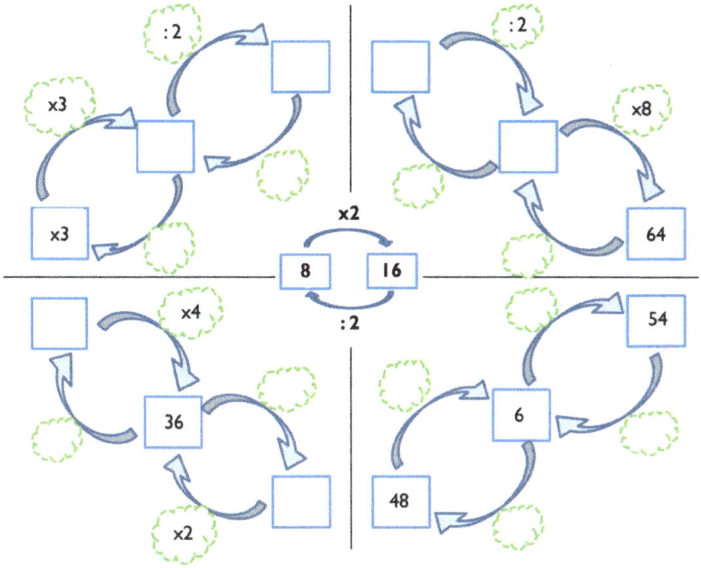

Le sens de la fraction

La fraction raconte deux opérations : une division, puis une multiplication et pourra être schématisée de la même manière, par exemple 3/4 **d'une quantité** sera représenté par le schéma :

$\frac{3}{4}$ raconte 2 transformations

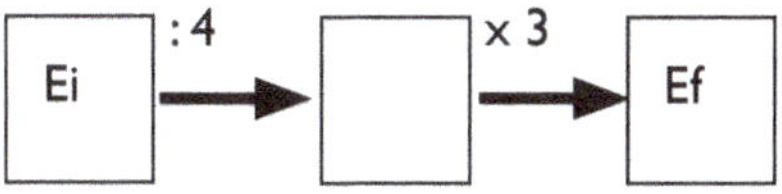

On remarquera que le langage, aussi bien écrit que parlé, utilise le « verlan » puisqu'il va écrire et nommer les opérateurs en sens inverse. Certes, en situation problème, les calculs pourront rapidement être inversés.

Nous remettons en question l'excès de représentations spatiales d'un unique état final de la fraction, car s'il est aisé de représenter les 3/4 d'un disque ou d'un rectangle comme ceci :

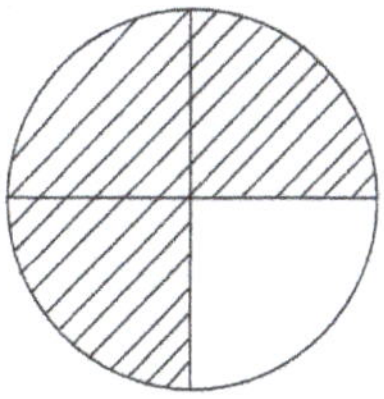

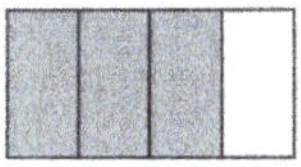

C'est oublier qu'il a fallu deux actions pour en arriver là !

Le « 3 » étant inclus dans le « 4 », qu'en sera-t-il de la compréhension de 5/4 ?

Or ceci nous savons combien ceci représente de difficultés pour nombre d'élèves.

Vocabulaire :

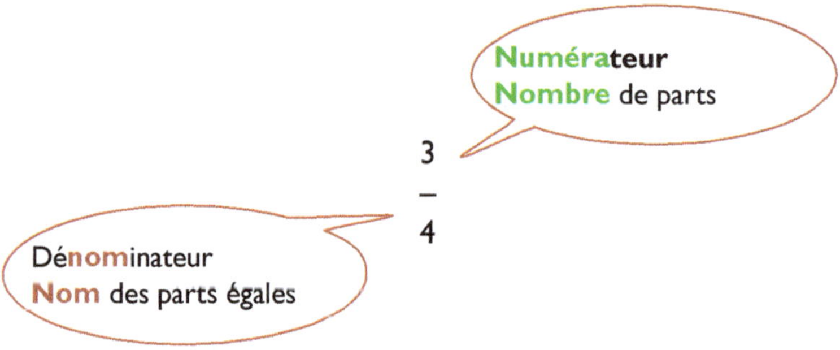

Lorsque les nombres décimaux seront abordés, il conviendra de faire le lien avec ce travail sur les fractions : la fraction décimale étant un cas particulier de fraction.

Il est aussi possible de jouer avec une fraction comme on joue avec un nombre :

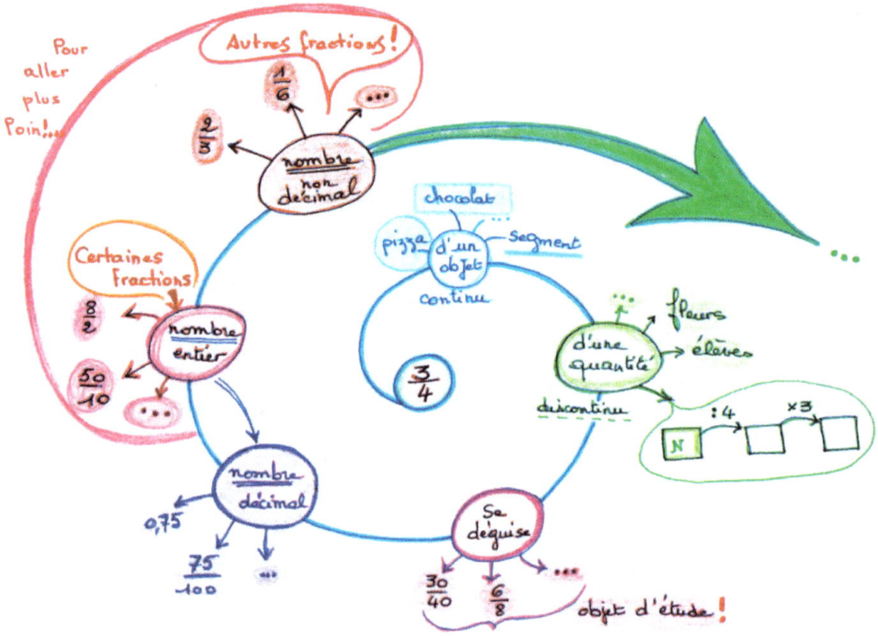

Troisième partie

L'apprenti mathématicien

Pour être efficace au collège et au lycée, il faut que l'apprenti mathématicien dispose d'outils déjà bien mémorisés dans des visées à long terme, régulièrement réactivés et longuement expérimentés, et qu'il ait pris l'habitude de jouer avec :

– Les tables de multiplication

– Les objets géométriques

– Les outils de résolution de problèmes

Chapitre 7

L'apprentissage des tables de multiplication

Un état des lieux

➠ Quel peut-être l'intérêt d'un tel apprentissage à une époque où les enfants ont très tôt des calculettes à leur disposition et quelle importance faut-il lui accorder ?

Cette question est souvent posée par des adultes qui gardent de leur vécu d'élèves des souvenirs de désintérêt ou de difficultés dans leur activité de mémorisation et par les enfants eux-mêmes. Il nous faut donc en clarifier les visées à moyen et long termes dans l'univers mathématique.

Cet apprentissage est un moment important de la vie de l'apprenti mathématicien, car c'est l'occasion de vivre la multiplication comme une opération à part entière, indépendamment d'additions à répétition. Sans cette maîtrise, l'élève aura des difficultés à vivre le nombre comme un ensemble de relations, or c'est ce qui lui sera demandé au collège et au lycée dans les simplifications de fractions, les mises en facteurs communs et autres extractions de racines carrées. Ceci suppose que ces tables soient apprises « dans tous les sens » : il ne suffit pas de connaître le résultat de 4 x 6, il faut aussi identifier rapidement 24 comme le produit de 6 et de 4, mais aussi celui de 3 et de 8 et pourquoi pas de 12 et de 2.

Dans son livre *Embrasser le ciel immense*[23], Daniel Tammet expose clairement la différence vécue par « la plupart des gens » sur la compréhension des mots et sur celle des nombres :

« Nous sommes tous capables de comprendre immédiatement les mots d'un interlocuteur parce que nous les lions à des images mentales, et parce qu'ils ont des relations sémantiques avec d'autres mots... En revanche, pour la plupart des gens, quand on parle d'un chiffre ou d'un nombre, ce processus ne s'enclenche pas : aucune image mentale ne surgit de tel ou tel nombre. Les nombres ne produisent pas non plus d'associations avec d'autres nombres, comme le mot "girafe" peut le faire avec "cou"... Pour moi, les nombres ne sont pas isolés ; ils vivent en interaction les uns avec les autres... »

23. D. Tammet, *Embrasser le ciel immense*, J'ai lu, 2010.

La visée première de l'apprentissage des tables de multiplication est l'élargissement des connexions sémantiques qui relient les nombres. L'addition et la soustraction ont déjà permis à l'élève de vivre 36 comme (30 + 6) ou (20 + 16) ou (40 - 4), avec la multiplication il devient (6 x 6) ou (4 x 9) ou (3 x 12) ou (2 x 18), la moitié de 72, etc. Il s'inscrit dans l'infini des relations avec d'autres nombres. Ceci nous amène à repenser nos visées dans les activités que nous faisons vivre aux élèves. Si je pense 6 x 6, qu'elle est ma liberté de réponse ? Je n'ai guère autre choix que 36. Si je pense 36, j'ai le choix : 6 x 6 ou 4 x 9 ou 3 x 12 ou 2 x 18 ! La première proposition : 6 x 6 = 36 me laisse sans voix, la deuxième : 36 = ? m'ouvre la voie ! Nous tiendrons compte de ces réalités dans les propositions d'outils et de protocoles présentées dans cet ouvrage.

Constats

Voici un apprentissage régulièrement laborieux car il prend beaucoup de temps ; il mobilise l'énergie des enseignants et des parents qui, sans relâche, questionnent les enfants sur la ***restitution*** de ce qu'ils sont censés avoir acquis.

7

Dis-moi : 7 fois 8 ?... Chacun s'étonne alors de l'incapacité à redonner rapidement le résultat d'un calcul, et cela malgré le temps passé à la répétition de la même table, quelquefois pendant des semaines, voire des années. Parfois l'adulte a aussi l'idée de poser la question dans l'autre sens : 56, c'est quoi ?... La réponse ne semble pas plus aisée.

Mais qui leur a montré comment faire pour ***mettre en mémoire*** une table de multiplication ? Leur a-t-on décrit et entraîné le geste mental de mémorisation de cet objet à l'instar de l'entraîneur sportif qui s'efforce de décrire et accompagner le geste physique du coup droit au tennis ou du lancer au basket ?

Une croyance est aussi largement répandue : il suffit de se la répéter 6 fois 1 = 6, 6 fois 2 = 12... comme une poésie, dans l'ordre, cela finira par « rentrer » et, si c'est ainsi mémorisé, l'enfant saura redire les éléments de la table dans le désordre. Cela n'est pas si simple ! Même si cette stratégie est efficace pour certains, elle échoue pour nombre d'enfants.

Cette difficulté vécue par les enfants, pointée très tôt par les adultes, altère l'image que l'enfant a de lui : échouer dans un apprentissage aussi traditionnel et rituel l'amène à douter de son aptitude aux mathématiques : il n'est pas doué !

L'idée du « don » dans cette matière et l'importance accordée aux mathématiques dans une société qui en fait souvent un outil de sélection font des ravages dans l'affectivité des jeunes : le sentiment d'incompétence est la première cause de leur démotivation.

Obstacles à l'apprentissage des tables de multiplication

Si nous voulons aider les élèves dans cet apprentissage, il nous faut en repérer les obstacles et les analyser afin de mettre en place des stratégies et des outils susceptibles de les loger ou de les contourner. Ces obstacles sont ***extrinsèques*** dans les outils donnés aux enfants et dans les pratiques des adultes, et ***intrinsèques*** dans les itinéraires mentaux de mémorisation mis en place par les élèves.

Obstacles extrinsèques

Les outils sont monotones : toutes les tables se ressemblent, elles sont linéaires comme à la page suivante (positionnement à la verticale, de haut en bas, de gauche à droite, dans le sens de la lecture et de l'écriture), et contiennent trop d'informations (30 par table).

Les pratiques : Les adultes ont tendance à faire réciter chaque table dans l'ordre avant de questionner dans le désordre et la plupart du temps dans le sens du calcul (6 fois 7 ?), plutôt qu'à partir du résultat (42), laissant chaque élève dans l'ignorance, non seulement du comment faire mental pour y parvenir mais aussi des visées de cet apprentissage dans leur parcours mathématique à long terme.

Obstacles intrinsèques

Insuffisance évocative : quand nous observons et questionnons les enfants qui apprennent une table de multiplication, trop nombreux sont ceux qui utilisent une méthode verbale (ils se répètent mentalement, ou même tout fort, la succession des produits, dans l'ordre où les nombres sont posés sur le document qui leur a été donné) quand leurs besoins cognitifs seraient plutôt dans l'utilisation d'évocations visuelles concrètes et spatiales. Cette répétition, souvent excessive pour beaucoup, les éloigne du processus de mémorisation : ils ne pensent plus ce qu'ils continuent pourtant à répéter comme une rengaine.

Insuffisance/inadaptation de l'anticipation de la réutilisation : quel *projet* de mémorisation se donnent-ils ? Celui-ci se limite souvent à répondre à l'attente de l'enseignant. Il manque aussi la mise en liens entre le récent et le plus ancien ? Peu d'entre eux se projettent dans un vécu personnel autre que le calcul multiplicatif.

Apports des neurosciences

Dans toute activité de mémorisation, il semble que l'activité cérébrale soit animée par un projet dominant : réduire le nombre d'informations à stocker, il s'économise. Pour ce faire, l'apprenant va, de façon non consciente, repérer et éliminer ce qu'il connaît déjà, accorder plus d'importance à ce qui est changeant qu'à ce qui est constant et chercher à créer des liens logiques ou originaux pour encore réduire le nombre d'éléments à mémoriser.

C'est ainsi que pour apprendre la table de 9, traditionnellement présentée comme ci-dessous, les enfants vont éliminer la colonne de gauche qui contient toujours le même nombre (9), celle du milieu qu'ils connaissent et, ayant rapidement compris le lien entre deux nombres successifs de la colonne de droite, ne s'attarder que sur cette colonne en comptant de 9 en 9, chose aisée car, disent-ils, « tu ajoutes une dizaine et tu enlèves une unité » !

Ils peuvent même y être encouragés par des documents qui leur sont donnés (Voir la table de 5 ci-dessous, trouvée dans le cahier de Maïka, CE1). Reconnaissez que cela ne les prépare pas à retrouver rapidement le résultat de 6 fois 9, car ils devront pour cela repartir du début de la colonne, et encore moins à décomposer 72 en 9 fois 8 ou 8 fois 9.

La table de 9				
9	x	1	=	9
9	x	2	=	18
9	x	3	=	27
9	x	4	=	36
9	x	5	=	45
9	x	6	=	54
9	x	7	=	63
9	x	8	=	72
9	x	9	=	81
9	x	10	=	90

La table de 5				
5	x	1	=	5
5	x	2	=	10
5	x	3	=	15
5	x	4	=	20
5	x	5	=	25
5	x	6	=	30
5	x	7	=	35
5	x	8	=	40
5	x	9	=	45
5	x	10	=	50

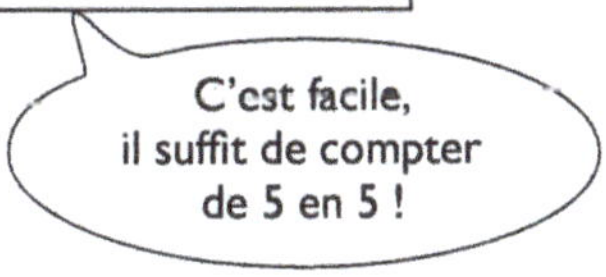

Apports de la Gestion mentale

Lorsque les élèves commencent à apprendre les tables de multiplication (vers 7 ans), leur pensée en évocations concrètes est riche, pleine de liens logiques, leur imagination est foisonnante, leur compréhension s'inscrit plus dans le cadre de l'espace que dans celui du temps. Il nous faut alors penser des outils pédagogiques et didactiques dans lesquels ils puissent exploiter cette richesse mentale qui est la leur.

À ce stade de développement des enfants, passer du concret à l'abstrait est souvent délicat et ne peut être que progressif. Ce n'est pas parce que le monde mathématique est abstrait qu'il faut les y plonger brutalement. Nous savons combien le plaisir et l'esthétique sont de puissants ferments de la **motivation intrinsèque.** La démarche des enseignants sera essentielle pour le maintien de cette motivation des jeunes enfants. Tant que l'enfant se sent puissant dans sa pensée et efficace dans ce qui lui est demandé, il reste motivé à apprendre ! L'explicitation et l'accompagnement de leurs processus mentaux de mémorisation peuvent rester joyeux, créatifs tout en les amenant à vivre le nombre comme ensemble de liens avec d'autres nombres et cela à l'infini car telle est bien la visée de l'apprentissage des tables de multiplication.

Propositions pédagogiques et didactiques de la Gestion mentale

Pour rompre avec les obstacles précédemment cités et respecter autant les besoins cognitifs des enfants que les visées de leur mémorisation, nous proposons de :

- varier la forme des tables ;
- jouer sur l'esthétique en leur donnant des formes harmonieuses, illustrées d'images plus ou moins concrètes, coloriés par les enfants qui le souhaitent ;
- les spatialiser en schémas centrés, plaçant les produits dans le désordre, pour éviter le risque de la reconstruction additive de la table ;
- peut-être limiter le nombre d'éléments en tenant compte du fait que chaque table apprise permet de réduire le nombre d'éléments dans la table suivante ;
- faire apprendre une table en classe en la segmentant sur plusieurs séquences et en *réactivant régulièrement pendant un* à *deux mois ;*
- insister sur les résultats des multiplications autant que sur le calcul : 36 = 4 fois 9 ou 9 fois 4 ;
- informer les parents de la stratégie utilisée pour qu'ils jouent le jeu dans le même sens.

Les deux autres propositions qui vont suivre méritent quelques explications supplémentaires :

De l'espace au temps

Présenter au départ d'un apprentissage un document global spatial centré qui contienne tout ce que les élèves auront à intégrer est essentiel pour nourrir leur motivation. En effet le travail de mémorisation des tables de multiplication prendra du temps, plusieurs années ! Positionner les objets à mémoriser en *présence simultanée* dans un ***ESPACE*** qui les contient tous nourrit le besoin cognitif de certaines personnes qui ont besoin de *savoir où elles vont ;* pour d'autres, c'est la découverte de la « quantité » qui les aide à « *doser leur énergie* » dans le ***TEMPS*** de leur apprentissage.

Du temps à l'espace

Reprendre régulièrement une telle globalité pour faire le point de ce qui est acquis et de ce qui reste encore à mémoriser permet de mettre de l'espace dans le temps lié à l'inévitable successivité des tables. Les mettre en présence simultanée aide aussi à prendre un peu de hauteur pour mettre en évidence d'autres liens que ceux qui ont déjà été installés dans la linéarité de la compréhension et de la mémorisation. C'est une activité de **synthèse.**

C'est l'objectif des documents suivants :

Le puzzle recto/verso des tables de multiplication

Ceci est la reproduction d'un puzzle recto/verso, sur lequel chaque table est associée à une forme et une couleur. Il est possible d'enlever les 4 fois 4 pièces placées aux angles car elles ne font pas partie des apprentissages du primaire, même si les 16 produits présentent un intérêt certain pour le collège (simplification des fractions, mise en facteur commun, extraction de racines carrées, etc.). Il faut noter que certains enfants peuvent être attirés par la mémorisation de ces produits-là justement parce qu'ils ne font pas partie des exigences de l'enseignant et parce que leur fonctionnement mental les attire vers l'original et le complexe avant qu'ils ne se penchent sur le simple et l'ordinaire.

Il peut aussi être intéressant de travailler avec les enfants sur un document contenant tous les résultats, sans répétitions :

Tous les résultats des tables de multiplication

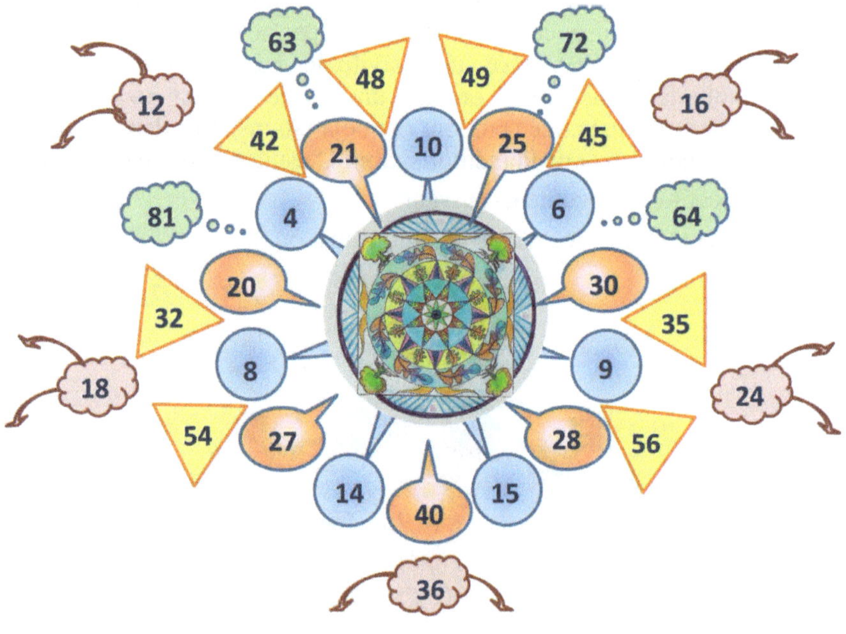

Les 6 bulles accompagnées de flèches contiennent des « nombres remarquables », car ils se trouvent dans plusieurs tables.

Ils seront repris dans un document spécifique au chapitre suivant.

(Le schéma précédent a inspiré la réalisation d'un dessin dans la cour de récréation d'une école. Le dessin au sol est suffisamment grand pour que chaque élève se positionne sur un nombre avec le projet de s'entraîner à le décomposer.)

Stratégie d'accompagnement de la mémorisation des tables

Chaque table fera l'objet d'une attention toute particulière avec le souci d'une démarche ouverte vers des *finalités* autres que la maîtrise de la table seule (en particulier le concept de « multiple de ») et dans la mobilisation de *moyens* ludiques et créatifs, pour que chacun y trouve des ressources à sa motivation. Dans son livre *La motivation*[24], A. de La Garanderie a ouvert un champ original de réflexion sur les conditions de la motivation individuelle : les uns ont besoin de s'appuyer sur des finalités quand d'autres se motivent d'avantage pour les moyens d'accès à ces finalités.

Les supports se veulent ludiques, colorés, esthétiques, tous différents en espaces centrés pour solliciter les deux hémisphères cérébraux et faciliter la mobilité de pensée dans l'agissement des relations sémantiques entre les nombres.

Il est fréquent que les enseignants amènent les tables dans l'ordre suivant : table de 2 (apprendre les doubles), table de 5 puis de 3, de 4, etc. Nous avons choisi le même départ : *table de* 2 en appui sur la compréhension, dès le CP, car la notion de double peut prendre appui sur le sens naturel de l'addition, puis *table de* 5, mais ensuite nous avons préféré aborder la *table de* 9 en appui sur le critère de divisibilité et donc sur les décompositions additives de 9 théoriquement acquises dès le CP. Ceci allège les autres tables puisque les multiples de 2, 5 et 9 seront déjà mémorisés.

Nous avons volontairement négligé 1 x n et 10 x n qui doivent faire l'objet de la mise en évidence de structures dès la construction du sens de la multiplication.

Chaque table nécessite un entraînement régulier, tous les jours pendant un minimum de 4 à 5 semaines sous forme de jeu, sans perspective d'évaluation, si ce n'est positive ! Insister sur ce qui est acquis est essentiel pour entretenir la motivation des enfants.

24. A. de La Garanderie, *La motivation*, Bayard, 1996.

La table de 2

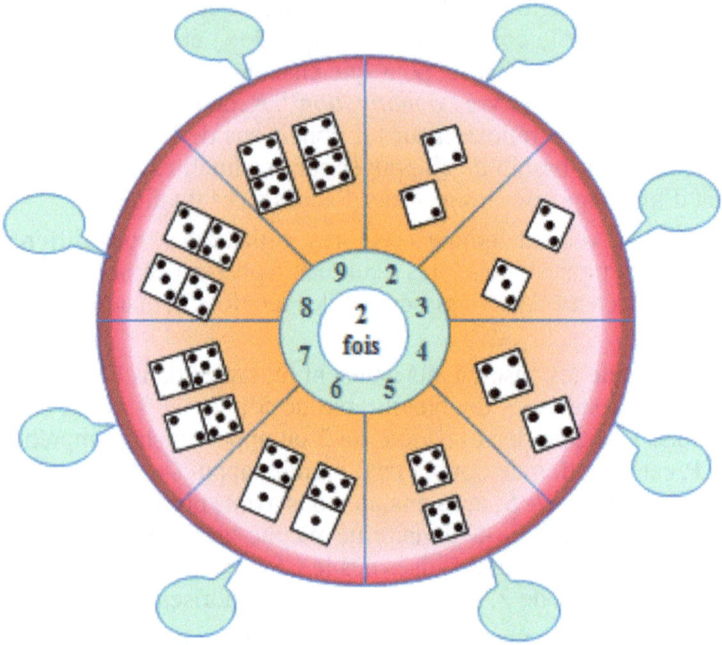

Souvent appris en CP, avant même la découverte de la multiplication, les doubles sont abordés en appui sur l'addition, pourquoi pas ! Si l'enfant a mémorisé des spatialisations des nombres à un chiffre, sur des dés ou des dominos, il peut s'appuyer sur l'observation de 5 pris deux fois donne 10 et continuer ainsi pour comprendre que 2 fois 8 (5 + 3) c'est 10 + 6. L'appui sur la compréhension pour mémoriser est intéressant, mais ne suffit pas pour en installer l'automatisation et c'est pourtant ce que nous en attendons.

On amènera l'idée de « nombres pairs », tous multiples de 2 et facilement identifiables sur leurs chiffres des unités : 0,2,4,6 ou 8. On pourra même en inventer et on s'entraînera à trouver « la moitié d'un nombre pair ».

Les bulles sont à remplir par les enfants.

Vocabulaire à mémoriser :

« 8 est multiple de 2 et de 4 » ; « 2 et 4 sont des diviseurs de 8 ».

La table de 5

Celle-ci pourra être amenée à partir du schème opératoire :

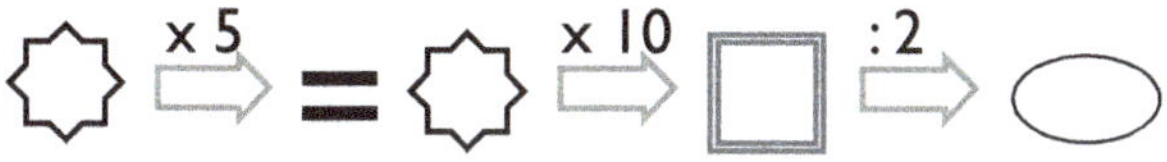

En insistant une fois de plus sur les résultats : ils se termineront tous par 5 ou 0 !

Sur ce mandala, à gauche les nombres pairs, à droite les nombres impairs. Partir du résultat permet de rompre avec la linéarité 4 fois 5 (ou 5 fois 4) et de vivre encore une fois chaque nombre comme un ensemble de liens.

Les enfants sont invités à compléter les bulles

Vocabulaire :

« 40 est un multiple de 5 et de 8 », « 5 et 8 sont des diviseurs de 40 ».

Tous les multiples de 5 sont terminés par 5 ou 0, c'est à cela qu'on les reconnaît !

Demander aux enfants d'écrire alors un grand nombre qui serait multiple de 5… et leur proposer des exercices sous forme de jeux pour chaque table :

S’entraîner à multiplier par 2

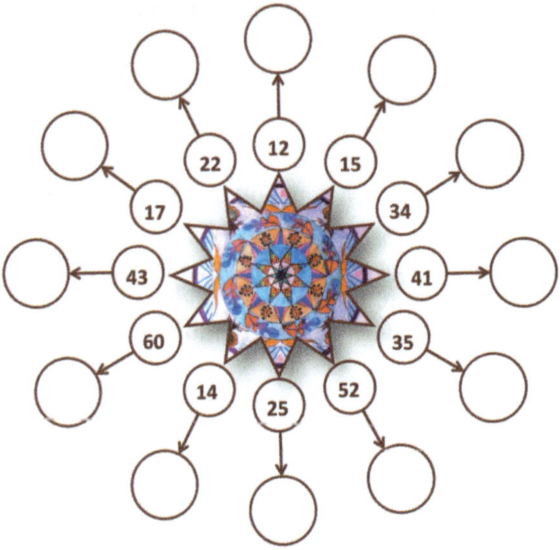

Tous les résultats sont des *multiples de 2,* appelés encore « **nombres pairs** », ils sont terminés à droite par 0, 2, 4, 6 ou 8.

S’entraîner à multiplier par 5

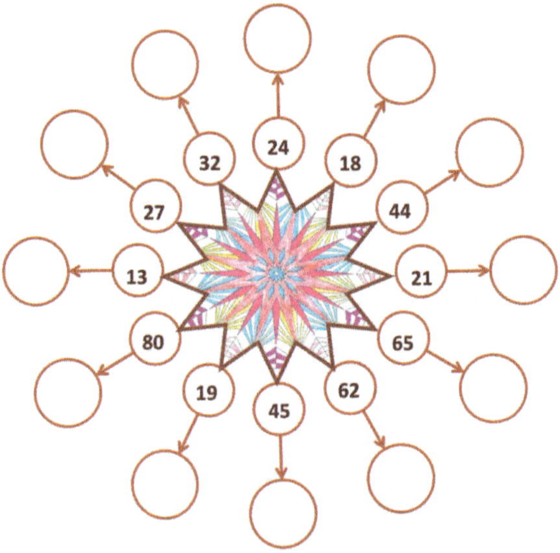

Tous les résultats sont des « multiples de 5 ».

La table de 9

Proposition de stratégie originale dans une **démarche « spiralée »** en appui sur des compétences de fin de maternelle.

L'addition est une opération naturelle pour des enfants entre 4 et 6 ans, ils ne vivent pas tant le « plus » que le « et ». La table d'addition présentée dans le mandala suivant est un « puzzle recto/verso ». Elle met en évidence toutes les additions de 2 nombres à 1 chiffre sur le côté « recto » et tous les résultats correspondants sur la face « verso », la couleur mettant par exemple en évidence qu'il y a 5 façons de décomposer 10 : en 5 et 5 ou 6 et 4 ou 7 et 3 ou 8 et 2 puis 9 et l. Le 9 et 0 n'y est pas car le sens du « zéro » n'est alors pas évident, mais pourrait s'y ajouter, en soleil jaune sur fond bleu sur le puzzle.

Faire chercher aux enfants dans la « table d'addition » toutes les décompositions additives de 9. *(8 + 1 et 7 + 2 et 6 + 3 et 5 + 4, on peut ajouter 9 + 0.)*

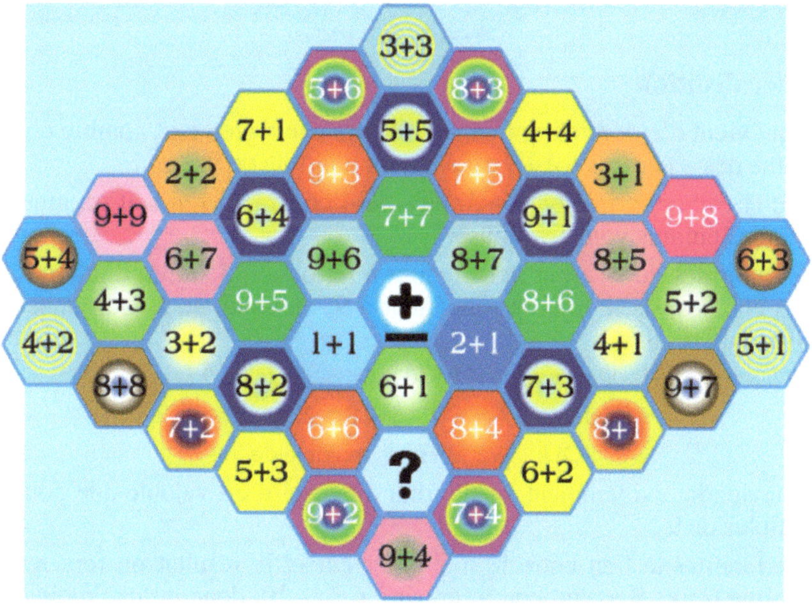

Avec chaque paire de chiffres, écrire tous les nombres possibles à deux chiffres, sans répéter le même chiffre dans un nombre).

On obtient des « nombres symétriques » :

81 et 18, 72 et 27,63 et 36, 54 et 45, 90 et 09.

Tous ces nombres symétriques, dont la somme des « chiffres » est 9 sont des « multiples de 9 » et constituent la « table de multiplication par 9 ».

Ou plus poétiquement « la musique du 9 !

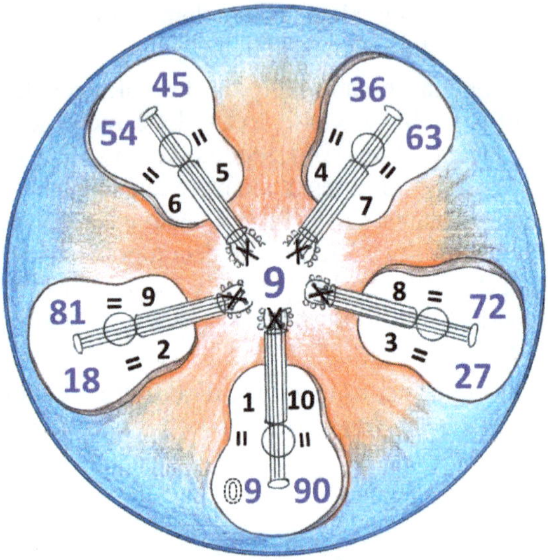

Généralisation

Ce qui vient d'être remarqué sera d'ailleurs une règle : tout nombre dont la somme des « chiffres » est 9 est aussi un multiple de 9.

Faire chercher un nombre de 3, puis de 4 chiffres… qui soit un multiple de 9. Les enfants vont s'y amuser !

Ces multiples de 9 seront donc faciles à retrouver, il suffira d'additionner leurs chiffres, (si le total est supérieur à 9, on continue à additionner les chiffres du résultat.

Un exemple : 29 538 est-il multiple de 9 ?

Calculons : 2 + 9 + 5 + 3 + 8 = 27 et 2 + 7 = 9.

OUI ! 29 538 est un multiple de 9).

Il conviendra évidemment de signifier que ceci n'est valable que pour les multiples de 9 !

Pour faciliter le lien entre le multiplicateur et le résultat on fera remarquer que 6 fois 9 est un peu inférieur à 6 fois 10, donc un peu moins que soixante : « cinquante quelque chose »…

Ce sera l'occasion, rapidement d'amener un schème opératoire de multiplication par 9 :

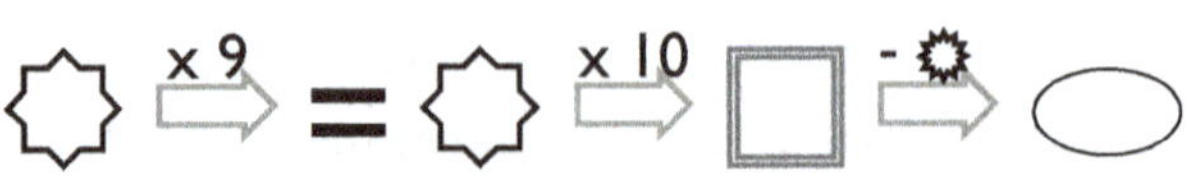

La table de 3

Comme pour la table de 9, il sera intéressant de mettre en évidence le critère de divisibilité par 3, à savoir : un nombre est un multiple de 3 si la somme de ses chiffres est 3, 6, ou 9.

Tout ceci suppose évidemment que nous ayons présenté la multiplication et la division dans leur complémentarité et, dans une séance de vocabulaire mathématique, introduit les notions de « multiple » et « diviseur ».

À partir du moment où les tables de 2 puis 5 et 9 ont été travaillées dans tous les sens, insistant sur la commutativité de la multiplication, les tables suivantes peuvent contenir uniquement les produits non encore mémorisés. Ce n'est pas le cas de la table de 3 ici présentée. On peut alors y rechercher le « déjà connu » pour n'insister que sur la « nouveauté.

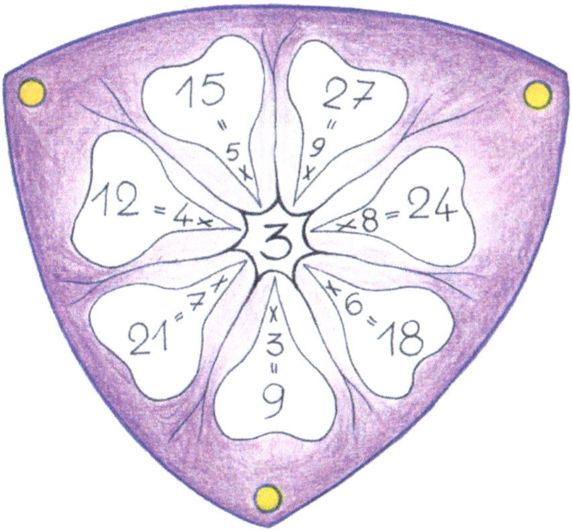

Dans cette table certains nombres peuvent être identifiés comme étant déjà connus, c'est le cas de 6, 9, 15, 27. Quant à 12 et 18, le premier est déjà reconnu multiple de 2 et 6, le second multiple de 2 et 9. On y retrouve trois multiples de 9 : 9, 18 et 27.

Vocabulaire : 18 est le triple de 6 et 6 est le tiers de 18.

Remarque : La « somme des chiffres » de tous ces nombres est 3, 6 ou 9, c'est à cela que les multiples de 3 sont reconnaissables.

Cette permanente mise en relation sémantique des nombres peut rapidement être amplifiée dans des **jeux de nombres** comme ceci :

Jouer avec 12

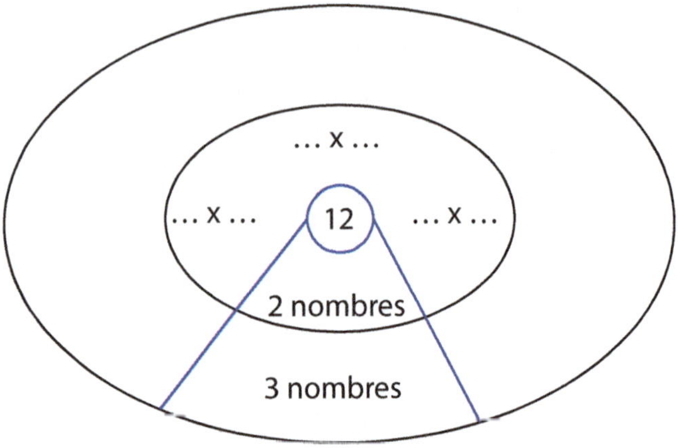

Trouver 2 nombres dont le produit est 12 ? Puis 3 nombres…

12 = 3 x 2 x 2 et voici la décomposition de 12 en un produit de facteurs premiers », mais ceci ne sera abordé qu'au collège, on se gardera bien de le dire à l'école.

Par contre, pourquoi ne pas lister tous les diviseurs de 12 ? Ce jeu peut être repris pour 18, 24, 36, etc.

La table de 4

Seuls, dans la table de 4, ont été gardés les produits non encore abordés dans les tables précédentes (2, 5, 9 et 3), mais si l'enseignant choisi un ordre différent, il peut y ajouter d'autres multiples de 4.

16, 24, 28, 32 sont des multiples de 4, mais aussi 4, 8, 12, 20, 36, etc.

Tables de 6, de 7 et de 8

On peut ensuite faire le point de ce qui reste à apprendre : il reste 6 éléments à mémoriser. Ceux-ci peuvent être rangés dans 3 documents séparés : tables de 6, de 7 et de 8 à inventer, pourquoi pas avec les enfants eux-mêmes ou bien rassemblés dans un seul schéma, comme ceci :

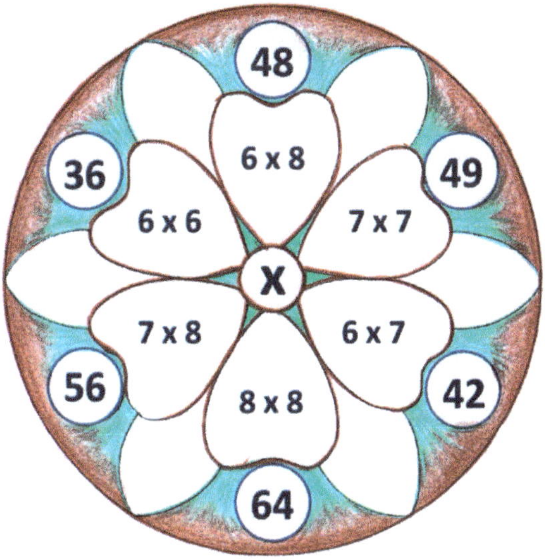

D'autres jeux intéressants existent et peuvent être facilement réalisés. Laissons aller nos créativités personnelles, si elles sont source de motivation pour les enfants, elles le sont aussi pour les enseignants et rééducateurs !

Il se peut que parmi les enseignants et rééducateurs, certains ne se sentent pas à l'aise dans les fiches qui viennent d'être présentées. Il est important qu'ils se sentent en harmonie avec les outils qu'ils utilisent avec les enfants, mais aussi et avant tout, qu'ils se questionnent sur l'impact que ceux-ci peuvent avoir sur *tous* ses élèves, tant sur la forme de ces outils : classiques, créatifs, colorés ou non, photocopies de qualité sur du papier suffisamment solide pour ne pas se froisser ou se déchirer à la première utilisation, que sur le contenu : celui-ci insiste-t-il sur le sens ou sur la forme, vise-t-il a compréhension, la mémorisation, la réflexion ?.. Si ces visées ne sont pas clairement explicitées par l'enseignant lui-même, comment pourrait-il faire à ses élèves ?

Jeux de nombres[25]

Il est à nouveau temps de s'amuser à décomposer les « nombres remarquables » dans les tables de multiplication :

Deux propositions sont présentées pour chaque nombre, mais il est possible d'en trouver d'autres, par exemple si 36 suggère 6 x 6 ou 4 x 9, il est aussi égal à 3 x 12.

Mais aussi la table des « carrés » :

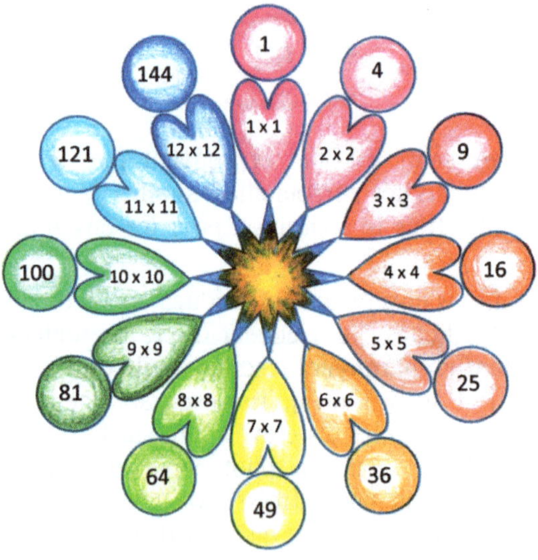

25. Fiche extraite de A. Géninet, *L'apprenti mathématicien*, n° 2 avec guide d'utilisation sur CD ROM, Hermitage, 2012.

Et pourquoi pas la table de 12 si utile au collège ?

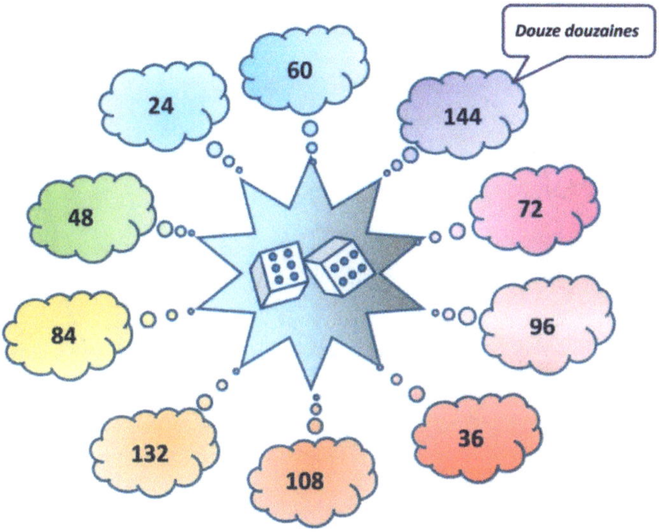

Cette table est à compléter et à apprendre.
Ou encore : le jeu de l'escargot (Compléter les ronds…).

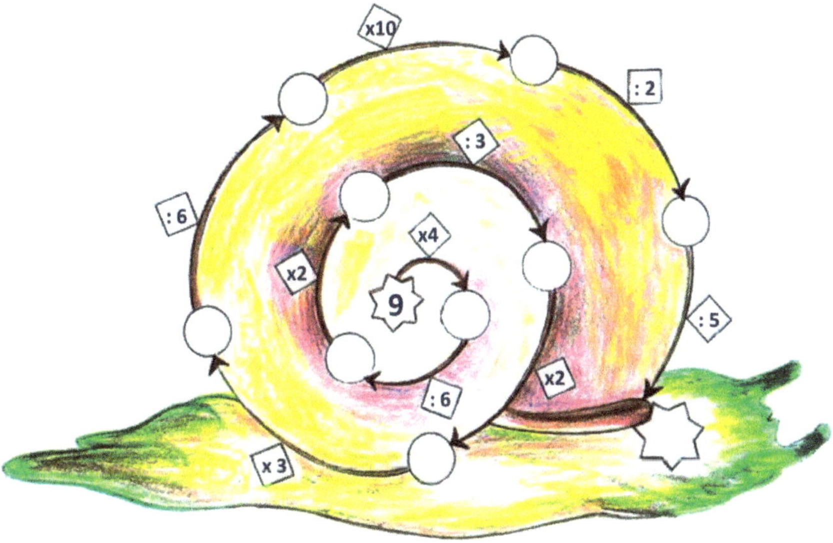

Et très vite si la division a été introduite comme complémentaire de la multiplication : toujours ***le jeu de l'escargot.***

Et encore plus complexe : le jeu du tournesol.

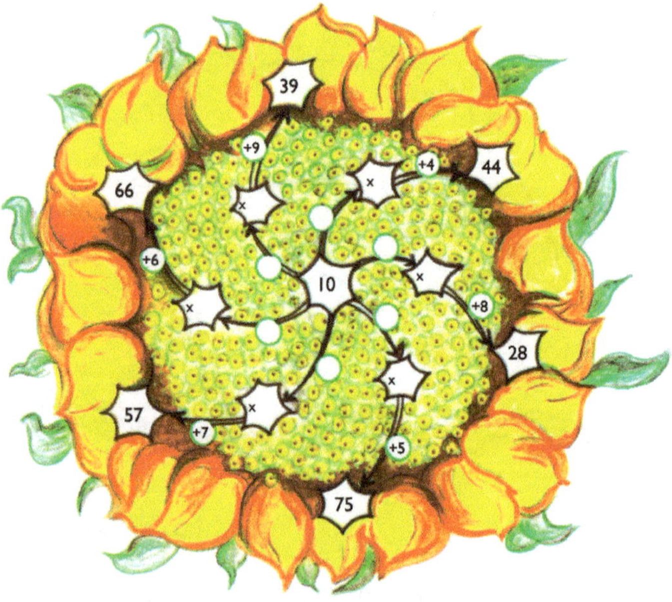

Ou pour s'entraîner au calcul de doubles : **le jeu de l'araignée.**

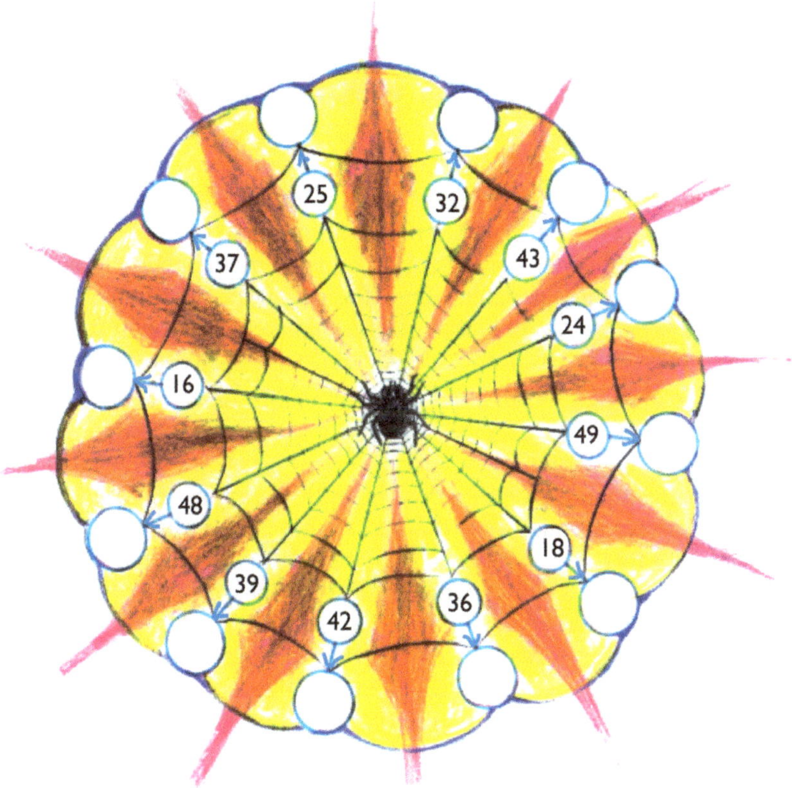

Chapitre 8

La compréhension des objets géométriques

Comme nous l'avons déjà fait pour l'apprentissage des nombres et de la numération, des opérations, des unités de mesure, nous allons ici analyser les incontournables de la pensée de l'apprenti mathématicien dans la compréhension des objets géométriques. Il nous faudra alors réfléchir à des propositions pédagogiques et didactiques cohérentes par rapport à ces passages obligés en respectant les stades du développement de son intelligence.

Comme lorsqu'il est entré à l'école, où l'enfant devait passer de la notion du « nombre de... » à celle du « nombre », ensemble de relations sémantiques avec d'autres nombres », il doit petit à petit se détacher d'un objet géométrique concret, reconnu, dessiné pour l'aborder comme un ensemble de relations sémantiques avec d'autres objets géométriques. Ce qui se joue une nouvelle fois, c'est l'accès à une grande mobilité de pensée dans le déploiement d'une activité évocative riche de tous les paramètres : passage du PI au P2, enrichissement du P2 par de plus en plus de liens logiques (P3 ou P4) et enfin évocations en P3. Nous aurons en permanence ce souci d'accompagnement de l'activité mentale de l'enfant. À cette préoccupation doit s'ajouter notre vigilance de ne rien négliger de ce qui a déjà été visité mais aussi et avant tout de ne rien compromettre de ce qu'il y aura à installer ultérieurement. Si nous vous alertons ainsi, c'est que nous constatons régulièrement que des représentations *erronées* installées à l'école empêchent l'accès à la compréhension de la géométrie du collège et du lycée.

L'élève doit faire évoluer ses visées de sens, c'est-à-dire donner des sens différents à ses acquis de géométrie en fonction des visées d'activités qui lui sont proposées dans les étapes de sa scolarité.

École		6e		5e/4e
Reconnaître construire	→	Penser les objets	→	Raisonner Argumenter
des objets concrets		*en liens avec d'autres objets*		*ces objets sont des idéalités*
		Objet d'étude		Objet de recherche
		Ensemble de liens		Support de découvertes et inventions

La géométrie à l'école

Faire des liens commence très tôt : dès l'école, il est possible de jouer avec des formes géométriques : l'utilisation du mandala cognitif proposé dans les chapitres précédents favorise l'enrichissement évocatif sur les concepts. Comme nous les avons entraînés à jouer avec un nombre, une opération, les opérations, entraînons les enfants à jouer avec des formes géométriques, dès le plus jeune âge, en voici deux exemples :

Coloriage

Le mandala suivant est à présenter avec les bulles vides d'étiquettes et à colorier en utilisant des couleurs identiques pour repérer les formes identiques, avant de faire un travail de classification des différents triangles.

Nous n'oublierons pas de communiquer les références étymologiques, afin de les définir rigoureusement :

- Triangles (3 angles)
- Isocèle (2 jambes égales)
- Rectangle (angles rectes ou angles droits)
- Équilatéral (côtés égaux)
- Scalènes (penchés)

8

Les triangles

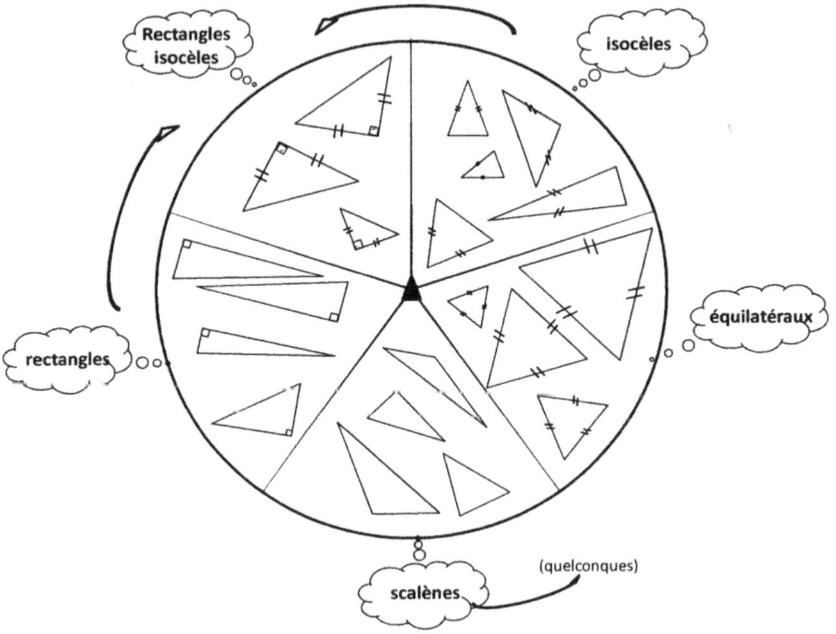

Les quadrilatères et les liens d'analogie

Le premier lien du petit enfant étant l'analogie, en situation d'apprentissage, il va agir mentalement des similitudes et des différences sur la reconnaissance des objets géométriques qu'il doit identifier puis dessiner. Dans la comparaison, par exemple du rectangle et du carré, il est essentiel de questionner les élèves dans les deux directions : ce qui est « pareil » et ce qui n'est « pas pareil », car nous constatons très régulièrement sur ce même exemple, chez des enfants comme chez des adultes, la mise en évidence prioritaire des différences.

Il y a ici la confusion entre les concepts et les attributs de ces concepts : le rectangle est trop souvent défini sur la longueur de ses côtés (2 longueurs et 2 largeurs). Alors pourquoi s'appelle-t-il « rectangle » ? Un peu d'étymologie, encore une fois : du latin « rectus angulus » (angles rectes), et oui, le rectangle se définit sur ses angles et non sur ses côtés. Mais alors, le carré aussi, qui est défini à la fois sur ses côtés de même longueur et sur ses angles droits fait partie des rectangles ! Ceci sera difficilement accepté par des jeunes et adultes qui seront polarisés sur les différences entre ces deux concepts.

Ils auront du mal à agir l'inclusion des carrés dans la classe des rectangles. Sans aller aussi loin avec des enfants de l'école, nous devons cependant les préparer à cette inclusion : dans une démarche préventive, accompagnons très régulièrement la recherche de similitudes **et** de différences.

Avec les plus grands (CM), nous pouvons imaginer des supports d'exercices pour enrichir les liens logiques dans la compréhension des quadrilatères, celui qui va suivre en est un exemple. Il peut aussi être utilisé avec des collégiens. Il a l'avantage de mettre en présence simultanée des objets découverts les uns après les autres, il met encore une fois de l'espace dans le temps de l'apprentissage. C'est un outil support de synthèse.

Le document suivant est à colorier pour mettre en évidence les propriétés des différents quadrilatères. Une couleur a été attribuée à chaque propriété, par exemple le vert pour la propriété « 4 côtés de même longueur ». Il faudra donc colorier en vert tous les espaces correspondants aux quadrilatères possédant cette propriété. Une colonne supplémentaire peut y être ajoutée pour y écrire les définitions rigoureusement formulées.

Les propriétés des quadrilatères

	Côtés opposés parallèles	Côtés opposés de même longueur	Diagonales de même milieu	4 côtés de même longueur	Diagonales de même longueur	4 angles droits
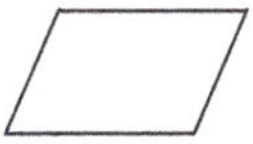 Parallélogramme						
 Rectangle						
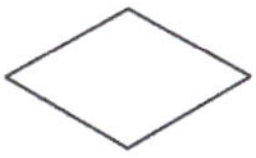 Losange						
 Carré						
	rouge	orange	jaune	vert	bleu	violet

Séance d'accompagnement évocatif en classe ou en individuel

L'objectif de cette activité est de faire passer les élèves d'évocations spontanées à des évocations dirigées et enrichies de relations sémantiques.

Elle est décrite *pour des élèves de 5e/4e*, mais peut être adaptée à d'autres niveaux de classe.

- Annonce et mise en projet d'introspection :
- « Je vais vous dire un mot et vous allez observer ce qui se passe dans votre tête… »
- Minisilence pour assurer l'appropriation de la consigne.
- « Si je vous dis… « rectangle »
- Minisilence pour faciliter l'auto-observation
- **Dialogue pédagogique** pour faire décrire les évocations : images ou impressions visuelles, évoqués auditifs ou verbaux, impressions spatiales, mouvements, etc.
- **Dialogue didactique** pour faire décrire les représentations contenues dans ces évocations. La proposition leur est faite de montrer par des gestes de la main la forme évoquée. Très naturellement, ils décrivent majoritairement deux horizontales et deux verticales, celles-ci étant environ deux fois plus courtes que les précédentes. Cette forme sera accueillie verbalement et dessinée au centre de ce qui sera la fiche de synthèse de l'activité (schéma centré ou spiralé, voir p. 138). **Ce schéma sera caché pour chaque étape suivante** et ne sera remontré que pour accueillir chaque nouvelle découverte.
- Accompagnement à l'enrichissement évocatif

« Pouvez-vous faire tourner ce rectangle ou l'imaginer dans une autre position ? Est-ce toujours un rectangle ?

À quoi le savez-vous ? »

(la réponse est souvent faite sur les côtés)

« Alors pourquoi s'appelle-t-il « rectangle » ?

Apport de l'étymologie « rectus angulus » et de la définition : « C'est un quadrilatère qui a 4 angles droits », peu importe la longueur des côtés.

- Suite de l'accompagnement

« Pouvez-vous maintenant l'imaginer plus long,... plus mince,... plus large,... plus court,... plus court,... est-ce toujours un rectangle ? »

Il y a toujours quelqu'un, jeune ou adulte, pour dire que ce n'est plus un rectangle, mais un carré ! Il est alors nécessaire de faire retour à *la définition pour amener l'idée qu'un carré est aussi un rectangle, mais en laissant* à *chacun le temps de vivre mentalement ce changement de point de vue qui peut être déstabilisant.*

À chaque étape une trace spatiale sera ajoutée au schéma centré, ce sera l'occasion de revenir sur les premières découvertes de la personne ou du groupe. ***Le schéma sera régulièrement caché après chaque enrichissement pour en faciliter la mentalisation.***

- « Pouvez-vous maintenant imaginer que vous tracez les diagonales de ce rectangle de tête... comment sont-elles ? »
- « Et maintenant, si vous effacez les côtés de ce rectangle, pour n'en garder que les diagonales. est-ce toujours un rectangle ? »

La réponse régulièrement négative signe bien la nécessité de faire évoluer les représentations sur les objets géométriques ! Effectivement, dans le monde des mathématiques, si deux segments sont de même longueur et de même milieu, le quadrilatère ainsi formé est bien un rectangle. Nul besoin qu'une droite soit dessinée pour qu'elle existe, deux de ces points la définissent. *Ceci n'est évidemment pas à aborder à l'école,* mais c'est là qu'il faudra aller en collège !

Il est ensuite possible de faire imaginer, toujours en évocation, placer la pointe d'un compas à l'intersection des diagonales, poser la mine du crayon sur l'un des sommets **du rectangle et de faire mentalement tourner le compas,** que se passe-t-il alors ? Les jeunes (et adultes) découvrent alors très joyeusement l'inscription du rectangle dans le cercle ainsi dessiné.

Si l'accompagnement est fait lentement, soucieux de l'évolution de chacun, avec la proposition pour ceux qui ne seraient pas à l'aise avec le seul appui de l'évocation, de s'aider de mouvements des mains devant soi (ou même de dessins furtifs), il est rare que la découverte ne soit pas au rendez-vous pour la plus grande satisfaction de tous.

Poursuivons l'activité par l'effacement mental de l'un des sommets du rectangle pour obtenir un triangle : il sera identifié comme étant rectangle et inscrit dans un demi-cercle de diamètre l'hypoténuse, la médiane relative à cette hypoténuse mesurant donc la moitié de la longueur de cette hypoténuse, etc.

Voici des schémas traces d'une telle activité, ils ne contiendront que ce qui aura été abordé avec les jeunes, en fonction de leur âge, quitte à les reprendre ultérieurement pour aller plus loin.

Le rectangle

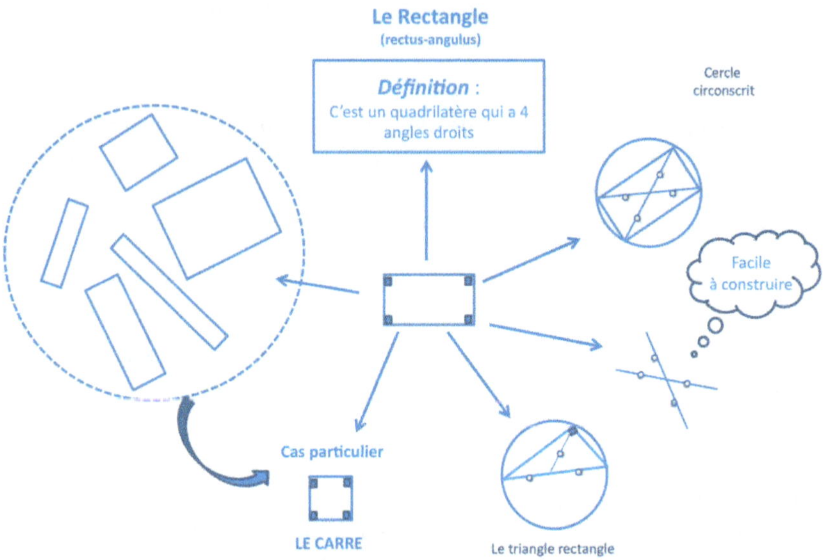

D'autres séances similaires peuvent se concevoir à tous les niveaux de la scolarité, pour d'autres quadrilatères, par exemple pour le parallélogramme :

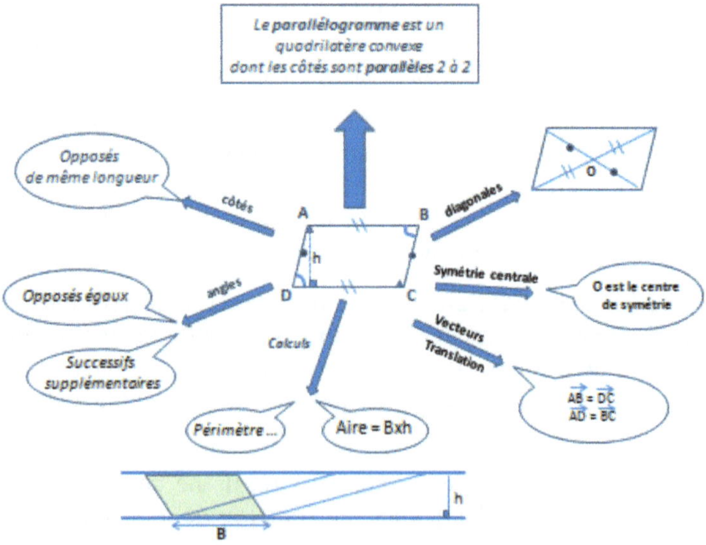

La spirale du rectangle

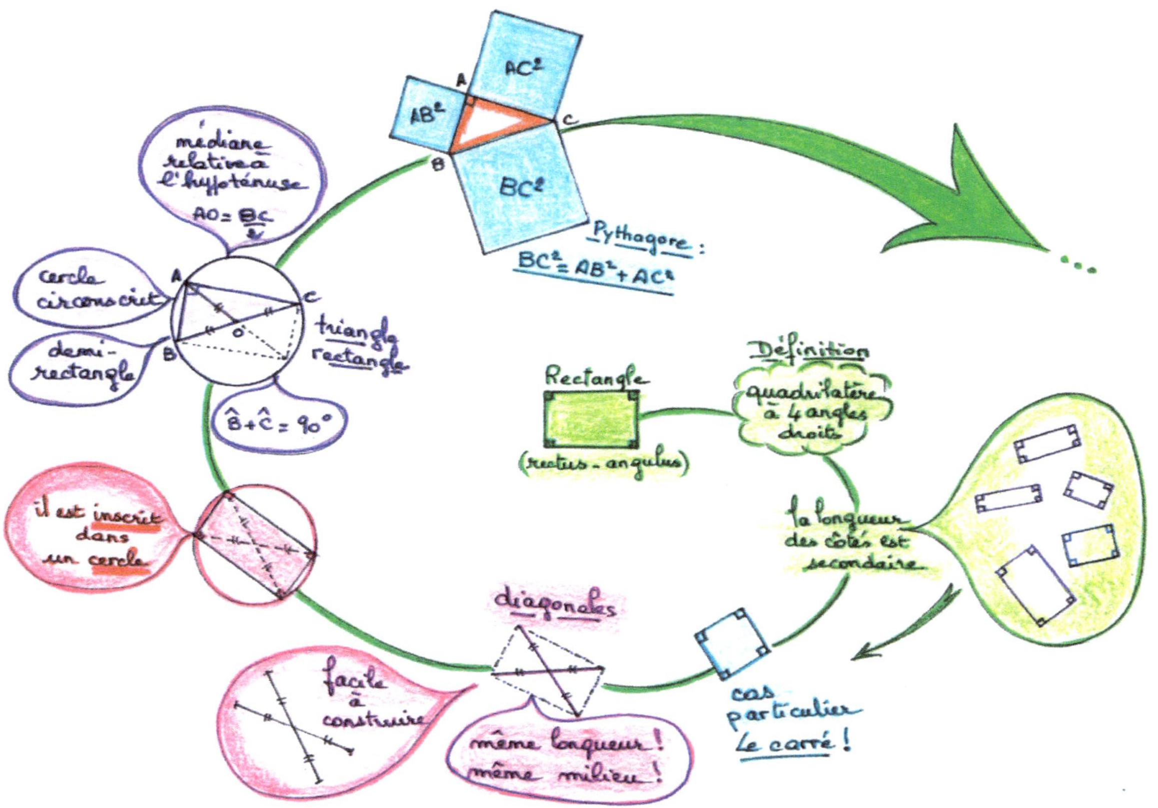

Proportionnalité

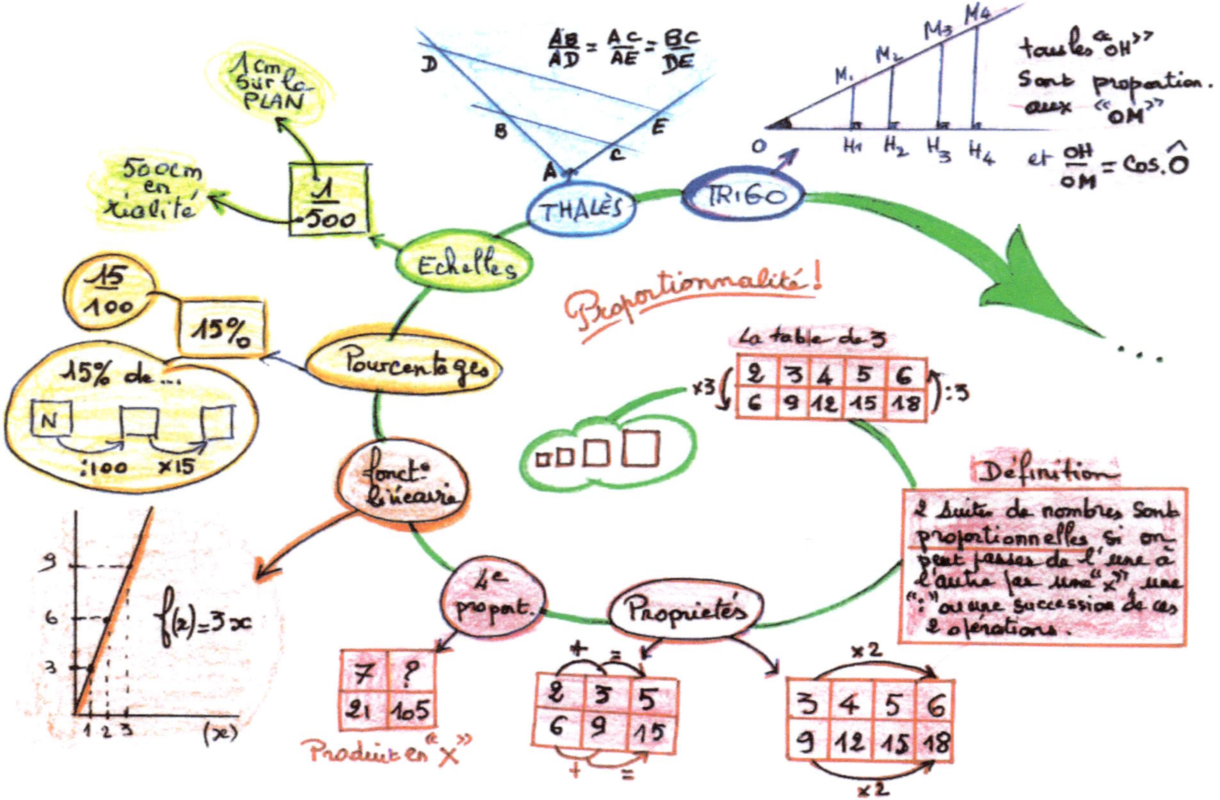

Les constructions géométriques

La construction de figures de géométrie met souvent de jeunes enfants en difficulté. Ils sont dans la précipitation à l'utilisation des outils tels que l'équerre ou le rapporteur. Pour ce qui est de l'équerre, la représentation fortement installée dans notre culture occidentale de la verticalité et l'horizontalité rend parfois ardue la construction de deux droites perpendiculaires ne s'inscrivant pas dans cette spontanéité. Nous aurons l'occasion d'en reparler à l'occasion de la construction des trois hauteurs d'un triangle.

Pour éviter cela, il est souhaitable d'habituer les élèves à anticiper mentalement l'état final de leur construction, les instruments de dessin ne viendront que pour aider à réaliser ce qu'ils auront déjà imaginé.

Voici un exemple très simple pour illustrer notre propos. Il s'agit de construire la perpendiculaire à une droite passant par un point donné.

Stratégie :

- annoncer l'exercice en décrivant son déroulement tel que nous venons de l'indiquer ;
- faire évoquer l'exercice, le dessin et le texte. (Ils peuvent se donner des évocations concrètes P1 ou abstraites P2) ;
- cacher l'énoncé pour éviter la précipitation dans l'action de certains enfants et laisser du temps pour que tous puissent s'approprier l'exercice en anticipant le résultat final de leur construction. Ils peuvent poser des questions ;
- reprendre le document et demander une première réalisation à main levée, ils peuvent tourner la feuille si cela leur facilite le contact avec leurs représentations mentales ;
- utiliser enfin l'équerre pour vérifier, rectifier si nécessaire, leur construction.

« Le chemin le plus court »

Trois personnes A, B et C veulent aller à la rivière R pour puiser de l'eau.

Ne voulant pas trop se fatiguer, chacune décide de prendre le chemin le plus court.

Peux-tu les aider en dessinant les trois chemins ?
Commence par le faire à main levée…

Ensuite tu peux le faire en utilisant ton équerre…

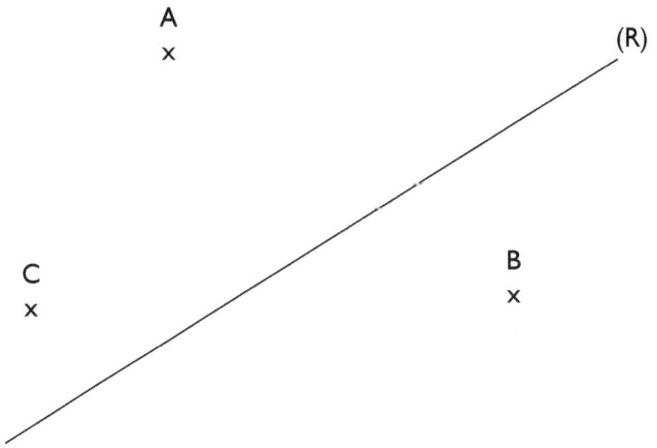

Ceci peut être sous-tendu par plusieurs objectifs pédagogiques : construction de droites perpendiculaires, distance d'un point par rapport à une droite ou même ultérieurement construction des hauteurs d'un triangle (nous l'aborderons dans le chapitre 10).

Nous insistons sur l'importance des constructions à main levée qui laissent place à l'activité mentale, en effet, certains élèves mettent toute leur énergie dans l'action, faisant de l'utilisation des outils leur finalité, alors qu'elle ne doit être qu'un moyen pour exprimer le résultat de leur réflexion et leur compréhension.

Chapitre 9

La résolution de problèmes

La tendance actuelle en didactique des mathématiques serait de confronter très tôt les enfants à des situations-problèmes. Nous prenons alors le risque de les mettre dans une situation où la moindre difficulté ressentie les entraîne à mettre sur les mathématiques des incapacités qui n'en relèvent pas. D'autres compétences, en particulier linguistiques, que celle des mathématiques sont à mettre en œuvre dans cette activité.

Des difficultés repérées

Les difficultés de résolution de problèmes sont à envisager de plusieurs points de vue :

– attention aux différents indices de l'énoncé, (1) ;

– compréhension du langage écrit, en français dans la lecture d'énoncé, (2) ;
compréhension du sens des opérations, (3) ;

– réflexion en lien avec les acquis pour le choix des opérations à faire (4).

(Ces 4 étapes ne sont pas nécessairement à envisager dans un ordre strict)

Manifestement, les enfants ont tendance à se précipiter dans un geste mental de réflexion (étape 4), avant même d'avoir agi leur compréhension de l'énoncé. La présence de la question provoque ce réflexe : « il faut faire une opération ! ». D'ailleurs, quand leur est posée la question : « c'est quoi pour vous faire des mathématiques ? » à l'entrée en 6e, ils répondent quasi unanimement : « C'est faire des opérations ! »

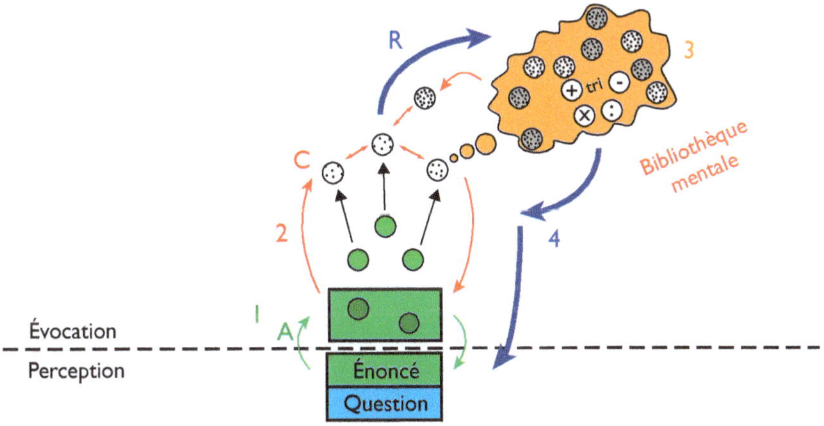

Si nous reprenons les grilles théoriques de la Gestion mentale (palette évocative, paramètres, dont le paramètre 3 des liens logiques), nous pouvons accompagner les enfants dans la compréhension des situations-problèmes avec pour visée de leur permettre de constituer une « caisse à outils », disponible pour cette activité, contenant un ensemble de structures transférables.

Nous vous avons proposé précédemment d'analyser la structure logique des 4 opérations (en haut à gauche sur le dessin ci-dessous), puis celle des calculs en complémentarité (en bas sur le schéma), nous proposons maintenant d'analyser aussi les structures logiques d'énoncés de problèmes simples sous le même éclairage des liens logiques d'analogie, d'attribution et de sériation spatiotemporelle (partie droite sur le même schéma).

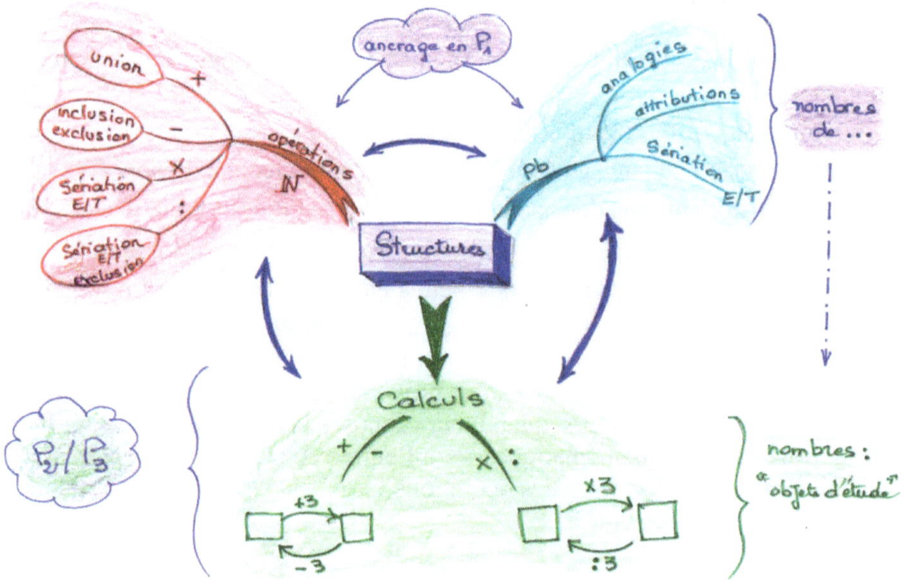

Les processus de transfert

Dans son travail sur les processus de transfert, Alain Taurisson pose *3 fondamentaux :*

– pour que le transfert soit possible il doit être ***annoncé ;***

– le transfert ne peut se faire que sur des ***structures ;***

– il faut tenir compte de la ***distance de transfert.***

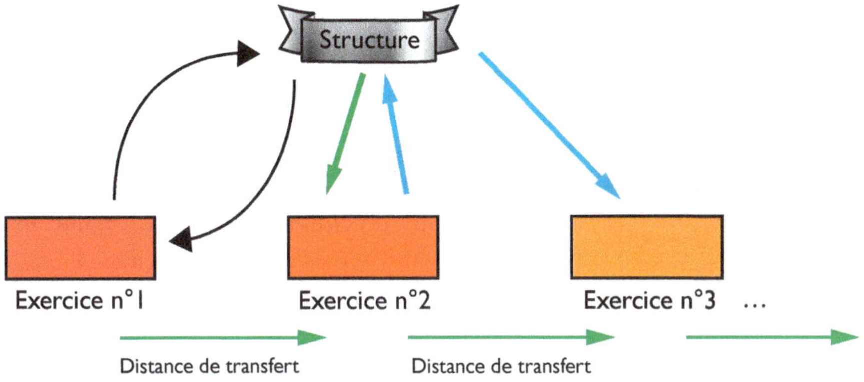

La structure qui aura émergé de la situation n° 1 sera encore très dépendante de l'exercice qui en aura permis la découverte et ne pourra être projetée sur la n° 2 que s'il y a suffisamment d'analogie entre les 2 exercices, il se peut qu'elle doive alors être légèrement modifiée. Plus celle-ci sera transférée dans ce respect de distance, plus elle s'assouplira et gagnera en puissance de transfert.

La stratégie ci-dessous décrite tient compte de ces fondamentaux et des apports de la « Gestion mentale ».

L'accompagnement à la résolution des problèmes à l'école

1. Annoncer aux enfants que le but de l'activité est de se créer une « caisse à outils » qui permette de résoudre tous les problèmes de mathématiques !
2. Faire vivre aux élèves la compréhension d'un énoncé concret, fort simple, sans difficultés lexicales.
3. Mener un « dialogue pédagogique » avec les enfants pour qu'ils expriment le sens vécu dans leurs évocations concrètes de l'énoncé.
4. Donner à résoudre 2 ou 3 problèmes *similaires*, en augmentant progressivement le niveau linguistique.
5. Faire rechercher des similitudes et différences entre ces énoncés.
6. Mettre en évidence la structure logique commune (analogie, attribution ou sériation spatiotemporelle, *c'est cette dernière que nous avons choisie dans la progression proposée* à *la page suivante)*.
7. Choisir un énoncé qui relève de la même logique, mais dont la question amène un nécessaire changement de point de vue.

8. Mener des dialogues afin que les enfants verbalisent leurs découvertes à chaque étape, anticipent petit à petit d'autres possibles et peut-être même inventent des énoncés de même structure.
9. Proposer alors un énoncé, puis plusieurs, de structure logique différente pour créer un « conflit cognitif » et accompagner les élèves dans la découverte d'une autre structure logique.
10. Poursuivre ainsi, lentement, sans précipitation, jusqu'à ce que les 3 structures soient mises à jour.

À chaque découverte, l'enseignant (le rééducateur) posera la nouvelle structure dans une ébauche d'un schéma centré comme ci-dessous, en anticipation de ce que sera la synthèse, lorsque tous les possibles auront été découverts.

Nous avons cru bon de développer la sériation spatiotemporelle en 3 possibles, liés à la place du point d'interrogation, car ils ne relèvent pas tous du même niveau de difficulté.

Ceci pourrait aussi sans doute être envisagé pour les problèmes relevant de l'analogie ou de l'inclusion…

Structures de problèmes

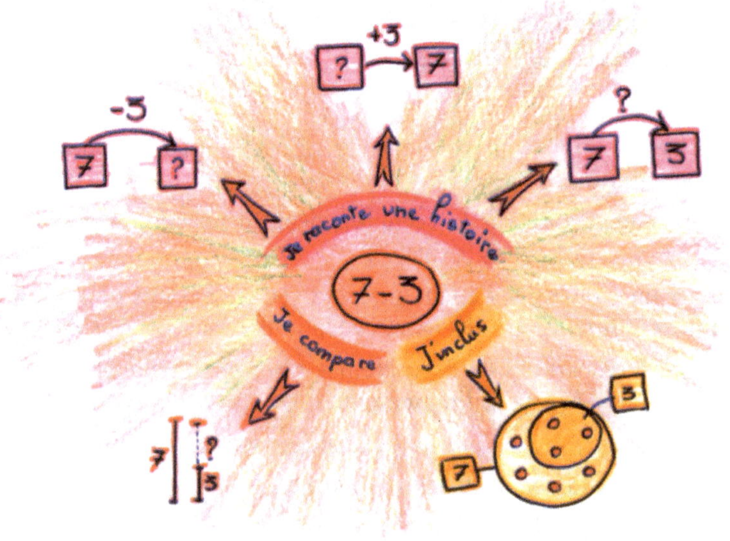

(Analogie, attribution, sériation spatiotemporelle)

Un exemple de choix d'exercices dans la progression énoncée

Sériation spatiotemporelle

- Léo a acheté 9 chouquettes, s'il en mange 2, combien lui en restera-t-il ?
- Malika avait 15 euros dans sa tirelire, elle a utilisé une pièce de 2 € pour acheter un pain au chocolat, combien a-t-elle encore d'économies ?
- À midi, la grand-mère d'Ethan lui a donné un billet de 50 €, l'après-midi il a acheté un CD à 19 €, à la fin de la journée, combien a-t-il d'argent ?
- À la caisse du magasin, Yann a donné un billet de 50 € pour acheter un CD à 19 €, combien doit-on lui rendre ?
- ...
- J'ai perdu 5 images pendant la récréation, mais il m'en reste encore 12, combien en avais-je ce matin en arrivant à l'école ?
- ...
- Le dessinateur belge Hergé, auteur de Tintin est né en 1907, il a publié les premières aventures de Tintin en 1929, quel âge avait-il alors ?

Le lecteur n'aura pas de mal à trouver des exercices analogues à ces deux derniers énoncés pour ancrer l'émergence de la schématisation suivante dans le déplacement possible du point d'interrogation.

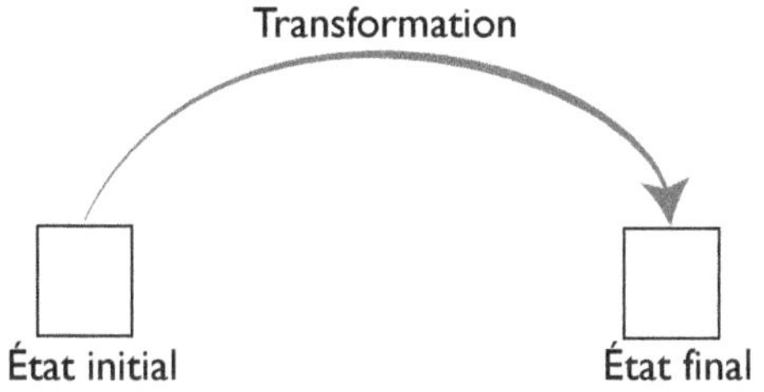

Attribution en inclusion

Une classe de 26 élèves contient 12 filles, combien contient-elle de garçons ?

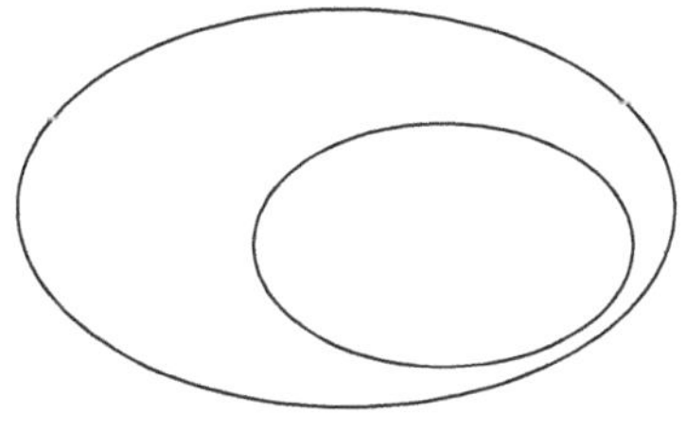

Comparaison

Yann a 13 ans, sachant que Léo a 5 ans de moins que lui, quel est l'âge de Léo ?

La complexité de ces énoncés visant la comparaison est très souvent liée à la formulation de la question :

Yann a 13 ans, sachant qu'il a 5 ans de plus que Léo, quel est l'âge de Léo ?
Ou encore moins facile : Quel âge avait-il à la naissance de Léo ?

Ce même exercice, formulé de 3 façons différentes, peut provoquer des réactions différentes chez les enfants.

L'analyse que nous faisons ici concerne l'histoire racontée par chacun des énoncés : il y a des problèmes concrets qui racontent une histoire se déroulant dans le temps avec un début, une suite et une fin, il y a ceux qui parlent de la comparaison de deux situations et ceux qui relatent une attribution en inclusion, mais il y aura bien évidemment des énoncés plus complexes qui mélangeront plusieurs de ces structures logiques. Ceci ne préjuge pas de la façon dont chacun va élaborer sa compréhension d'un exercice et des liens logiques qu'il va mobiliser pour ce faire. Le lecteur peut tout à fait vivre un énoncé de comparaison en utilisant des liens d'inclusion d'une quantité dans une autre.

Peu à peu ces structures de problèmes pourront être remplacées par celles, plus simples, des opérations complémentaires, avec encore plus de possibilités de transfert.

Exemple d'utilisation d'un de ces schémas pour la résolution d'un exercice :

Un autobus transporte des passagers. Au 1er arrêt à la gare, 8 passagers en descendent et 5 y montent. Au 2e arrêt, 6 passagers y montent. Au 3e, 3 passagers en descendent et 1 y monte. Au terminus, les 19 passagers restant en descendent.

Combien l'autobus contenait-il de passagers en arrivant à la gare ?

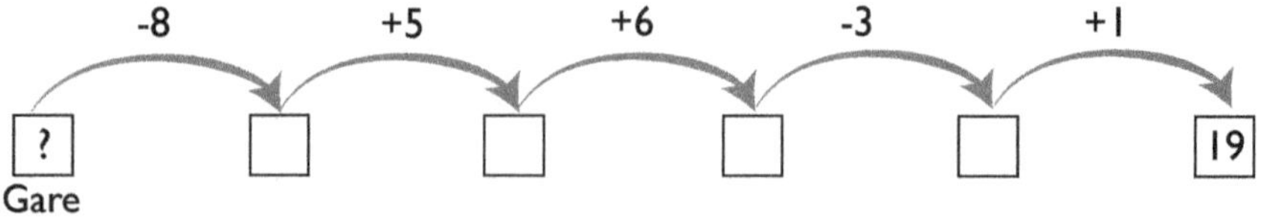

Ce schéma, très détaillé, peut être simplifié à loisir par l'élève qui peut regrouper les changements aux différents arrêts. Il n'est pas à imposer mais à proposer tant que les enfants en ont besoin. Une telle représentation a l'avantage de désencombrer la pensée de l'apprenti mathématicien et, s'il a la complémentarité des opérations, de remonter l'histoire jusqu'à l'état initial.

Nous pouvons ici anticiper et nous le verrons dans la suite de cet ouvrage, le service rendu par de tels schémas pour la mise en équation d'un problème au collège. Il suffira en effet de remplacer le point d'interrogation par « x ».

Un même exercice pourra ultérieurement être résolu en utilisation des schématisations différentes :

> Le périmètre d'un rectangle est 240 m. Sachant que sa longueur mesure le triple de sa largeur, trouver les dimensions de ce rectangle.

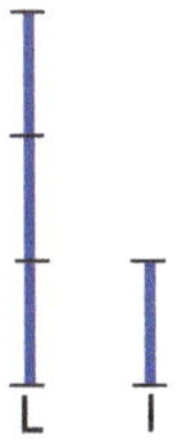

4l x 2 = 240
(Analogie)

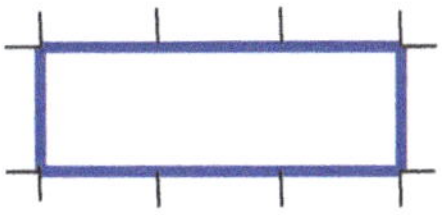

l = 240 : 8
(Inclusion)

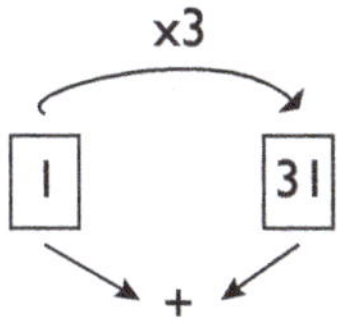

4l x 2 = 240
(Sériation E/T)

L'élève est libre de sa stratégie, elle est d'abord à valider, ensuite, nous pourrons l'entraîner à verbaliser, expliciter son raisonnement. Si sa démarche nous semble lourde, nous pouvons lui en faire entrevoir une plus simple, mais cela doit rester une proposition.

L'analyse de quelques obstacles linguistiques dans la résolution de problèmes

Notre expérience d'enseignement et de formation d'adultes nous permet d'affirmer que nous avons tous tendance à sous-estimer les difficultés liées à la dimension linguistique des énoncés de problèmes à l'école primaire. Il est par exemple courant qu'un énoncé, qui raconte une histoire avec un début un déroulement et une fin, contienne 3 verbes, tous exprimés au présent ! Reconnaissons que ce n'est peut-être pas facilitateur de la compréhension temporelle.

Nous vous proposons d'analyser ici quelques énoncés et des réponses d'élèves :

> Jérémy achète 2 radiateurs : un mobile pour 25 € et un fixe qui coûte 9 € de plus. Quel est le montant de la dépense ?

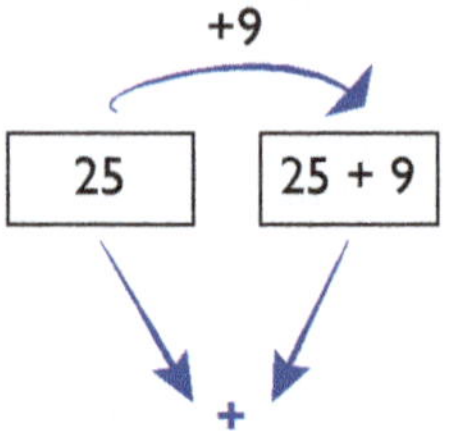

Nous faisons ici le choix de faire abstraction de la structure du problème pour mettre en évidence une structure uniquement de calculs. Celle-ci présente un avantage au niveau du processus de transfert puisque les 4 opérations pourront être ainsi représentées dans leurs complémentarités (voir le schéma « structures » précédemment exposé).

Comprendre ce texte suppose de faire mentalement un lien d'attribution entre *mobile* et *radiateurs* ainsi qu'entre *fixe* et *radiateurs*. Pensez-vous que ceci soit aisé pour un enfant ignorant qu'un radiateur puisse être mobile ? Certes, la présence des deux points dans le texte le suggère… Il n'est pas sûr qu'en classe de CEl/CE2Ies élèves soient, à ce point, conscients de l'importance des indices de ponctuation.

Ne nous étonnons donc pas de la réponse de Robin (enfant très vif) : « Je ne peux pas savoir, on ne connaît pas le prix des 2 radiateurs » ! Il est à parier que si « radiateurs » avait été remplacé par « téléphones », Robin n'aurait pas eu d'hésitation pour donner la réponse correcte.

> Classe de 6e : Combien de coups de scie faut-il pour partager une planche en 6 morceaux d'égale longueur ?

La réponse attendue par l'enseignant est évidemment 5 coups ! Et pourquoi pas 3 coups si, après le premier coup, les deux morceaux sont placés l'un sur l'autre. Reconnaissons que dans la vraie vie, avec une vraie scie et du vrai bois, ceci n'est guère réaliste. Nombre d'élèves (et d'adultes en formation) répondent : « on ne peut pas savoir ! », « cela dépend de l'épaisseur de la planche, du bois, de l'état de la scie », Un autre dit : « je ne sais pas mais ça doit être un nombre pair, car il y a le « zig » et le « zag ».

Les enfants sont encore à cet âge dans une pensée très concrète (paramètre 1), la situation mathématique est censée les entraîner dans des évoqués plus abstraits pour petit à petit « *distinguer ce qui est anecdotique (les données de surface) et ce qui est essentiel (les données de structure* », *A. Taurisson.*

Mais des adultes aussi, pourtant bien installés dans l'abstraction, peuvent donner les mêmes réponses que les enfants. Ce qu'il y a à comprendre c'est que pour résoudre un problème, le mathématicien va le « déshabiller » de toute cette surface concrète pour y projeter des structures abstraites et outils de résolutions déjà longuement expérimentés. Il ne s'agit plus ici de « *radiateurs mobiles ou fixes* » mais de 2 « *trucs, dont l'un coûte ceci et l'autre cela* ». Il n'y a plus de « *planche* » ni de « *scie* », seulement une action de partage : le « *coup de scie* » du Mathématicien est une pure abstraction ! Il y aura tout un travail à faire dans ce sens pour que les élèves apprennent à trier les indices pertinents et à mathématiser les énoncés.

Les problèmes de périmètres, aires et volumes

Ces trois notions feront effectivement l'objet de nombre de situations-problèmes. Elles sont l'occasion de l'acquisition de formules. Nous aurons le souci, déjà longuement exposé, d'une part d'installer celles-ci dans la compréhension des concepts qui les sous-tendent et d'autre part d'accompagner les élèves dans leur utilisation réfléchie. Ces notions ne sont pas de même niveau d'abstraction comme nous allons ici le développer.

Périmètre

C'est la longueur du pourtour d'une figure plane (du grec *perimetros*, de *peri :* autour, et *metron* : mesure).

Ce sera l'occasion de remonter le temps et de parler une fois encore de l'expérience humaine pour maîtriser la réalité du monde. Dans la recherche d'un étalon pour mesurer des longueurs et bien avant le système métrique qui n'est adopté qu'à la fin du XVIIIe siècle, il y a eu l'utilisation du corps pour mesurer des longueurs. Au Moyen Âge, sur un chantier de construction, on mesure en « pouce », « paume », « palme », « empan », « pied », « coudée »..., la plus petite unité étant la « ligne » (environ 2, 25 mm) qui correspondait au diamètre d'un grain d'orge.

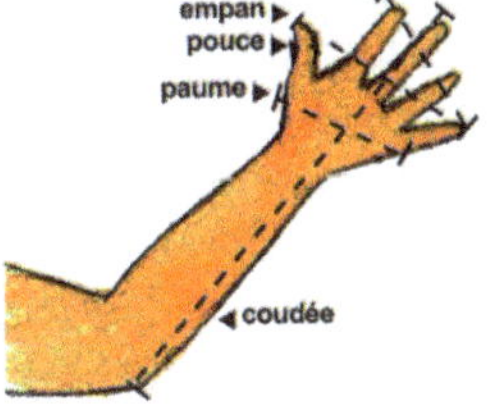

Extrait de « Mesurer et tracer au Moyen Âge », chantier de Guédelon

La compréhension de la notion de périmètre est relativement aisée parce *qu'un périmètre peut concrètement se mesurer !* Il y a des outils pour ce faire (ce qui ne sera pas le cas de l'aire ou du volume). Ce sera aisé pour peu que l'enseignant fasse vivre à ses élèves la mesure du périmètre d'une feuille de papier, du bureau, de la classe ou de la cour en utilisant des outils adaptés. Il fera remarquer aussi l'incertitude, « l'à-peu-près » des résultats qui vont apparaître entre les élèves, car pour un même objet, ils pourront trouver des nombres quelque peu différents, ceci étant dû à la relative imprécision des outils et aux maladresses de manipulation. Les calculs réduiront ces manipulations hésitantes et amèneront plus de précision.

Et bien sûr, parlons de la fameuse « corde à 13 nœuds », que nous ferons construire aux enfants, chacun pourra d'ailleurs la fabriquer chez lui et utilisons-la pour mesurer le périmètre de la classe. Cette corde permet aussi de réaliser des triangles isocèles, équilatéraux et rectangles. Les explications de fabrication sont données dans le livret cité ci-dessus.

Il est intéressant aussi de lister des instruments de mesure de longueur tels que le *« mètre pliant »* du menuisier, le *« mètre ruban »* de la couturière (1,50 m), la chaîne d'arpenteur, etc.

Mais fatigué de toutes ces manipulations souvent compliquées, voire impossibles dans le cas par exemple du périmètre de la sphère terrestre, l'Homme va, sur des formes dessinées, préférer faire des calculs en utilisant des *formules* pour des figures présentant des régularités comme le rectangle, le carré ou le cercle.

Il n'y a pas à insister exagérément sur les formules du périmètre du carré (P = c x 4) ou du rectangle (P = (L + *l*) x 2, l'enfant y accède quasi naturellement à partir du sens du périmètre, mais la ***formule du périmètre du cercle*** est indispensable. La faire découvrir à partir de manipulations simples fait la joie des enfants :

Choisir des objets circulaires de tailles différentes : poubelle, boîte de fromage, pots de yaourt, cerceau, etc., utiliser de la ficelle et de l'adhésif pour mettre en comparaison la « ficelle périmètre » et la « ficelle diamètre », chercher combien de fois le diamètre est contenu dans le périmètre pour mettre en évidence : 3 *diamètres + un petit bout de diamètre !* Pour aller plus loin, il est possible de partager le diamètre en dix parts égales et remarquer que ce *petit bout* est un peu plus de 1 dixième de diamètre. Il est alors possible de parler du nombre π, qui est *impossible* à *écrire exactement en chiffres,* on peut l'écrire alors en valeurs approchées 3,14 ou 3,1416. La formule sera donc **P = D x π** ce qui nous semble préférable à P = 2πR pour 2 raisons : la première est que P = D π est directement le résultat de leur investigation (le diamètre d'un objet rond est évidemment plus tangible que son rayon), la seconde raison tient à la ressemblance avec la formule de l'aire du disque. Les présenter rapidement en trop grande similitude risque d'entraîner la confusion des 2 formules.

Avant d'introduire des situations-problèmes, on peut solliciter le calcul mental réfléchi et demander aux élèves une évaluation du périmètre d'un cercle de 10 cm de diamètre, 8 cm, 20 m, etc.

Pour que les élèves installent la mémorisation des formules dans un projet d'utilisation réfléchie, les exercices d'application seront suffisamment variés et choisis pour que l'utilisation des formules ne soit ni systématique, ni unique : une formule est un outil parmi d'autres !

Demandons aux élèves de calculer, par exemple, le périmètre d'une piscine qui a la forme d'un demi-cercle de diamètre 10 m et nous allons observer de nombreux jeunes (et adultes) qui calculent ce périmètre en utilisant efficacement la formule : (10 x 3,14) : 2 et s'arrêtent là ! Oubliant d'y ajouter la longueur du diamètre. Il ne faudrait pas que la mémorisation des formules ne mette à distance le sens du périmètre…

D'autre part, nous avons évoqué au chapitre 1, le risque de favoriser une compréhension excessivement appliquante. Faire vivre la découverte d'une formule aussi complexe que celle du périmètre du cercle s'inscrit dans une démarche plus expliquante. Nous pouvons accompagner les élèves dans l'élargissement de leurs visées de compréhension en sollicitant la mémorisation de toute l'expérience et pas uniquement de son résultat. Les mettre, par exemple, en projet de relater l'expérience à leurs parents, ou de la refaire avec eux, les met dans un projet de communication et contribue à ouvrir l'horizon de leur compréhension en sortant un apprentissage du cadre purement scolaire. Nous pourrons de la même manière les amener à la découverte de la formule de l'aire du disque.

Aires

L'aire d'une surface plane est la mesure de cette surface.

Si la notion de surface est abordable concrètement parce qu'il est possible de la toucher, la couvrir, la peindre, la notion d'aire est plus abstraite car elle n'est pas mesurable, il n'existe pas d'instrument de mesure d'aire. Elle ne pourra que se calculer et ce, paradoxalement, à partir des mesures de longueur, ce qui contribue à entretenir la confusion avec le périmètre.

Évaluer une aire c'est imaginer un **pavage** pour recouvrir la surface concernée. Pour ce faire il faut choisir un « **gabarit** » et trouver le nombre de ces objets pour la recouvrir sans chevauchements. Après avoir expérimenté des gabarits tels que des « post-it » de formes différentes pour couvrir une feuille de papier, ou des formes plus originales telle ce « poisson » proposée dans les publications du « Kangourou », et approché des encadrements de ladite aire, on fera remarquer que l'aire dépend de l'unité choisie et ***plus le gabarit est petit, plus l'aire est grande, la surface ne changeant pas !***

Le temps est alors venu d'amener le choix du mathématicien : **le carré.** Celui-ci peut être de tailles différentes en référence au mètre bien sûr, puisque c'est l'unité de mesure de longueur, mais aussi à ses multiples ou ses sous-multiples. Nous choisissons de travailler à partir du « *carré centimètre* » que nous décidons d'appeler ainsi provisoirement pour les raisons exposées dans le chapitre 2 et parce que sa taille est à la portée des enfants.

Nous allons jouer avec des « carrés centimètres » découpés dans du papier quadrillé 5 x 5, pour entrevoir que la forme peut changer sans que l'aire ne soit modifiée.

Unités de mesures d'aires

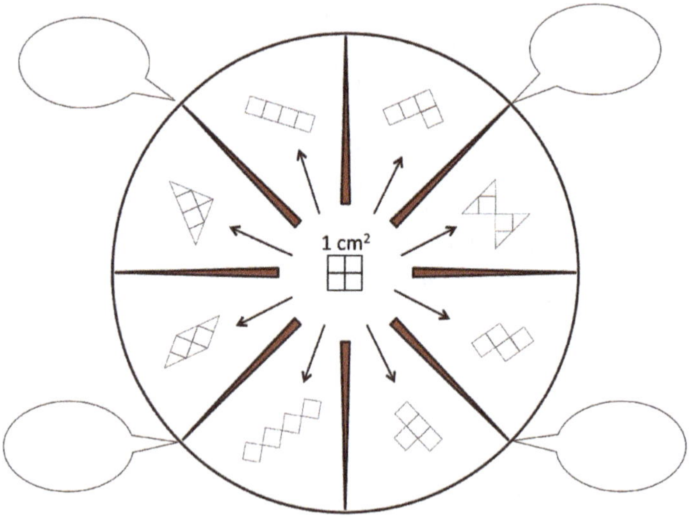

À toi de trouver d'autres formes d'aire 1 cm²

Aire du rectangle

L'activité qui va être ici proposée prend le parti de partir de la multiplication pour en ancrer le sens.

Faire dessiner par exemple un rectangle de 6 cm de longueur et 4 cm de largeur, placer un « carré-cm » dans un coin et, sans le réaliser complètement, faire imaginer la pose d'autres carrés identiques pour couvrir le rectangle.

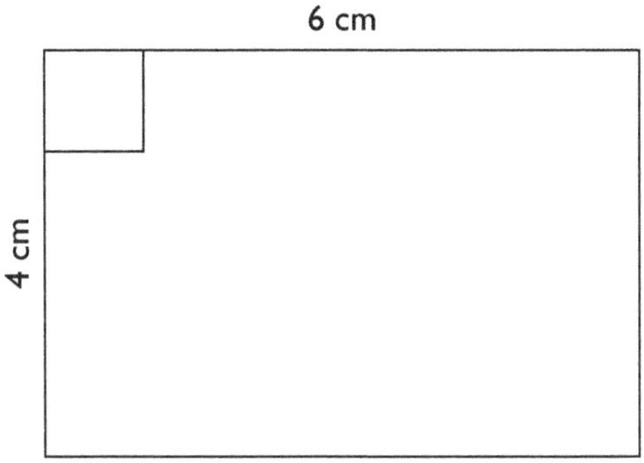

Il faudra en poser combien dans la longueur ? Réponse : 6 carrés qui feront une rangée.

Combien faudra-t-il de rangées ? Réponse 4 rangées, et au total : 6 carrés répétés 4 fois, soit 6 x 4, en « carrés-cm ».

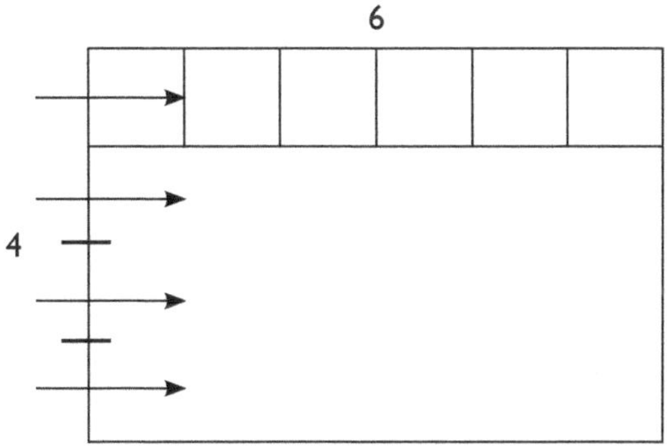

On insistera sur le fait, déjà remarqué dans la découverte du sens de la multiplication, que les deux nombres ne racontent pas la même chose : le 6 parle des carrés, le 4 désigne des rangées.

Il ne s'agit pas de multiplier des cm par des cm ! Et pourtant c'est ce que risque d'introduire la formule de l'aire du rectangle : A = L x *l*. reconnaissons que cette formule est un raccourci, elle est logique si « L » et « *l* » sont des nombres, pas si ce sont des nombres de… (cm ou m).

Même raisonnement pour l'aire du carré A = c x c, qui s'écrira c^2 et qui se dira ***« c au carré ».***

Dans le prolongement, chaque fois que l'on utilisera cette écriture pour signifier le produit d'un nombre par lui-même, par exemple 5 x 5 = $\mathbf{5^2}$**,** on utilisera le même vocabulaire : **« 5 au carré »,** ce sera le *souvenir de l'aire du carré !*

Unités de mesure d'aire

Nous ferons ensuite construire un « carré-décimètre » en carton pour y poser des « carrés-centimètre » comme ceci :

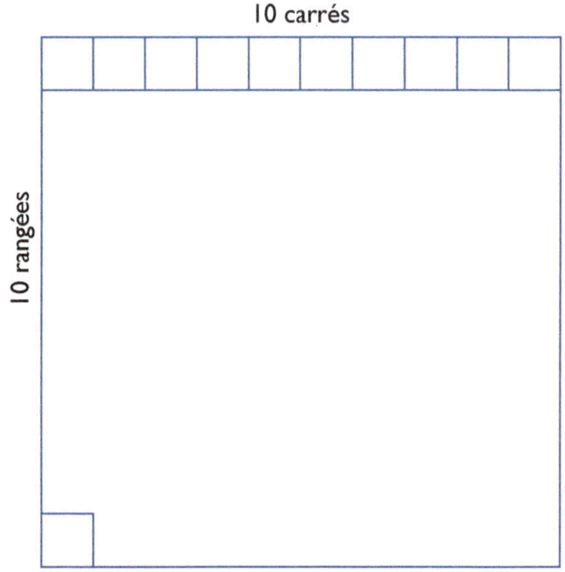

L'aire du « carré-décimètre » est donc : 10 « carrés-cm » répétés 10 fois, soit : 100 « carrés-cm »

1 dm² vaut donc 100 cm² !

Il est intéressant de reproduire l'activité à partir du m², en réduisant les manipulations en en accentuant l'activité évocative des objets « carré-mètre » et « carré-décimètre ». On peut les faire évoquer avec un accompagnement gestuel, les signifier au sol pour que les élèves en aient une représentation correcte.

Tout ceci permet d'introduire progressivement le tableau de mesure d'aires et de justifier la présence des deux colonnes dans chaque unité.

1 dm²		1 cm²	
	1	0	0

Puis

1 m²		1 dm²		1 cm²	
			1	0	0
	1	0	0	0	0

Aire du disque

Il s'agit de comparer l'aire de l'espace contenu à l'intérieur du cercle avec l'aire d'un carré dont le côté a la même longueur que le rayon du cercle.

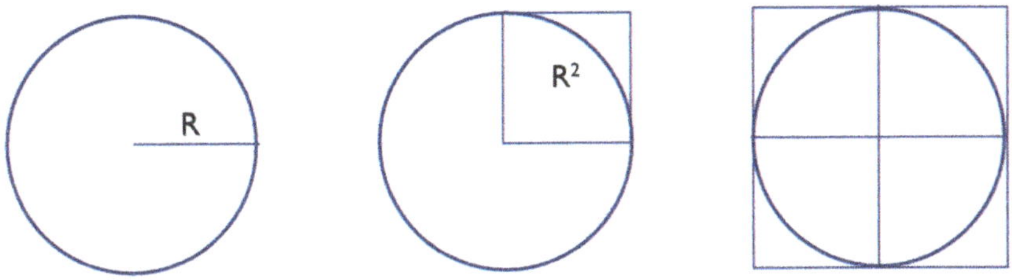

La première étape conduit à découvrir que l'aire du disque « **D** » est inférieure à celle de 4 carrés « **C** » **:** aire de D < 4 aires de C puisqu'il faudra 4 de ces carrés pour recouvrir le disque.

Proposons ensuite de partager le même disque **D** en petites portions comme ci-dessous, de les découper et de les ranger « tête-bêche » dans autant de carrés C que nécessaire. Ceci amène l'idée qu'il faut 3 carrés plus un petit bout de carré pour retrouver la surface du disque D. Ceci ne constitue pas une preuve pour la formule de l'aire du disque, mais seulement d'une approche concrète de la formule : « Aire du disque = π x R^2. »

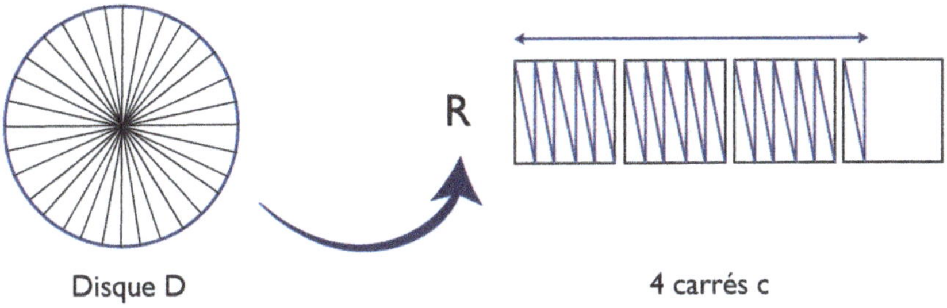

Avec des élèves de collège il est possible d'aller plus loin et de formuler l'aire du rectangle ci-dessus coloré en produit du demi-périmètre du cercle : **P/2** et de rayon **R,** soit $(D \times \pi)/2 \times R = \pi \times R^2$.

Volumes

Le mot « volume » désigne *l'espace* occupé par un objet s'il est plein ou l'espace qu'il contient s'il est creux, mais il désigne aussi cette *quantité d'espace*.

Calculer un volume c'est trouver la quantité d'espace occupé par l'objet. Si nous prenons la boîte de sucres en morceaux : combien de morceaux contient-elle ? Son volume peut être donné en morceaux comme gabarit de référence. Le gabarit choisi par le mathématicien est logiquement le mètre cube.

La stratégie d'accompagnement sera la même que pour les aires :

Fabrication objets de référence : « cube-cm » et « cube-dm », évocation du placement des petits cubes dans le grand cube pour réaliser une rangée de 10 petits cubes, puis 10 rangées pour obtenir une « plaque », ceci répété 10 fois pour remplir le grand cube.

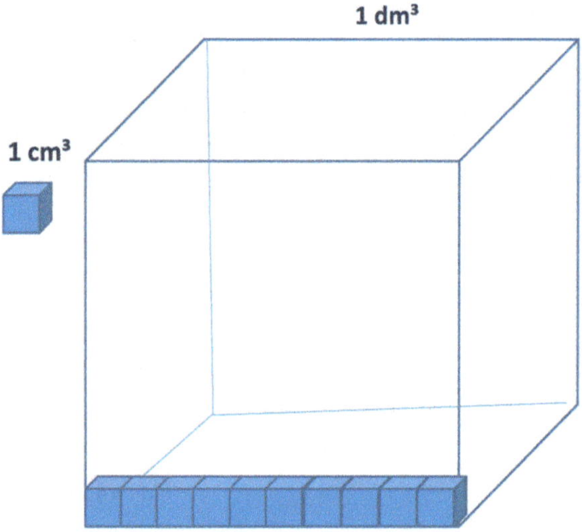

1 dm^3 vaut donc 1 000 cm^3,

L'enseignant amènera alors le tableau des mesures de volume avec la nécessité des 3 colonnes à l'intérieur de chaque unité de volume.

Pour introduire rapidement **les capacités,** l'enseignant reprendra le cube dm construit par les élèves et leur demandera : « à votre avis combien faudrait-il de cannettes de jus de fruit pour remplir ce cube » ? Tous sont étonnés d'apprendre qu'il en faudrait 3, effectivement 3 x 33 cl = 99 cl soit à peu près 1 litre. D'où ***l'équivalence entre le dm³ et le litre.***

Passer des unités de volume aux unités de capacité présente une vraie difficulté pour beaucoup de jeunes et ceci est compréhensible puisque seules les unités de capacité respectent le système décimal. Chaque enseignant peut inventer des métaphores, en voici une : celle d'un pont gardé par deux « chefs » : ***le dm*** ^{3} et ***le litre,*** qui en sont des passages obligés pour aller des volumes aux capacités et dans les deux sens.

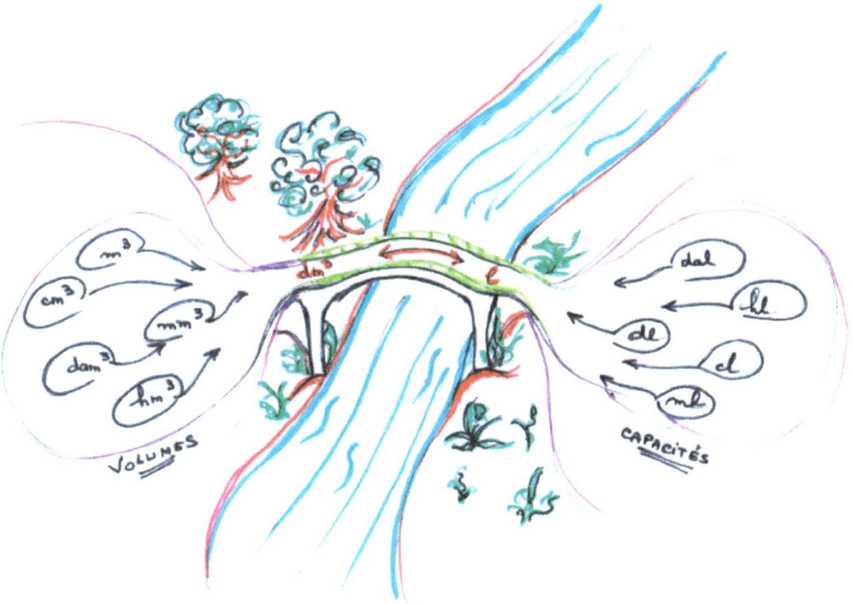

Nous ne nous attarderons pas sur les ***unités de masse*** car, comme les unités de capacité, elles respectent le système décimal, mis à part le quintal qui vaut 100 kg. Dans le tableau des unités de masse, il sera possible de noter une colonne « dizaine de kg ».

Quatrième partie

Les gestes mentaux à l'entrée au collège et au lycée

C'est à l'entrée au collège que se fait véritablement le saut dans l'abstraction mathématique. Il nous faut alors expliciter ce que le collégien et le lycéen doivent réajuster de leur activité mentale et comment ils ont à adapter, en tout premier lieu leurs gestes ***d'attention*** *et de* ***mémorisation.*** *Nous développerons ensuite longuement les propositions de la Gestion mentale pour* ***accompagner leur compréhension des mathématiques*** *ainsi que leur* ***réflexion en algèbre et géométrie.*** *À chaque étape, nous verrons* ***le rôle du geste mental d'imagination créatrice*** *et son influence sur les autres gestes mentaux.*

L'entrée au collège, une étape fondamentale dans l'accès à l'abstraction mathématique

Retour sur des fondamentaux

L'arrivée au collège signe l'entrée dans une autre pensée que celle de l'école, *c'est l'entrée dans le monde de l'abstraction mathématique*. Nous avons déjà décrit des étapes dans la compréhension des nombres et des opérations pour que se fasse *un détachement progressif du monde de la réalité*. Comprendre que 4 x 3, sur des nombres de quelque chose, c'est penser 4 objets que l'on a répétés 3 fois. Mais alors qu'en est-il de 12,5 x 4,23 ? C'est bien à l'arrivée de la multiplication que se fait ce premier saut avec l'idée de sa commutativité. Celle-ci n'est vraie que sur des nombres détachés de toute matérialité : 230 x 4 = 4 x 230, mais 4 avions de 230 places ce n'est pas la même chose que 230 avions de 4 places !

Nous avons aussi insisté sur le sens des objets géométriques : objets concrets à l'école, ils vont devenir des *idéalités* purement abstraites. Passer de la « droite concrète » dessinée sur un cahier à la « droite mathématique », sans début, sans fin, sans épaisseur et telle qu'entre deux points, même très rapprochés sur cette droite, on puisse encore en imaginer une infinité, est loin d'être simple et mérite d'être encore une fois accompagné, explicité, sans précipitation, parfois même jusqu'au lycée car de nombreux collégiens et lycéens résistent à ce saut dans l'abstraction, en voici un exemple :

Observons les réactions des élèves de 3e ou de seconde face à l'exercice suivant :

En ajoutant 1 m au côté d'un carré, on obtient un nouveau carré dont l'aire est supérieure de 25 m^2 à l'aire du carré initial.

Quelle est la mesure du côté de ce carré initial ?

Nous obtenons régulièrement des résolutions souvent très hésitantes en appui sur les 3 figures suivantes, A, B et C :

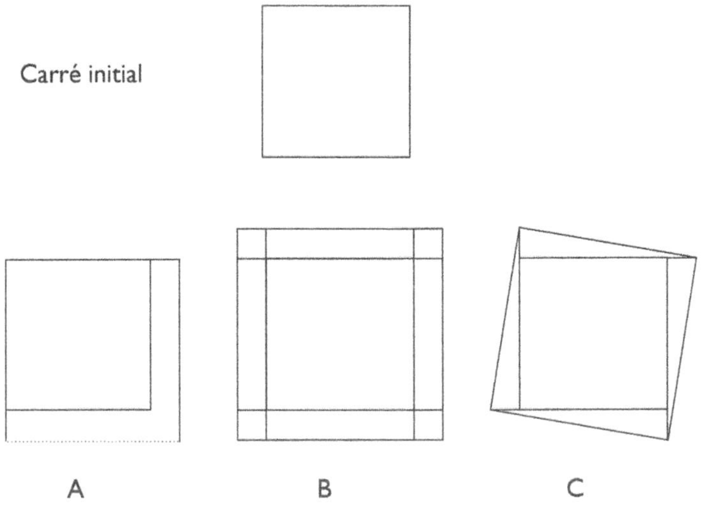

Lorsque le mathématicien exprime : « ***Ajoutant** 1 m* **au côté** du carré », il ne dit pas « *prolonger d'1 m les côtés d'un carré* », il utilise « *côté* » au singulier et ne peut donc envisager qu'une ***somme*** de deux ***longueurs :*** celle du carré initial : « x » et le nombre 1 d'où la possible équation :

$$(x + 1)^2 - x^2 = 25$$

Le dessin A peut tout à fait être un bon support de réflexion, le dessin C n'est pas inintéressant, mais amène une résolution complexe, quand au dessin B, les élèves interrogés expriment habituellement qu'ils ont « *ajouté sur le côté ou tout autour* ».

Manifestement, les élèves se heurtent ici à la **polysémie** du mot côté (segment et longueur) s'appuyant sur leurs évocations ***d'un objet carré concret.***

Changement de statut de la perception à l'entrée en collège

En primaire, l'élève se rend attentif à ce qu'il perçoit en faisant exister dans sa tête les choses telles qu'il les a vues ou entendues. Le perçu est la base de ses évocations visuelles, auditives ou verbales.

En secondaire, les choses ne sont pas à évoquer telles qu'elles sont vues ou entendues, l'élève doit projeter sur ce perçu ses évocations de mathématicien qui sont des modèles abstraits. Ce qui lui est donné, surtout visuellement ne lui sert qu'à désencombrer son activité mentale.

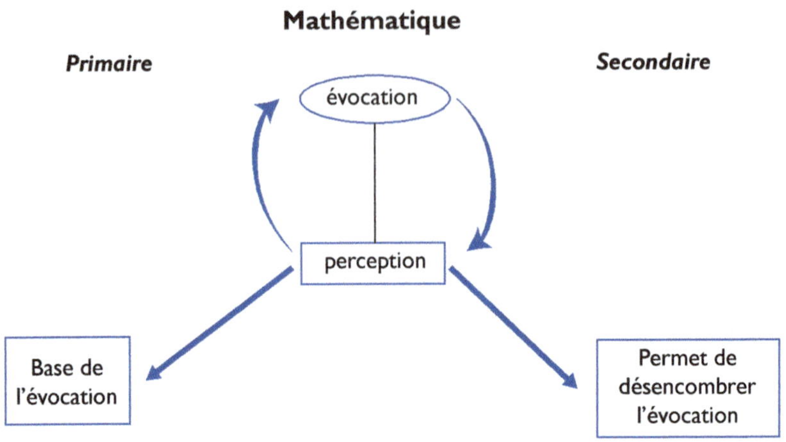

Expliciter ce changement de point de vue est indispensable, mais le dire ne suffira pas. De nombreuses occasions seront à saisir pour dialoguer avec les élèves et les accompagner dans le passage de leurs évocations concrètes issues de la perception à la projection sur le perçu de leurs évocations de « mathématicien en herbe ». En voici un exemple significatif pris dans des évaluations à l'entrée en 6e :

Le dessin suivant, dans lequel [AB] mesure environ 8 cm, leur est donné :

Consigne : sur la droite (AB), place un segment [AM] de 5 cm.

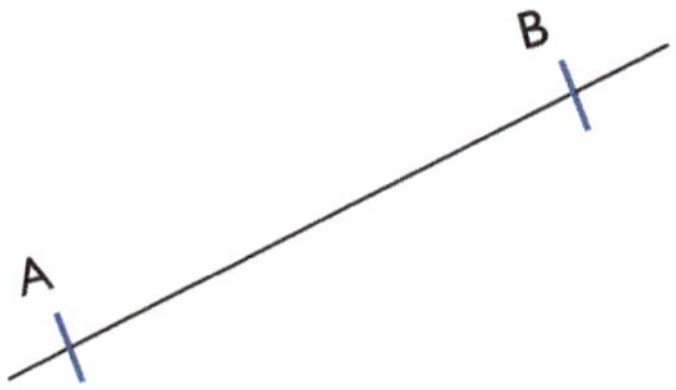

Réponses récurrentes des élèves de 6e

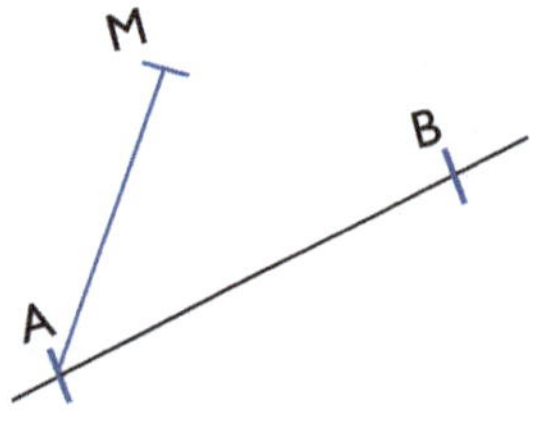

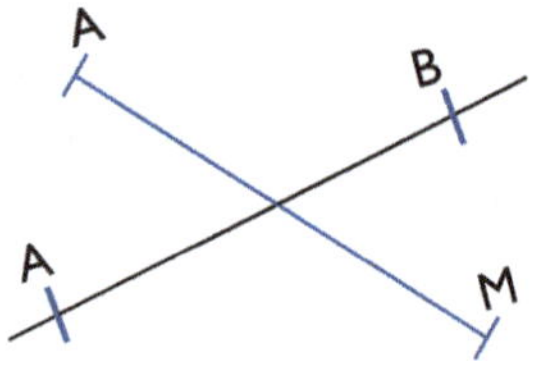

Dans le premier dessin, l'élève a placé le segment **au-dessus** de la droite, mais dans le second, l'élève a joliment **posé le segment sur la droite,** comme sur une étagère !

L'enseignant pourra alors accompagner ses élèves pour qu'il fasse exister mentalement la droite (AB), en projetant sur ce dessin ce qu'ils savent d'une droite, sans début et sans fin, au-delà des points A et B, puis sur cette droite imaginaire, un segment [AB] avant de prendre des outils de dessin pour concrétiser leur pensée abstraite.

La pensée concrète des élèves sera souvent en conflit avec la pensée abstraite, mais chaque fois que ce sera possible, l'enseignant pourra la solliciter pour accompagner le passage à l'abstraction.

Cependant, se dégager de ses évocations concrètes, ce n'est pas y renoncer car elles peuvent être riches de sens, ne serait-ce que métaphorique ! Nous en verrons des exemples en opérations sur les nombres relatifs comme sur les identités remarquables, il est aussi possible de le faire en trigonométrie et sur bien d'autres exemples. Nous ne pouvons ici tout aborder, mais nous faisons confiance à la créativité des enseignants.

Il nous faut alors décrire précisément les gestes mentaux du mathématicien. En quoi son attention, sa mémorisation, sa réflexion, sa compréhension et son imagination présentent-elles des spécificités ? C'est une recherche que doit conduire chaque enseignant, chaque rééducateur pour pouvoir entraîner les élèves à les agir correctement.

L'attention du mathématicien

L'acte d'attention a déjà été défini au chapitre 1, mais il est particulier à l'entrée au collège en raison du changement de statut de la perception.

Revenons sur ce changement et comparons un schéma de biologie et une figure de géométrie, le premier est une abstraction de la réalité du corps humain, le second a rendu concrètes des idéalités qui ne peuvent exister que dans la pensée de l'homme, c'est donc une concrétisation d'une abstraction.

Nous comprenons alors la nécessité pour le mathématicien qui se rend attentif, aussi bien en algèbre qu'en géométrie, de :

se méfier de ce qu'il voit, deviner ce qu'il ne voit pas et s'entraîner à extraire un élément d'un ensemble.

Se méfier de ce qu'il voit

Géométrie

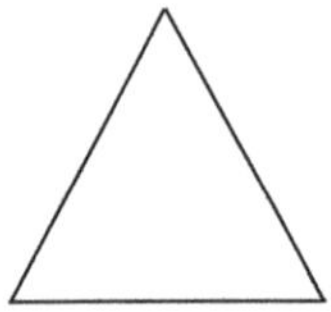

Ce triangle à l'air isocèle,
mais il faudra le prouver !

Algèbre

$- x$

Ceci n'est pas forcément négatif !

Deviner ce qu'il ne voit pas

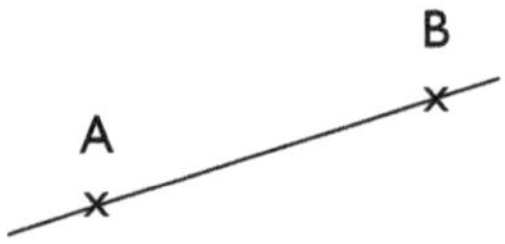

Combien y a-t-il de points
sur cette droite ?

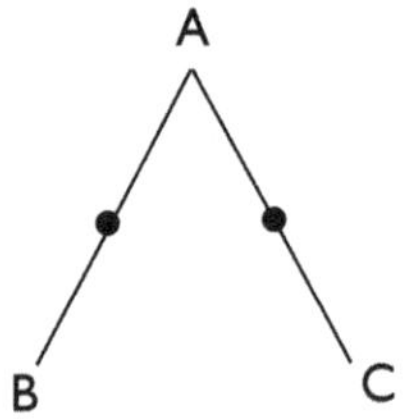

ABC est un triangle isocèle !

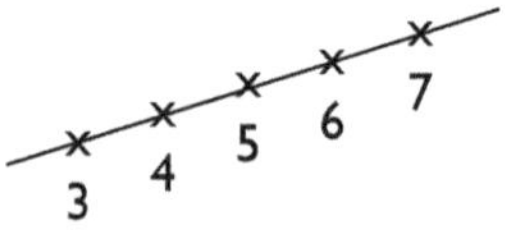

Combien y a-t-il de nombres
entre 3 et 7 ?

$$A = 3x - \frac{2x - 3}{5}$$

x est un « costume » à l'intérieur
duquel peut se glisser n'importe
quel nombre, positif, négatif, entier,
fractionnaire…

Extraire un élément d'un ensemble

Géométrie

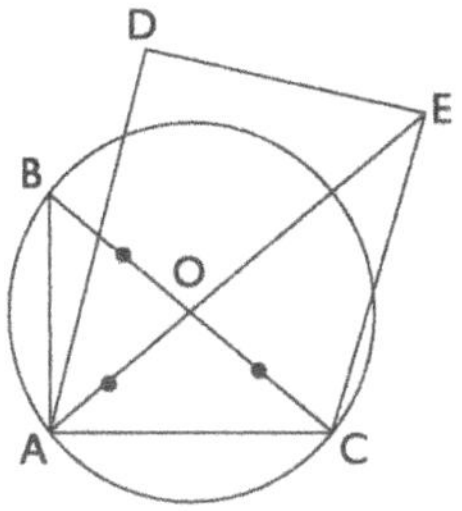

Dans cette figure, pouvez-vous isoler :
Le triangle ABC et le cercle.

Qu'en pensez-vous ?

Et oui, il est rectangle !

([BC] étant diamètre du cercle)

Et AO = BO = OC

Algèbre

Factoriser

$A = (3x + 2)^2 - 12x - 8$

Il faudra ici jouer entre focalisation large et focaliation étroite pour isoler -12x-8, factoriser -4 pour mettre en évidence le facteur commun (3x + 2).

Le calcul algébrique nécessite une attention intense et une grande mobilité de pensée, passant en permanence de l'ensemble au détail et réciproquement, de la focalisation large à la focalisation étroite, faisant donc travailler les deux hémisphères cérébraux.

Tout ceci explique la difficulté éprouvée par des collégiens quand il s'agit de construire, par exemple, les 3 hauteurs d'un triangle obtusangle.

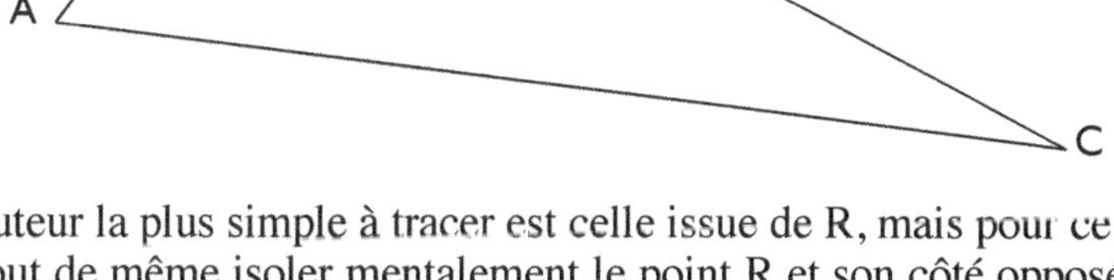

La hauteur la plus simple à tracer est celle issue de R, mais pour ce faire il faut tout de même isoler mentalement le point R et son côté opposé (AC). Ceci se complique pour les deux autres hauteurs car il faut imaginer la droite (RC) au-delà du point R pour la hauteur issue de A et la droite (AR) au-delà du point R pour la hauteur issue de C. Ceci peut être accompagné dans une classe et à plus forte raison en individuel.

Accompagner l'attention de l'apprenti mathématicien

Construction des 3 hauteurs d'un triangle

1. Proposer aux élèves l'observation silencieuse de leurs évocations sur le mot « hauteur » écrit au tableau.
2. Dialogue pédagogique pour que soient exprimés leurs contenus de pensée… avec reformulation verbale et gestuelle du sens majoritairement spatial, vertical, très concret de leurs évocations (immeuble, saut en hauteur, montagne, etc. ces évoqués pouvant être en mots, images ou impressions visuelles, impressions de mouvement vers le haut,…)
3. Reprendre la même activité sur le mot triangle pour mettre en évidence la représentation majoritaire d'un triangle sur une base horizontale !
4. Dessiner au tableau ce triangle, ARC, de préférence **acutangle** (angles aigus), et le faire reproduire par les élèves.

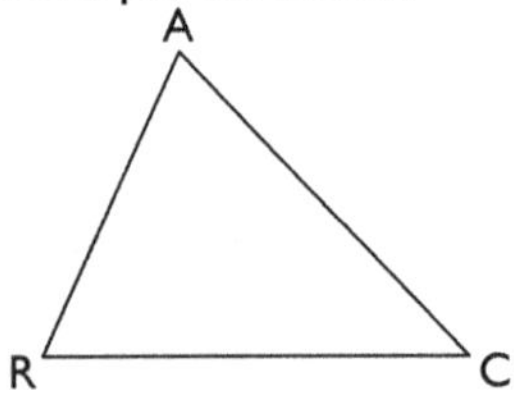

5. Chaque élève a le dessin précédent à disposition. L'enseignant guide l'activité de tri évocatif en proposant de « faire exister mentalement uniquement le sommet A et la droite (RC), en essayant d'oublier le reste, puis imaginer la droite passant par A et perpendiculaire à (RC) ». Poursuivre l'accompagnement du tri évocatif du sommet R et de la droite (AC), etc.
6. Recommencer l'activité avec un dessin d'un **triangle obtusangle dont aucun côté ne se trouverait horizonta**l (voir ci-dessous). L'enseignant propose de « faire exister mentalement uniquement le sommet A **et la droite (RC) bien au-delà des points R et C,** pour imaginer la hauteur issue de A, etc.

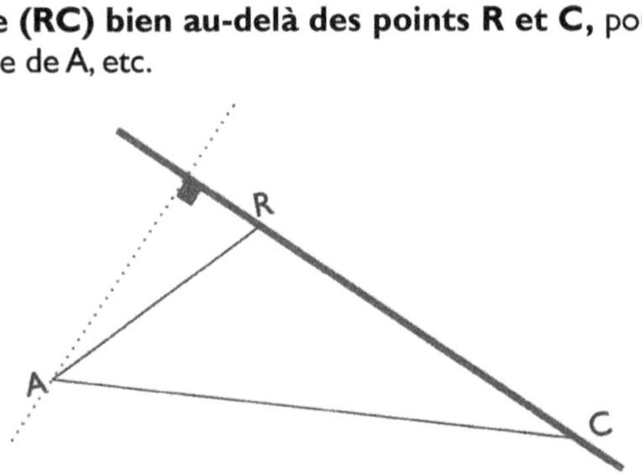

7. Les élèves peuvent alors dessiner à main levée, avec la possibilité de tourner le dessin pour retrouver une horizontalité. Pendant le travail de construction, l'enseignant se met à la disposition de tous ceux qui auraient besoin d'aide en n'hésitant pas à cacher momentanément le dessin du triangle pour éviter que l'élève en difficulté ne soit envahi par le champ perceptif. Si le tableau numérique est utilisé, une animation en couleurs et en mouvements d'un sommet et de son côté opposé est intéressante. Dans ce cas, il faut être vigilant et **ne pas précéder la pensée des élèves.** Chacun doit exercer sa créativité mathématique avant que le professeur (ou un élève désigné) ne fasse entrevoir la solution. La projection au tableau ne fera que confirmer, illustrer la pensée de chacun, ce sera un excellent ancrage.

L'attention que nous venons de développer est déjà une attention réfléchie puisqu'à chaque instant, mobilisant son regard et son écoute de mathématicien, l'élève doit projeter sa culture de spécialiste sur les objets perçus.

Autres exemples d'accompagnement de l'œil du mathématicien en géométrie et en algèbre

1. Dessiner et nommer un certain nombre de points sur le tableau.

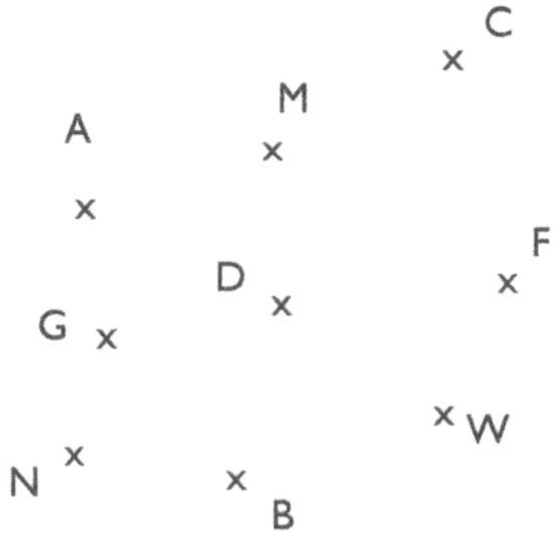

– Accompagnement évocatif au tri d'éléments dans un ensemble :

« Pouvez-vous faire exister dans votre tête la droite (AF), sans début, sans fin, sans épaisseur,... », puis la droite (NC), la demi-droite [DC), le segment [GF], etc.

– Dialogue collectif pour que chacun exprime ses évocations et ses impressions.

2. Sur la figure A suivante, combien voyez-vous de carrés ?. Chacun écrit sa réponse silencieusement avant la collecte des réponses. L'enseignant peut alors accompagner l'enrichissement des évocations sur la figure B.

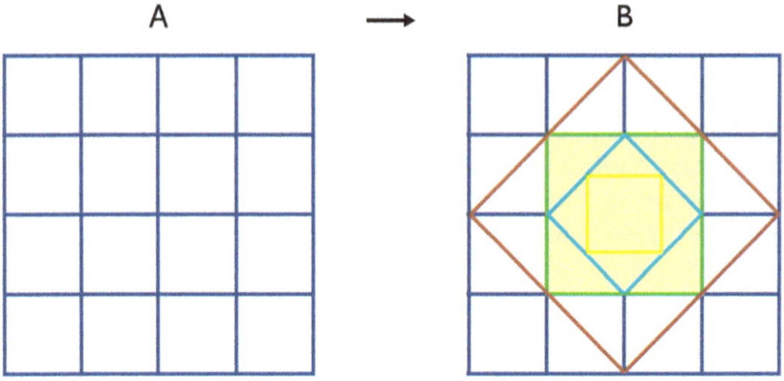

Il signifiera ainsi la différence entre le regard ordinaire et le regard du mathématicien

3. Donner aux élèves l'expression algébrique suivante :

$$A = 3x - \frac{2x - 3}{5}$$

… et leur demander ce qu'ils peuvent imaginer dans le « costume x », pour leur permettre l'enrichissement de leurs évocations d'attention et les accompagner dans le vécu de « x » comme **un** contenant de nombres entiers, décimaux, fractionnaires, positifs ou négatifs… Cette attention imaginative préfigure la qualité de la réflexion

$$A = 3\square - \frac{2\square - 3}{5}$$

Expliciter ainsi le regard du mathématicien sera aussi fondamental dans les *identités remarquables :*

Dans **$(a + b)^2 = a^2 + b^2 + 2ab$,** a et b seront aussi des contenants de nombres (pas les deux à la fois sinon le développement serait-il bien utile ?), mais aussi d'expressions littérales plus complexes telles que 3/2x dans le costume a. Nous reviendrons plus en détail sur ce sujet dans la compréhension et la réflexion.

L'attention du mathématicien est un acte complexe qui mérite d'être décrit aux élèves et entraîné dans sa double dimension imaginative et réflexive.

S'il est intéressant d'analyser chacun des gestes mentaux dans ce qu'il a de spécifique, il est ensuite nécessaire de les mettre tous en synergie afin d'observer leurs influences respectives dans un itinéraire mental plus complexe. De fait l'attention du mathématicien sera dynamisée par son imagination créatrice (pour découvrir ce qui est caché et inventer ce qui n'existe pas encore) ainsi que par sa réflexion puisqu'il doit sans cesse faire appel à sa mémoire des concepts, définitions, lois mathématiques. Mais qu'en est-il de cette mémoire du mathématicien au collège et au lycée ?

La mémoire du mathématicien en collège et lycée

Les neurosciences exposent plusieurs types de mémoires :

Les mémoires transitoires :	**Les mémoires permanentes :**
• Mémoire à court terme Empan mnésique, 7 s (+/-2 s) • Mémoire de travail Mémoire vive Maintien des informations en vue d'un traitement à court terme, (raisonnement, lecture, résolution de problème)	• Mémoires déclaratives Sémantiques (faits, concepts, connaissances générales) Épisodiques (autobiographiques) • Mémoires non déclaratives Habileté sensori-motrice Habitudes cognitives automatisées

Les *« mémoires transitoires »* sont le résultat d'un acte *d'attention*. Nous allons nous attarder sur les *« mémoires permanentes »* résultats du processus de *mémorisation* à moyen et long termes. Toutes ces mémoires permanentes ne sont pas également présentes dans la conscience individuelle, les mémoires sémantiques et épisodiques, par exemple, n'ont ni la même « épaisseur », ni la même place chez toutes les personnes, chacun étant fondamentalement influencé par son « profil cognitif ».

La mémorisation du mathématicien

Ce geste mental trop souvent mal compris, négligé quand il n'est pas méprisé, opposé à la compréhension, associé à l'effort et la pénibilité, mérite d'être réhabilité dans le rôle fondamental qu'il a à jouer dans l'apprentissage et pas seulement en mathématiques. C'est le responsable de l'installation de notre mémoire à long terme. Sans mémoire, que deviennent l'attention de l'apprenti mathématicien, sa réflexion, sa compréhension et son imagination créatrice ? Nous avons abordé la question quand il s'est agi, entre autres, de l'apprentissage des tables de multiplication, nous allons la revoir dans sa spécificité à l'entrée au collège. Or, le statut de notre mémoire, produit d'un processus décisionnel, conscient ou non, dépend de ce processus. Il est conditionné par :

- ce que j'ai mis en mémoire ;
- comment je l'ai mémorisé ;
- les destinées que j'ai données aux objets mémorisés.

Qu'ai-je mémorisé ? des savoirs ou des savoir-faire, des concepts ou des anecdotes, des exercices ou des lois, les objets tels qu'ils sont ou tels que je les ai compris ? (le « ou » n'étant pas ici forcément exclusif). Le dernier aspect de cette énumération pose la problématique du dialogue que la personne vit entre sa compréhension et sa mémorisation. Quelle place accorde-t-elle à chacun de ces actes ? Il faut savoir que s'il est courant d'entendre des adultes affirmer leur impossibilité de mémoriser quelque chose qui n'aurait pas été compris par eux, il faut reconnaître à d'autres le besoin de mémoriser la chose pour la mettre en perspective de compréhension. Si nous ignorons cela, nous risquons d'imposer aux enfants nos propres habitudes mentales. Certes, il est souvent plus aisé de mémoriser quelque chose de compris, mais il y a un double risque : s'arrêter à sa compréhension en étant convaincu que celle-là va être retenue et mémoriser le produit transformé par la compréhension, au risque qu'il soit déformé.

Comment ai-je mémorisé ? Ai-je utilisé des évocations visuelles, auditives, verbales, concrètes, abstraites, des liens logiques, des liens originaux, dans un cadre plus spatial ou plus temporel, en première ou en 3e personne et ces évocations sont-elles adaptées à mon fonctionnement propre, sont-elles adaptées à la tâche ? La mémorisation, trop souvent associée par les collégiens et les lycéens au « par cœur », les amène souvent à utiliser des stratégies qui ne leur conviennent pas. Beaucoup d'entre eux qui auraient besoin d'évocations visuelles s'acharnent, par méconnaissance de leurs besoins cognitifs, à utiliser une stratégie verbale, linéaire dans laquelle ils s'épuisent et se découragent. Ils finissent même certains par y renoncer se réfugiant dans « l'important c'est d'avoir compris ! ».

Quelles dimensions de futur ai-je donné aux objets que j'ai mémorisés ? J'ai mémorisé pour-quoi et pour-qui ? « Nos acquis auront la destinée que nous leur aurons donnée » répétait A. de La Garanderie. Un élève qui a mémorisé un théorème pour le réciter à la demande de l'enseignant ne sera pas nécessairement capable de l'utiliser dans une démonstration. Ce n'est pas non plus, nous l'avons déjà abordé, parce qu'un élève sait réciter une table de multiplication dans l'ordre qu'il peut retrouver la décomposition d'un résultat de cette table. Ce n'est pas parce qu'il connaît une règle qu'il est compétent dans son utilisation. Et s'il sait l'appliquer, il ne sait pas toujours pourquoi il le fait.

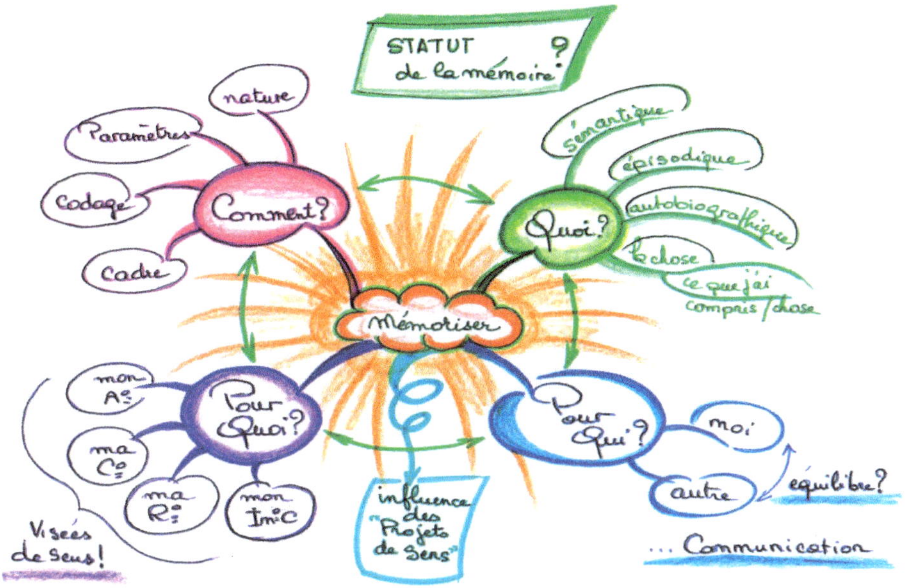

Nous posons ici la question du statut de la mémoire de l'apprenti mathématicien à l'entrée au collège. Ce statut doit évoluer en raison des activités nouvelles qui leur seront proposées et de leurs visées de sens.

École	6e/5e	4e et au-delà
Calculer	Expliquer	Argumenter
Reconnaître	Détailler	Convaincre
Détailler	Justifier	
Décrire		
Construire		

La mémoire des concepts mathématiques, constituée au fil des années de l'école, reste évidemment la matière première de l'activité du collégien, mais elle doit être revisitée de plusieurs façons. Le collégien va devoir :

- ***recontextualiser*** des acquis dans un univers de plus en plus vaste et de plus en plus abstrait : il connaissait les nombres entiers naturels et les nombres décimaux, il va devoir les inclure dans l'ensemble des nombres relatifs ;
- ***élargir*** l'horizon des liens logiques entre tous les objets mathématiques : il connaissait le carré et le rectangle dans leurs différences, il va devoir les comprendre en similitudes car le carré est aussi un rectangle ;

- ***rompre*** avec des significations établies : la soustraction de deux nombres n'était possible que dans un sens (7 - 3), elle devient possible dans tous les cas ! Les signes opératoires deviennent polysémiques ;
- ***ouvrir*** à d'autres signifiés : passer de la « fraction de » à la « fraction nombre » sur laquelle il apprend à agir les 4 opérations ;
- ***modifier*** les visées de sens de sa mémoire déclarative pour l'inscrire dans un projet de communication rigoureuse pour justifier ses actions et convaincre un interlocuteur supposé ignorant mais critique.

Cette énumération, sans doute non exhaustive, mais éclairée par les dernières découvertes en neuroéducation, nous amène à envisager chez les adolescents des obstacles ontologiques liés à leur développement cérébral.

Steve Masson, professeur à la Faculté d'éducation de l'UQAM à Montréal et directeur du laboratoire de recherche en neuroéducation (LRN), développant le concept de « neuroplasticité » expose les récentes découvertes en neuroéducation : « *l'apprentissage modifie l'architecture cérébrale* », mais aussi : « *l'architecture du cerveau influence l'apprentissage* ». Reprenant les travaux de Geoke et Cooper en 2003, il explique que les représentations peuvent être difficiles à modifier et les erreurs à déloger si elles se fondent sur des réseaux neuronaux bien établis. L'architecture du cerveau pouvant être « une alliée ou une adversaire », il aborde le concept de « recyclage neuronal... processus par lequel le cerveau modifie une région cérébrale pour changer sa fonction », ainsi que celui de « l'inhibition cérébrale » qui nécessite de désactiver une région de connexions déjà bien renforcées.

En conséquence, plus nous expliciterons ces changements de points de vue sur des objets mathématiques déjà bien installés, plus nous accompagnerons les processus mentaux de mémorisation et de compréhension avec le souci de la prise de conscience par les élèves eux-mêmes des formes évocatives et du sens qui les habite, plus nous aiderons les élèves à activer si nécessaire de nouveaux réseaux de neurones. En effet la découverte la plus récente en neuropédagogie (et la moins explorée) exposée par Steve Masson explique que « *l'enseignement et les choix pédagogiques des enseignants influencent les effets de l'apprentissage sur le cerveau* ». Grande est donc notre responsabilité !

Si la neuroéducation semble nous dire que *« mieux connaître le cerveau peut nous aider à mieux enseigner »,* la connaissance des processus mentaux, décrits par A. de La Garanderie, nous aide à accompagner les jeunes mathématiciens dans leur mémorisation des concepts mathématiques. Cet accompagnement est demandé aux enseignants dans toutes les instructions officielles liées aux programmes : apprendre à apprendre !

De même que nous avons abordé combien l'imagination créatrice pouvait apporter de ***curiosité*** et de ***vigilance*** à l'acte d'attention, nous allons entrevoir le pouvoir de cet acte mental pour donner à la mémoire du futur mathématicien ***l'ampleur*** et la ***mobilité*** nécessaires à sa réflexion et sa compréhension.

L'enseignant doit expliciter clairement tout ce qui reste trop souvent implicite dans les trois directions précédemment exposées...

Quoi mémoriser ? Pour en faire quoi ? et Comment le faire ?

Si les deux premières peuvent être expliquées aux élèves, la troisième ne peut qu'être accompagnée car elle relève de la singularité du fonctionnement mental.

Il ne suffit pas de préciser ce qu'il faut apprendre, il devient de plus en plus nécessaire de réserver en classe des moments pour « comment apprendre ».

De même qu'à l'école on peut, tous ensemble en classe, apprendre à apprendre une table de multiplication, il y a place au collège (et pourquoi pas au lycée) pour apprendre à apprendre, par exemple, un théorème. L'enseignant a le « dialogue pédagogique » collectif à sa disposition pour permettre aux collégiens (et lycéens) de découvrir leurs moyens évocatifs personnels spontanés et le pouvoir de leur imagination créatrice pour les enrichir et les adapter aux visées imposées par l'activité de démonstration en géométrie et en algèbre.

Chapitre 11

Accompagner la compréhension du mathématicien en collège et lycée

Des incontournables mentaux

Développer l'analyse des processus mentaux de mémorisation en lien avec la compréhension, tel que nous venons de le faire, nous amène à réfléchir aux spécificités de cet acte de compréhension en mathématiques.

Dans la présentation que nous en avons faite au chapitre 1, nous avons abordé plusieurs incontournables du processus mental : l'extraction des indices dans le perçu, la traduction de ces indices en appui sur des évoqués concrets (Pl) ou abstraits (P2) et leur indispensable mise en liens de comparaison, d'attribution et/ou de sériation spatiotemporelle dans un espace mental ou un déroulement temporel pour que surgisse l'intuition du sens. Nous avons aussi abordé les dimensions d'application et d'explication des projets de compréhension. Il nous faut désormais revenir sur chacun de ces éléments pour repérer les obstacles épistémologiques, ontologiques et didactiques à la compréhension des maths en collège et lycée, afin de proposer des démarches et des outils de prévention ou de remédiation de difficultés déjà installées.

Explorer la dimension Espace/Temps de tous ces incontournables de la compréhension, en géométrie aussi bien qu'en calculs numérique ou littéral, nous permet de mieux analyser l'origine des difficultés des élèves et de proposer des outils pédagogiques et didactiques pour résorber nombre de ces difficultés.

Grille d'observation de difficultés de compréhension

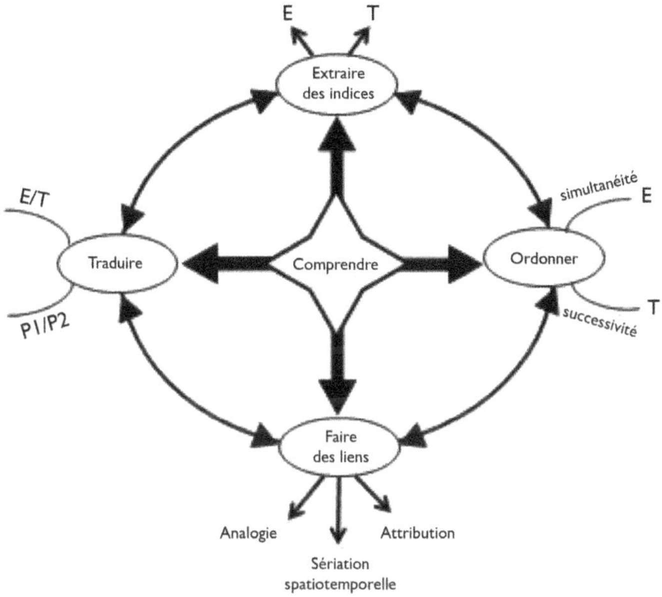

Le repérage des indices d'Espace et de Temps dans les objets mathématiques

Les pourcentages

La compréhension des pourcentages présente de réelles difficultés pour les élèves et pour nombre d'adultes.

Le repérage des *obstacles épistémologiques* à l'accès à ce concept met une nouvelle fois en évidence la difficulté linguistique :

- Le mot est un raccourci bien « cachotier » car il met en discrétion *les deux indices* « pour » et « cent » ;
- C'est un mot qui cache aussi son aspect relationnel sur des « nombres **de** ».

En conséquence, il va entraîner des *obstacles ontogéniques* car il est trop souvent *traduit* par les élèves comme une unité, au même titre que l'euro, le litre ou le mètre, surtout lorsqu'il est écrit en chiffres, par exemple : 20 %. Ici encore nous assistons à ***un conflit entre l'aspect plus spatial de la « fraction-nombre » et l'aspect plus temporel de la « fraction de ».***

Conscients de ces obstacles, l'enseignant insistera sur l'aspect relationnel du concept en réintroduisant explicitement « 20 % **de** », en effet, comme la « fraction **de** », dont c'est un cas particulier, ce pourcentage raconte une double temporalité (même si dans les calculs on pourra la réduire à une transformation) :

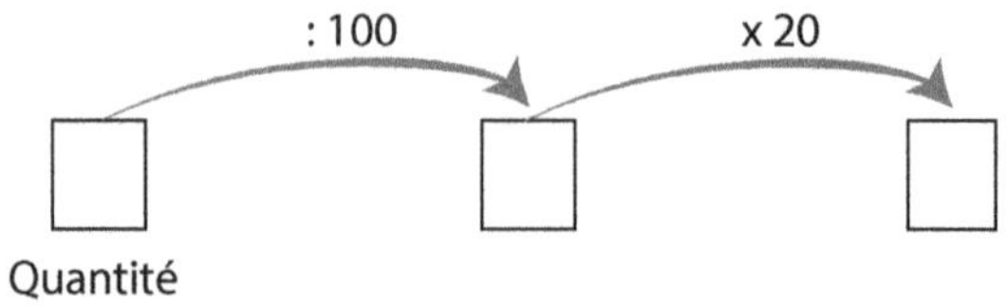

En situation problème, 20 % est donc inséparable de la quantité dont il est l'opérateur !

Dans l'exemple ci-après *(d'après le Brevet 2003),* pour trouver le nombre de personnes travaillant la nuit, on assiste très souvent à l'addition spontanée de 20 % et de 30 %. Ceci illustre bien le propos précédent et, selon nous, la confusion entre l'espace et le temps.

> « Une entreprise emploie 2 800 personnes dont 60 % de femmes. 20 % des femmes et 30 % d'hommes travaillent de nuit.
>
> Déterminer le nombre de femmes travaillant la nuit.
>
> Déterminer le nombre d'hommes travaillant la nuit.
>
> En déduire le pourcentage d'employés qui travaillent de nuit pour cette entreprise. »

Un exercice comme celui-ci est un intéressant support d'introduction à la résolution de problèmes de pourcentages dans une approche méthodologique.

La première chose sera de signifier aux élèves la **mise en évidence des indices marqueurs de relations** en faisant souligner ou surligner 60 % **de,** 20 % **de** et 30 % **de.** La structure spatiotemporelle du concept pourra être schématisée et *construite avec les élèves* aux différentes étapes de la résolution du problème.

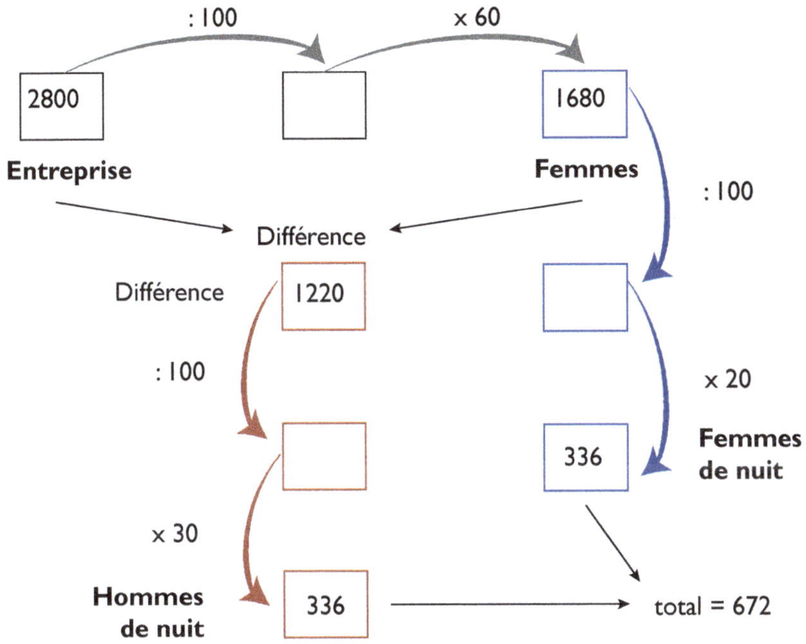

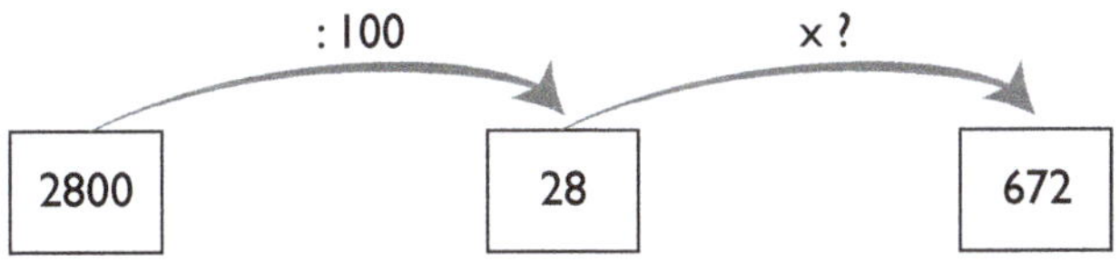

Quel est le nombre dont le produit par 28 est 672 ? (Réponse 672 : 28 = 24).

Il y a donc 24 % des employés de l'entreprise qui travaillent la nuit.

Nous signalons l'importance de positionner les mots sur de tels schémas, ils permettent de prendre un peu de hauteur face au possible envahissement des calculs. La verbalisation des étapes de l'activité permet ce recul réflexif.

Cette schématisation, ainsi présentée, peut sembler complexe dans son état final. Il est hors de question de la présenter ainsi aux élèves. Elle est à construire en participation active de chacun en individuel ou en groupes, en progression lente, mise en scène par l'enseignant.

Pour en faciliter le transfert dans d'autres exercices similaires, nous redisons l'importance que celui-là soit annoncé au départ de l'activité : « il s'agit de découvrir un outil d'aide à la résolution de problèmes de pourcentage ».

Ce transfert devra être testé rapidement dans un exercice de forme relativement proche :

Un autre exemple de spatialisation pour résoudre un problème de pourcentages :

> « Dans **un** magasin de meubles, au mois de septembre, un canapé était affiché à 1 250 €. En novembre, son prix a augmenté de 20 %. Au mois de janvier, il est soldé à 20 %.
>
> Calculer son prix en janvier puis le comparer à celui de septembre. »

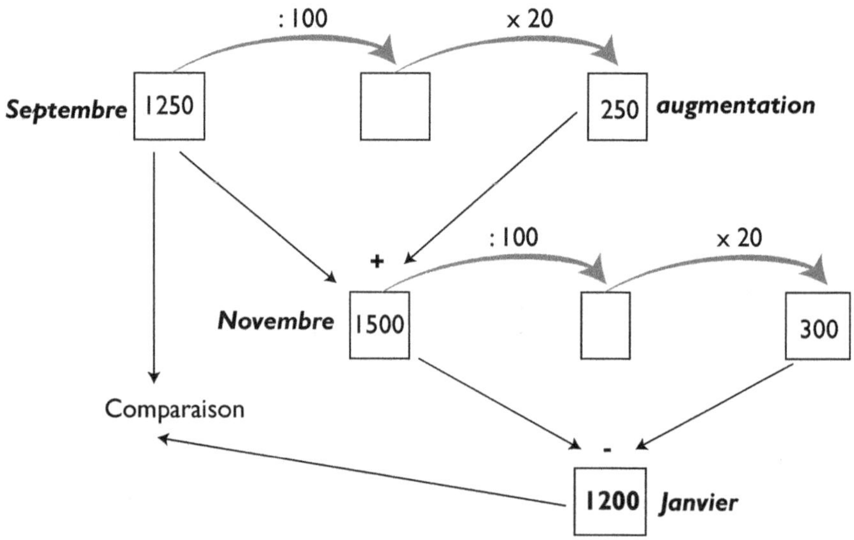

En janvier, le canapé est 50 € **moins** cher qu'en septembre.

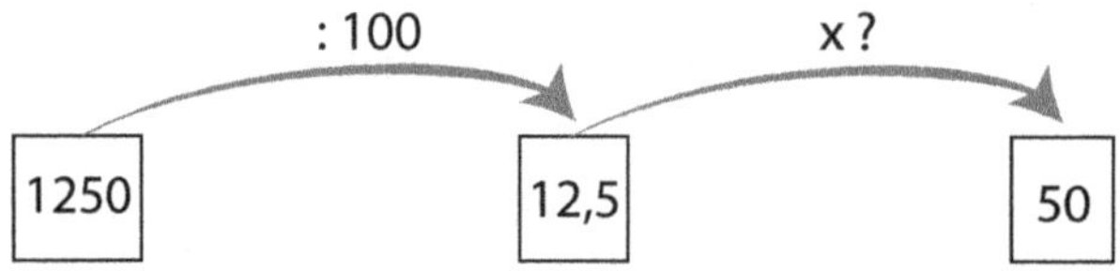

Le nombre dont le produit par 12,5 est 50 est : **4.**

Soit **4** % de moins en janvier qu'en septembre.

Ces schématisations de la sériation spatiotemporelle sont évidemment à construire avec et par les élèves. Elles ne conviendront sans doute pas à tous, mais éclaireront tous ceux qui font de la spatialisation une préférence perceptive.

Compréhension du vecteur

Le concept de vecteur est difficile d'accès pour plusieurs raisons. Sa représentation est traditionnellement spatiale :

Elle entraîne les élèves dans la confusion avec le segment [AB], qui est pour beaucoup un objet concret. Or le vecteur est un concept mathématique des plus abstraits, difficilement assimilable à une représentation concrète. Il peut être comparé à un *passeport* pour un *voyage* appelé « translation ». Comme un passeport, le vecteur $\overrightarrow{AB}$ peut contenir une photo (c'est le dessin précédent) ainsi que des signes particuliers au nombre de 3 :

- **une distance,** celle de A à B, qui ne se limite pas aux points A et B !
- **une direction,** celle de la droite (AB), qui ne se limite pas à la droite (AB), mais à toutes celles qui lui seraient parallèles !
- **un sens,** de A vers B, qui se retrouve dans tous les autres bipoints retrouvés dans les 2 autres sommets d'un parallélogramme construit sur le segment [AB] comme dans la figure ci-dessous :

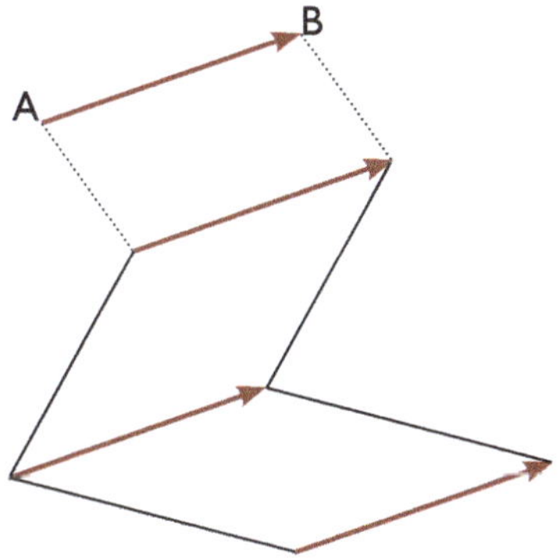

Analysons ces trois indices : 2 d'entre eux, la distance et la direction, ont sens d'espace, c'est-à-dire de simultanéité, les points A et B pouvant être intervertis, mais le 3e (le sens) est temporel puisqu'il impose un début et une fin, une successivité (les points A et B ne peuvent être intervertis). Cette temporalité sera exprimée pleinement dans la translation de vecteur $\overrightarrow{AB}$.

Ce concept est vraiment un lieu de conflit entre l'espace et le temps, entre le concret et l'abstrait ! Les élèves de profil cognitif à dominante spatiale concrète peuvent se trouver en difficulté s'ils ne sont pas accompagnés par un enseignant averti de ces obstacles.

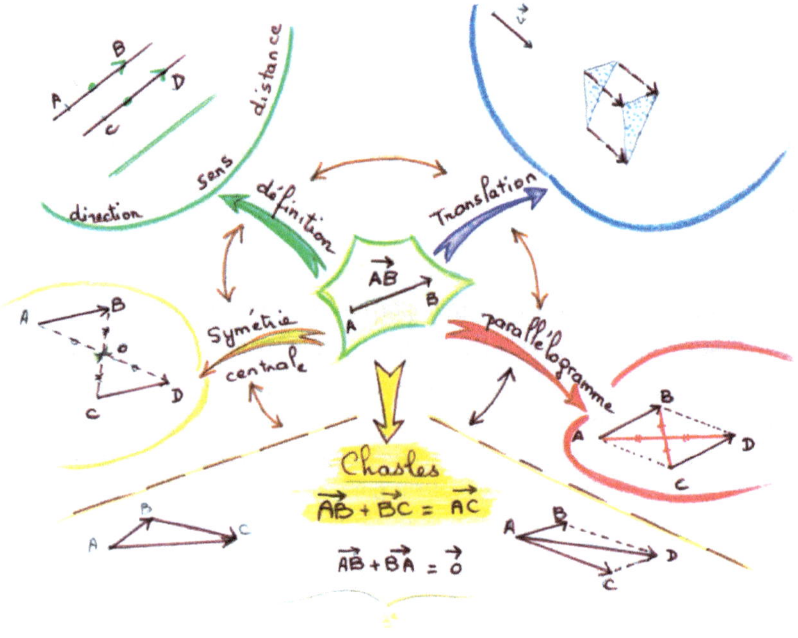

La traduction espace/temps

Comprendre nécessite souvent de traduire mentalement des indices extraits dans le perçu dans le contexte spatiotemporel pertinent. Nous nous heurtons alors, une fois encore, à une difficulté déjà abordée dans les chapitres précédents : la polysémie des mots et des symboles. La difficulté existe dans la langue française : par exemple, dans les phrases « La voiture *avance* dans le parking » et « la presqu'île de Quiberon *avance* dans l'océan Atlantique », reconnaissons que le verbe « avancer » a *sens temporel* dans la première, puisqu'il parle un mouvement, mais pas dans la seconde où il parle une *position spatiale*. De la même manière : « Bavarder en *permanence* » peut être compris dans le temps du bavardage ou dans l'espace de la salle de permanence.

Le signe « - »

Certains symboles mathématiques aussi peuvent se traduire en Espace ou en Temps, c'est le cas du signe « - », reconnaissons-lui au moins 3 sens !

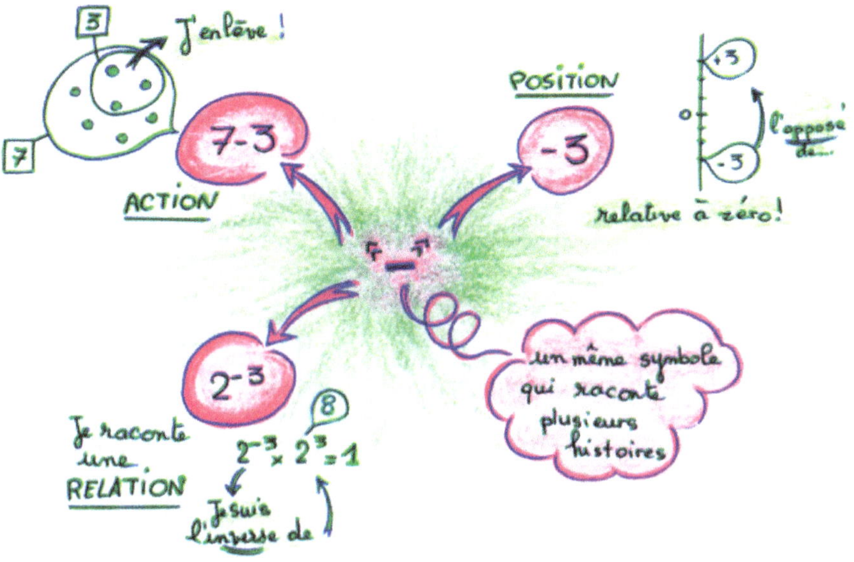

Attardons-nous ici sur le signe «- » de la soustraction et celui du nombre négatif. Comprendre 7-3 à l'école, c'est comprendre que la quantité 3, incluse dans la quantité 7, est à enlever de ce 7. Ce «- » raconte donc une action (temps). Le signe «- » de -3 ne raconte plus une action, mais une position (espace) relative à zéro. D'ailleurs ne s'appelle pas « nombre relatif » ?

Des élèves qui écrivent régulièrement -7 + 3 = - 10 ont géré le signe « + » comme une action (temps) alors qu'il est ici signe de position (espace), l'écriture étant la simplification de (-7) + (+3).

Ce qui est ici relaté est évidemment aussi vrai pour le signe « + » Tout ceci se complique dans les exercices du type :

« Calculer A = (-3) + (+ 1) - (+3) + (-2) - (-4) - (+5) + (-1)… »

Les signes entre parenthèses racontent l'espace quand les autres parlent du temps.

Si nous créons une métaphore, elle devra respecter la structure spatiale du nombre et temporelle des opérations. Gardons les verbes ajouter et enlever pour les signes opératoires tels qu'ils sont abordés concrètement à l'école et trouvons une analogie spatiale pour les nombres. Nous avons eu l'habitude de les parler en termes de cadeaux pour les nombres positifs et de punitions pour les nombres négatifs. Ceci permet d'amener logiquement que :

Ajouter une punition, c'est punition ! Enlever une punition, c'est cadeau !

Ajouter un cadeau, c'est cadeau ! Enlever un cadeau c'est punition !

Cette métaphore (qui fonctionne aussi en cas de parenthèses) permet de passer aisément à l'écriture simplifiée de A :

$$A = -3 + 1 -3 -2 +4 -5 -1$$

Restent alors uniquement les signes des nombres sur lesquels les élèves sont amenés à faire un bilan : somme des nombres positifs, somme des nombres négatifs et différence des 2...

Ceci peut aussi les aider à comprendre la règle qui leur sera donnée :

a – b = a + opposé de b

Signes opératoires

Mise en équation d'un problème

La mise en équation d'un problème est aussi un bel exemple de traduction, puisqu'il s'agit de passer souvent d'un texte en français à une « phrase » en langage mathématique codé en nombres et symboles opératoires. Ceci n'est pas aisé pour certains élèves, même s'ils savent résoudre une équation, trouver l'équation est une autre affaire !

Exemple relativement simple :

Trouver 3 nombres consécutifs dont la somme soit 129. Si nous appelons x le plus petit nombre, on a :

$x + (x + 1) + (x + 2) = 129$, soit $3x + 3 = 129$ ou $3x = 126$, donc $x = 42$.

Les 3 nombres sont 42,43,44

Ou mieux, en appelant x le nombre du milieu : $(x - 1) + x + (x + 1) = 129$.

Soit : $3x = 129$ et $x = 43$, les deux autres nombres sont 42 et 44

Pour aider à la traduction, si nous nous appuyons sur l'aspect spatial du nombre et celui temporel des opérations, nous pouvons à nouveau tirer profit du *schéma de sériation spatiotemporel* déjà introduit dans la résolution de problèmes à l'école *(voir chap*. 8) :

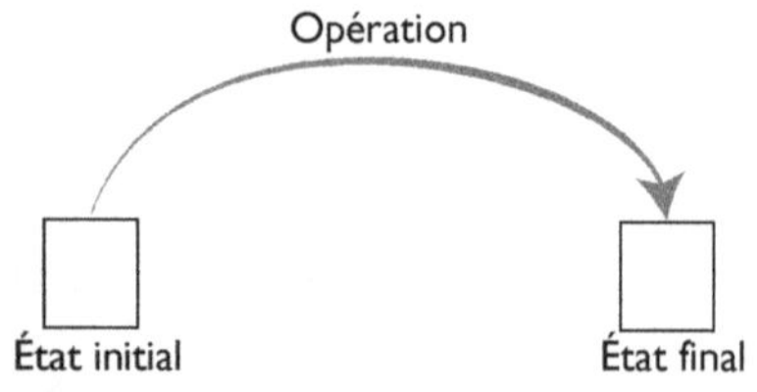

Nous reprendrons cette proposition dans le chapitre suivant lors de la mise en équation d'un problème.

L'analyse des liens logiques incontournables de la compréhension

Définitions et théorèmes en géométrie

Pour être capable de choisir correctement un argument de démonstration, encore faut-il, en amont, dans son processus de compréhension/mémorisation, avoir finement analysé la structure et la destinée de chacun d'eux. Les élèves peuvent connaître leurs définitions et théorèmes mais se trouver démunis dans le choix à faire en démonstration. Ils l'expriment en disant « je ne sais jamais quel théorème prendre ! », ou bien le professeur leur reproche de « confondre un théorème et sa réciproque ».

Prenons l'exemple de la définition de la médiatrice d'un segment et des deux théorèmes qui y sont associés :

1. « La médiatrice d'un segment est la perpendiculaire à ce segment en son milieu. »
2. « Tout point pris sur la médiatrice d'un segment est équidistant des extrémités de ce segment. »
3. « Tout point équidistant des extrémités d'un segment appartient à la médiatrice de ce segment. »

Les nombreux dialogues pédagogiques menés en classe nous ont permis de découvrir (et de faire découvrir à beaucoup d'élèves) que si leur unique appui de mémorisation des 3 propositions précédentes était *l'image mentale visuelle spatiale fixe illustrée ci-dessous*, il était logique qu'ils hésitent sur le choix de l'une d'elles.

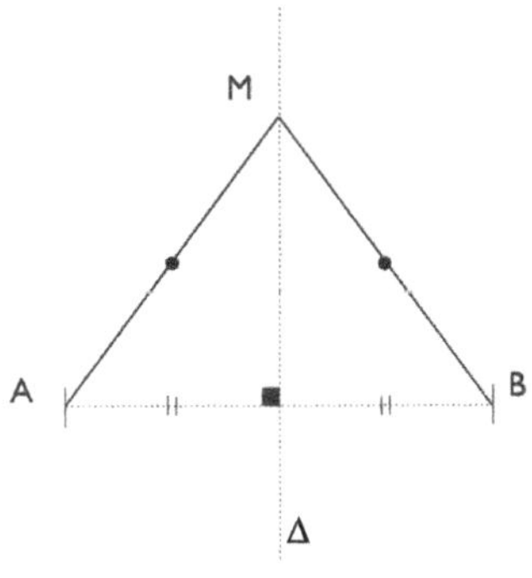

Parmi tous ceux qui disent leur observation mentale de cet *évoqué spatial,* ceux qui réussissent aisément à faire malgré tout le bon choix expriment qu'ils ont ajouté dans leurs images mentales visuelles du mouvement, de la couleur, de la verbalisation mentale et tout autre complément pour les différencier dans leurs structures spatiotemporelles et leurs visées d'utilisation.

Nous avons donc tout intérêt à expliciter la structure spatiotemporelle de ces trois propositions :

La première décrit un espace en le définissant. C'est un argument possible à *double sens,* puisqu'il y a identité entre les deux parties de la phrase (lien logique de fusion), *elle pourra être utilisée dans deux circonstances.*

Définition :
« La médiatrice d'un segment est la perpendiculaire à ce segment en son milieu »

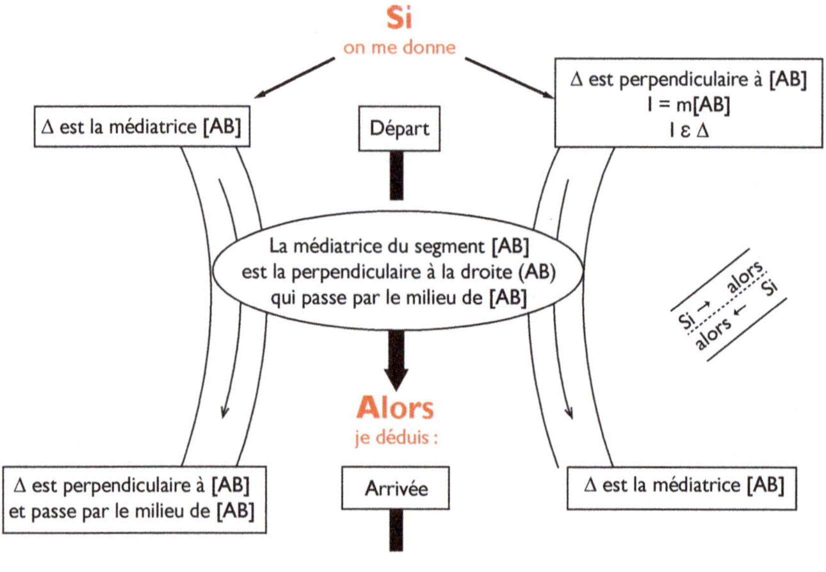

Les deux autres propositions, le théorème et sa réciproque, tels qu'ils sont exprimés ci-dessus, cachent (et on peut le regretter) leur dimension temporelle. Il serait souhaitable de les verbaliser avec un « SI… ALORS », base du raisonnement déductif.

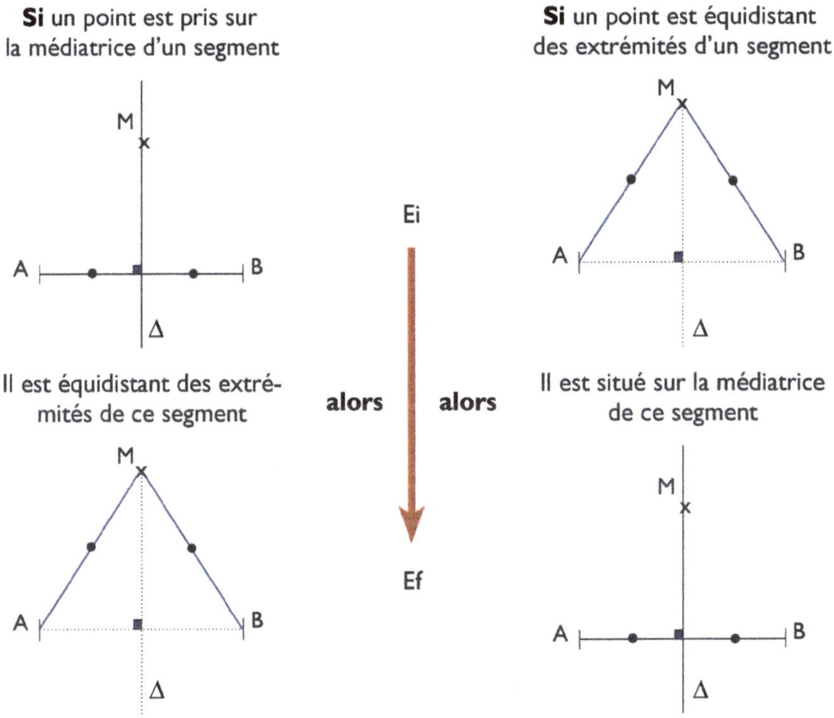

Ce travail de repérage de l'état initial (Ei) et de l'état final (Ef) étant fait, les élèves, accompagnés en dialogue pédagogique par leur enseignant, pourront revenir à leurs représentations initiales et jouer de leur imagination créatrice pour introduire dans des évocations très spatiales du mouvement, de la couleur, un discours intérieur ou toute autre modification évocative susceptible de signifier chaque théorème dans la spécificité de sa structure et dans l'originalité de ses possibles utilisations futures.

Il s'agit d'établir une forme de « carte d'identité » pour chaque théorème. Celle-ci contiendra son énoncé rigoureux à mémoriser à l'identique, un dessin d'illustration, le repérage de son « état initial » éclairant le « quand l'utiliser ? » et son « état final » indiquant le « pour prouver quoi ? »

Carte d'identité d'un théorème

Énoncé

Si un point est situé sur la médiatrice d'un segment, alors il est équidistant des extrémités de ce segment.

Illustration

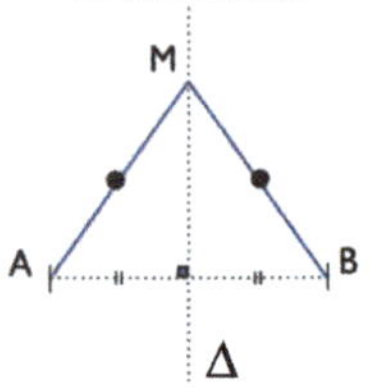

État initial

Quand l'utiliser ?

État final

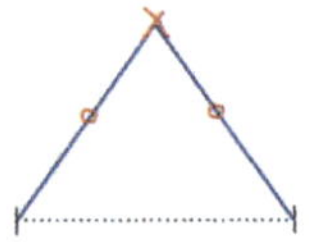

Pour prouver quoi ?

Demander de telles fiches pour chaque théorème devient rapidement lourd, il est alors possible de créer des schémas regroupant plusieurs théorèmes sur un même thème. Mais ne nous y trompons pas, tous les élèves n'en ont pas également besoin, ces fiches ne sont pas des finalités, ce ne sont que des moyens. Leur intérêt se situe dans l'activité mentale qu'elles occasionnent. Notre objectif étant d'entraîner explicitement l'activité mentale de mémorisation/compréhension au service de la réflexion dans la démonstration.

Dans le même esprit d'une sollicitation de la sériation spatiotemporelle, voici une fiche regroupant 3 théorèmes de « la droite des milieux » appliquant le théorème de Thalès dans un triangle.

3 clés pour démontrer

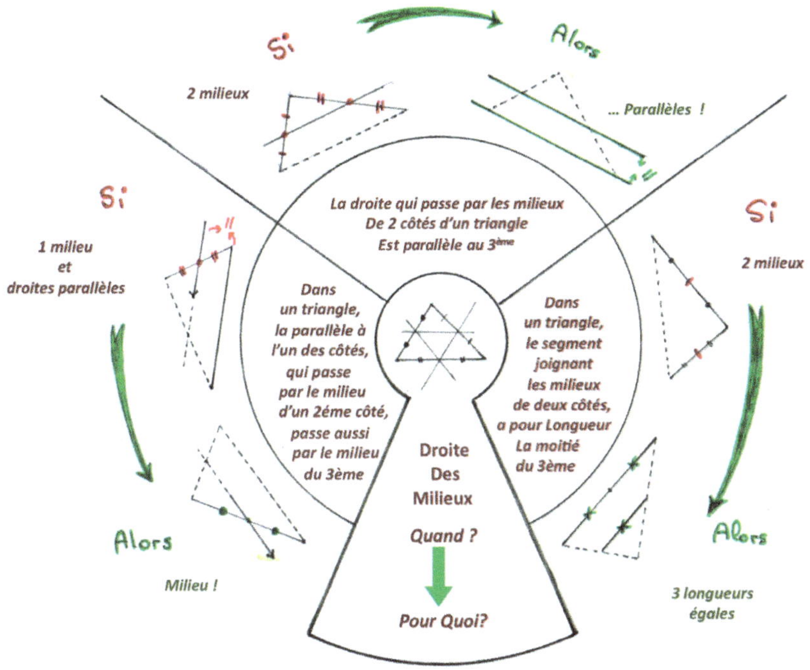

Il est possible de réactualiser ce document en tenant compte
des changements de stratégies concernant le théorème de Thalès.

Les théorèmes et définitions compris et mémorisés dans leurs dimensions spatiotemporelles et plus généralement toutes les lois et formules mathématiques, pour être installés en mémoire à long terme, devront être périodiquement réactivés et mis en relation pour gagner en puissance de réflexion et de compréhension. En effet, les réseaux neuronaux concernés par ces apprentissages devront être régulièrement sollicités pour se renforcer.

Pour ce faire, les activités de synthèse présentées dans les pages suivantes seront d'excellents moyens de ***« récupération »*** d'objets de mémoire dont on sait combien le processus contribue à la consolidation des connexions neuronales. Plus il y a de connexions, plus elles se renforcent.

Nous avons choisi ces deux exemples d'analyse de la structure spatiotemporelle des objets mathématiques car ils nous permettent d'éclairer des difficultés dans deux domaines importants que sont la résolution de problèmes et la démonstration afin de réfléchir à nos pratiques d'enseignement. Ils nous engagent à réintroduire et expliciter ces indices discrets ou absents dans notre langue mathématique minimaliste, indices dont on sait combien ils peuvent être signifiants de liens logiques.

Une étude de cas : utilisation du signe « = » dans un exercice

« Compléter les égalités suivantes » : $\frac{3}{4} = \frac{6}{\dots} = \frac{\dots}{24} = \frac{15}{\dots}$

Réponse (incomplète) de Romain (élève de 5e) : $\frac{3}{4} = \frac{6}{8} = \frac{18}{24} = \frac{15}{\dots}$

L'analyse de la production de Romain permet de poser l'hypothèse de la mise en place d'une stratégie excessivement linéaire. Il passe de la première fraction à la deuxième par la multiplication du numérateur et du dénominateur par 2, puis de la deuxième à la troisième par la même transformation multiplicative, oubliant calcul après calcul les fractions précédentes. Arrivé à la troisième, pour passer de 18 à 15, la transformation multiplicative échoue. Il comprend le signe « = » en sériation spatiotemporelle :

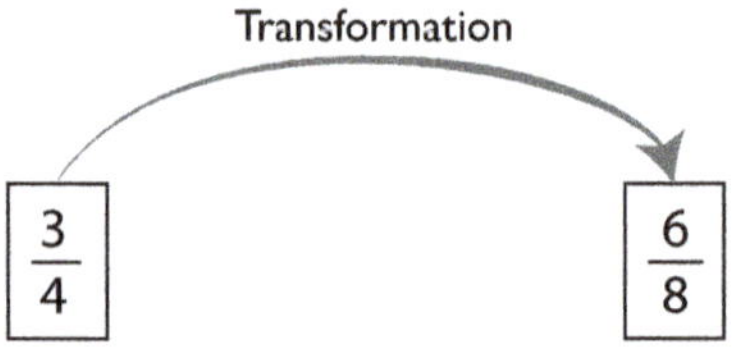

Vivant la deuxième fraction comme résultat de la transformation de la première, il ne comprend pas ces fractions comme des écritures d'un même nombre. En effet, dans cet exercice, *le signe « = » ne raconte pas une sériation spatiotemporelle, mais une fusion !* Puisqu'il y a identité de sens entre ces 4 fractions, ce sont des « déguisements » d'un même nombre, ce nombre pouvant se déguiser à l'infini. La présentation linéaire de l'exercice y est probablement pour quelque chose.

Si l'exercice avait été posé ainsi :

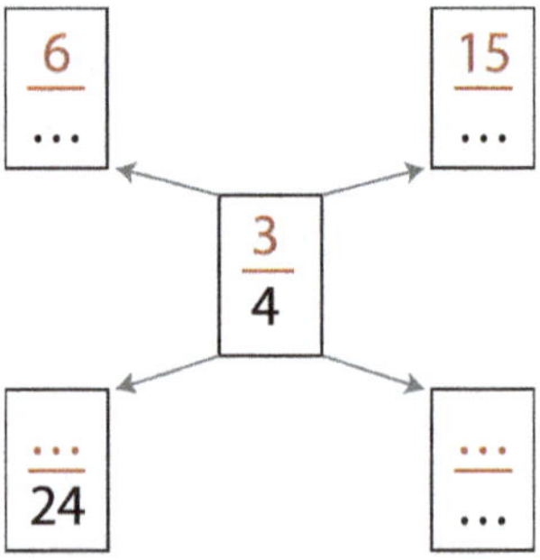

Romain aurait probablement réagi autrement.

La complémentarité de l'espace et du temps

Les priorités opératoires

$3x^2$

L'expression ci-dessus est trompeuse puisqu'écrite et parlée en « *verlan* »

« Le triple du carré de x ».

Elle raconte une double sériation spatiotemporelle qu'il est possible d'expliciter :

... soit par une schématisation linéaire :

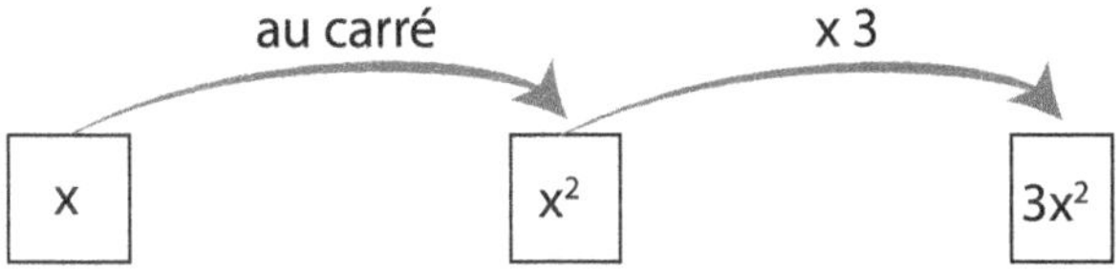

... soit plus spatialement, en inclusions successives, du centre vers la périphérie :

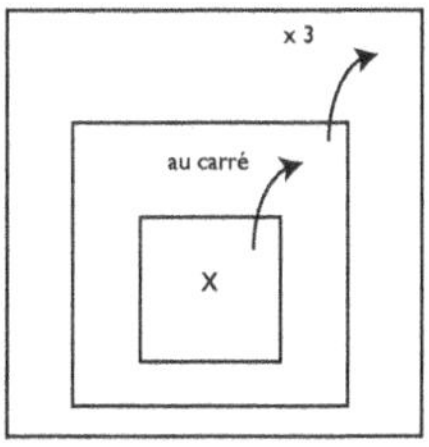

Proposition sera alors faite alors aux élèves de conserver mentalement l'une ou l'autre dimension selon leurs éventuelles préférences.

De l'analyse à la synthèse

Analyse et synthèse sont deux activités mentales différentes, indissociables et complémentaires de la compréhension. Les pratiques pédagogiques font, de fait, traditionnellement plus de place à l'analyse qu'à la synthèse, celle-ci relèverait de la seule initiative de l'élève. Les « bons élèves » s'y adonnent spontanément, sans en être toujours conscients, et c'est bien une des raisons de leur réussite. Tous les autres peuvent y avoir accès pour peu qu'ils en soient avertis, y soient accompagnés et entraînés.

Analyse	Synthèse
Analyser : décortiquer un tout en ses éléments constituants. Analyser un énoncé, un texte, une image, une situation problème,... (Larousse)	« Activité de l'esprit sur des objets de pensée », Dict. Robert. « On admet généralement que la synthèse reconstitue ce que l'analyse avait séparé et qu'à ce titre elle vérifie l'analyse », *Cl. Bernard.*

Lorsque dans leur ouvrage : *Introduction* à *la didactique des Sciences et des mathématiques*[26], J.-J. Dupin et S. Joshua font le parallèle entre « Temps didactique et temps d'apprentissage », ils mettent en évidence l'importance d'intégrer dans le temps didactique des activités susceptibles d'amener l'élève à réorganiser ses connaissances.

Temps didactique et temps d'apprentissage

Le temps didactique	Le temps d'apprentissage
C'est le temps décidé, organisé par l'enseignant. Il l'impose de fait à tous ses élèves qui vivent sensiblement les mêmes activités en même temps c'est un temps linéaire, celui **du professeur.**	C'est le **temps de l'élève.** Il est individuel, personnel : c'est l'élève qui apprend ! Ce temps n'est pas linéaire : apprendre ce n'est pas ajouter des connaissances nouvelles sur des connaissances anciennes. Apprendre, c'est réorganiser sans cesse ce que l'on sait déjà sous l'éclairage de nouveaux apports.

Réorganiser ses connaissances en synthèse consiste à remettre en présence simultanée des connaissances inévitablement reçues dans la successivité du temps didactique. C'est une condition d'accès à l'expertise. L'expert qu'est l'enseignant, dans la matière qu'il enseigne, possède mentalement à chaque instant didactique la globalité du sujet qu'il traite : il a en tête à la fois tout ce qu'il a déjà traité avec ses élèves, tout ce qu'il a l'intention d'aborder dans la séance et tout ce qu'il conviendrait de faire dans l'année scolaire ou dans d'autres classes. S'il se hasarde à communiquer cette globalité dans laquelle il est le seul à évoluer mentalement, s'il réalise une synthèse devant ses élèves, ce n'est pas pour autant que ceux-ci l'auront intégrée : la synthèse, comme toute opération de l'esprit, ne se reçoit pas de quelqu'un, elle

26. J.-J. Dupin, S. Joshua, *Introduction à la didactique des Sciences et des mathématiques,* PUF, 2003.

doit être agie mentalement, de façon singulière, par la mise en œuvre de liens logiques spécifiques. L'enseignant ne peut donc que la solliciter et l'accompagner en éveillant ses élèves à l'observation de leur activité mentale. Il peut, pour ce faire, utiliser des supports didactiques tels que les **« schémas centrés »** (schémas heuristiques ou mandalas) pour amener une dimension spatiale à des pratiques inévitablement temporelles et sur lesquels il sera plus aisé pour chacun de mettre en relation les différents constituants d'un concept ou d'un sujet d'étude. Ces supports feront travailler les deux hémisphères cérébraux, en particulier l'hémisphère droit trop oublié dans nos pratiques scolaires. Ils illustreront au fil de leur construction l'itinéraire mental de rassemblement des éléments précédemment séparés dans la tête des élèves et seront l'occasion d'un « remue-méninges » intéressant pour l'accès à une mobilité de pensée.

Le schéma centré n'est pas un but en soi, il peut paraître brouillon, incomplet, insatisfaisant, ce qui importe c'est le travail mental qu'il suscite et qu'il accompagne : il faut le voir comme un **moyen** de l'activité cognitive d'analyse et de synthèse. C'est un « outil psychologique » (Vygotski) d'aide au développement de la pensée synthétique et holistique. Il nécessite une très grande mobilité de liens logiques (P 3) et permet à beaucoup d'élèves de se créer le cadre mental spatial dont ils ont tant besoin.

Protocole d'une activité de synthèse

➠ Présentation des objectifs de la séance

- *Pour-quoi ?* pour faire le point sur une notion.
- *Pourquoi ?* Faire travailler tout son cerveau : hémisphère gauche et hémisphère droit, acquérir une plus grande maîtrise, donc de la sécurité et de l'assurance en situation de devoir ou de contrôle.
- *Comment on va procéder ?* Chacun va essayer de retrouver ce qu'il sait, tout en observant comment cela se passe dans sa tête (en images visuelles concrètes, abstraites, immobiles ou en mouvement, colorées ou non, en sons ou en mots, etc.) puis on procédera à une mise en commun pour construire ensemble un schéma qui sera une trace du travail. Cette fiche de synthèse sera à apprendre pour compléter et organiser ce que chacun avait déjà acquis, elle sera une fiche de révision pour des contrôles à venir.

1. Temps d'évocation silencieuse sur le concept

« Laissez revenir tout ce que vous savez sur... »,

ce temps de silence évocatif peut ne pas être très long, il est indispensable pour permettre à tous de faire un retour sur leurs acquis et éviter que ce soient toujours les mêmes élèves rapides qui prennent la parole.

2. Dialogue pédagogique sur les objets de pensée
« Comment cela vous revient-il ? (images, sons, mots, schémas, ressentis, mouvements, etc.) »

L'observation renouvelée de la forme personnelle des évocations permet à chacun de découvrir ce qui est présent spontanément, mais aussi ce que d'autres font peut donner des idées d'autres formes à expérimenter pour enrichir ainsi sa « palette évocative ».

3. Dialogue sur le contenu
Après avoir laissé chacun noter ce qu'il a retrouvé, il interroge la classe : « Qu'est-ce qui vous revient ? »

4. Début de schéma heuristique pour collecter les découvertes individuelles. (Ce schéma peut être précédé d'une collecte « en vrac » ou d'une liste écrite sur un côté du tableau, à la suite de quoi l'enseignant peut questionner la classe sur des idées de regroupement pour amener la réorganisation spatiale.)

5. Expression du ressenti sur le schéma (dialogue). Ce dialogue est important pour que soient exprimées par certains élèves d'inévitables réticences face à une forme nouvelle. L'enseignant se doit d'insister sur son utilité en tant que *moyen d'une activité mentale intense.*

6. Les élèves recopient le schéma sur feuille blanche, en y adjoignant (immédiatement ou à la maison) des couleurs, des symboles et signes personnels, des petits dessins pour se faire plaisir et faire travailler leur hémisphère droit. L'enseignant peut parfois, sur des synthèses simples, prévoir un squelette de schéma qu'il distribue alors pour que chacun le complète à partir de celui du tableau.

7. Appropriation

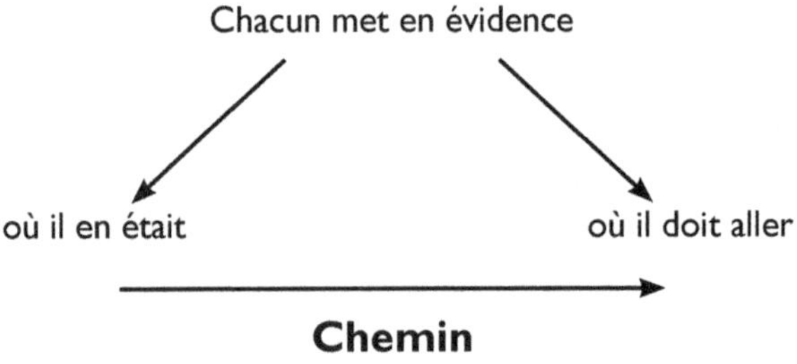

Ce temps d'autoévaluation est essentiel pour prendre conscience de l'écart individuel entre ce qui est à peu près acquis (je sais des choses !) et ce qu'il y a à compléter (je ne sais pas tout !) : il met les élèves *en projet* d'aller plus loin et donne à l'activité la dimension de futur que certains d'entre eux ne se donnent pas spontanément, habitués qu'ils sont à rester mentalement dans le présent de la séance.

8. Mise en projet de mémorisation du schéma

Une telle activité réactive et approfondit la compréhension, mais si cette compréhension n'est pas mémorisée, projetée dans le futur, elle ne reste pas. Comprendre se situe « ici et maintenant », mémoriser : c'est se donner « un ailleurs et un plus tard » permettant la réutilisation de sa compréhension.

9. Il est tout à fait possible d'envisager une **« évaluation de connaissances »** sous la même forme en donnant le schéma à compléter, ou une « évaluation de compréhension » en demandant l'appropriation des notions sous forme d'exemples, de phrases, d'exercices simples en laissant dans le schéma des zones vides (bulles ou autres...). Ces documents supports d'interrogation doivent rester sobres pour que la correction en soit rapide.

➠ Prolongement

Faire entrevoir d'autres utilisations possibles du schéma heuristique dans toutes les matières.

Certains élèves ne voient pas l'utilité du schéma centré dans une matière soit parce qu'ils y sont déjà très efficaces ou au contraire installés dans un échec qu'ils pensent irréversible. On peut leur montrer que le schéma heuristique pourrait par exemple les aider à trouver des idées ou à les organiser pour une rédaction, une dissertation, un exposé, mais aussi à faire une fiche de lecture, une fiche de révision sur un long chapitre d'histoire ou d'économie...

L'aspect transversal de l'outil est à mettre en évidence pour que chacun puisse trouver un terrain personnel d'expérimentation.

Créer une **émulation** par l'échange des productions individuelles en créant par un « dossier-échange » dans la classe et en notant positivement toutes les initiatives qui seront prises dans ce sens.

Les élèves vivent leurs apprentissages scolaires comme autant d'épisodes bien séparés les uns des autres. Ils découvrent des notions dans la succession des épisodes d'un cours, d'une année scolaire... Leur permettre, lors d'activités collectives ou individuelles, d'agir mentalement la mise en présence simultanée de tous ces éléments est essentiel. Ils expriment alors leur satisfaction comme Sophie en classe de 4e : « Enfin, j'y comprends quelque chose ! ».

Ils vivent ces synthèses dans des sentiments mélangés de cohérence, de maîtrise, et de puissance, autant d'impressions positives susceptibles de nourrir leur motivation.

Quelques exemples de fiches de synthèse en collège et lycée

Ces fiches ne sont évidemment pas directement utilisables avec les élèves, elles ne sont que des exemples de « **traces** » d'activités de synthèse menées en classe par l'enseignant pour mobiliser, de façon la plus interactive possible, la synthèse des cours de l'année, voire même de plusieurs années scolaires.

Fiche à compléter

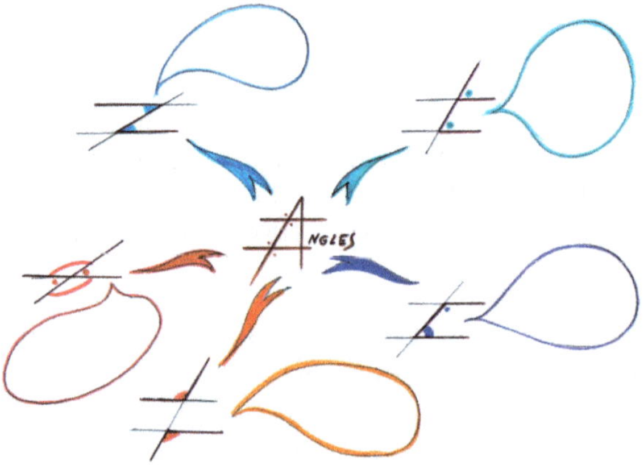

Les fractions

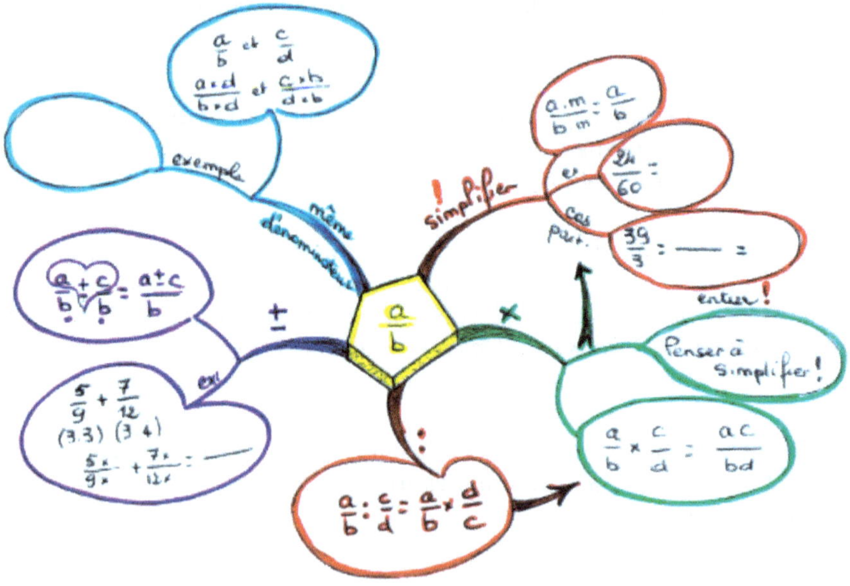

Si la fiche précédente est le résultat d'une activité de classe, chaque élève sera encouragé à mettre en évidence ce qu'il possédait déjà pour aussi repérer ce qu'il pourrait compléter dans sa mémoire car la fiche est à apprendre. Elle pourra d'ailleurs faire l'objet d'une évaluation.

Une histoire de carré

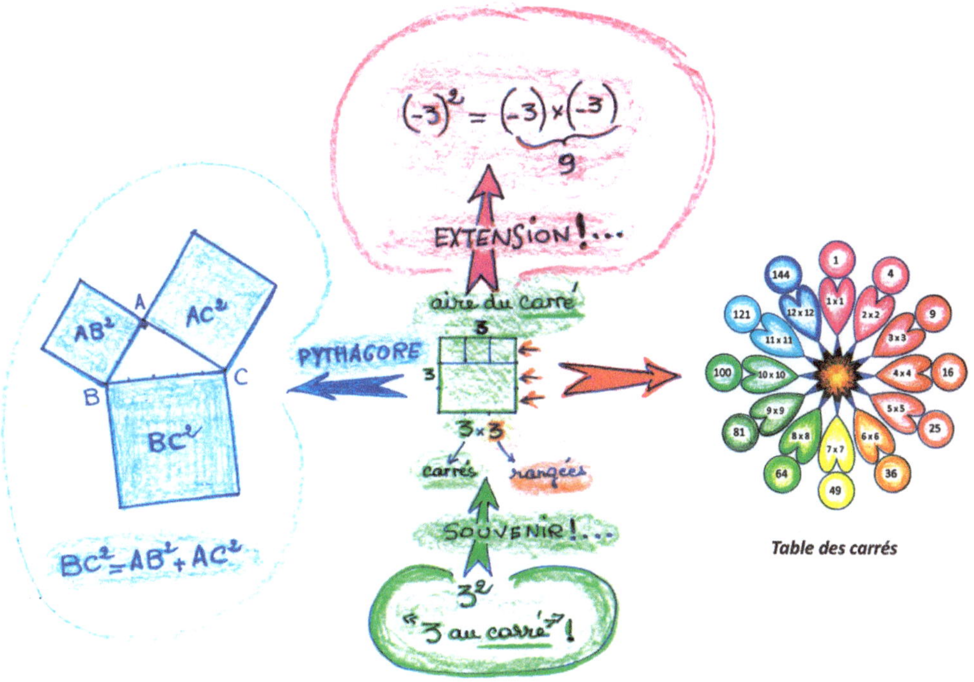

Table des carrés

Les fonctions

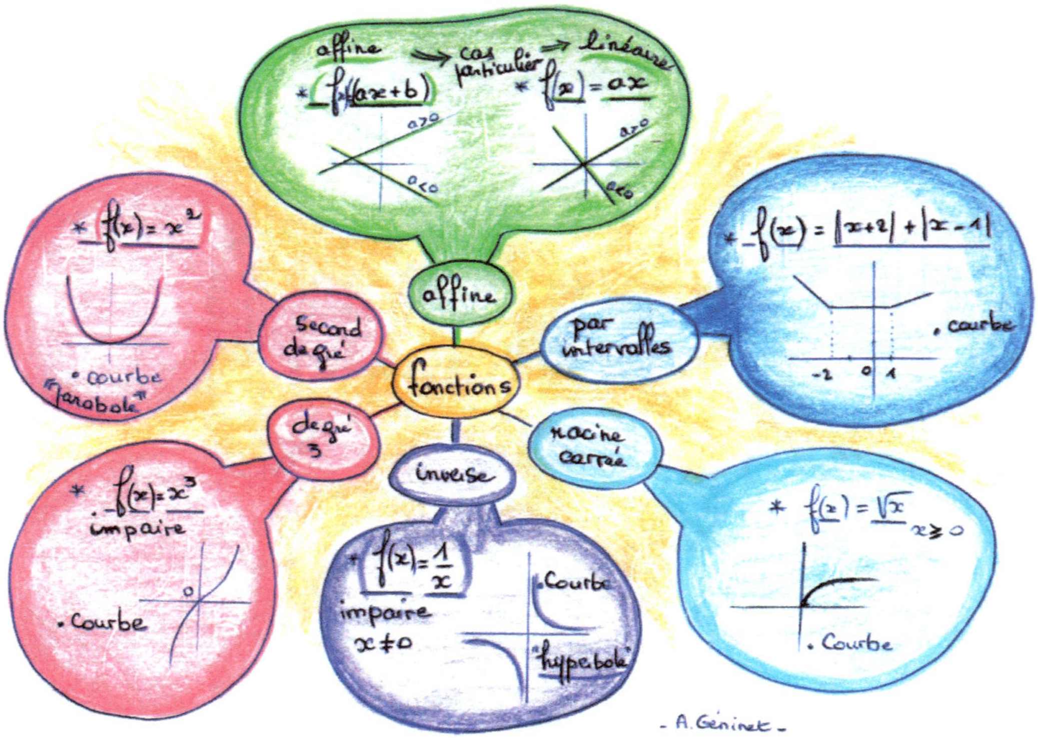

4 « déguisements » de « x »

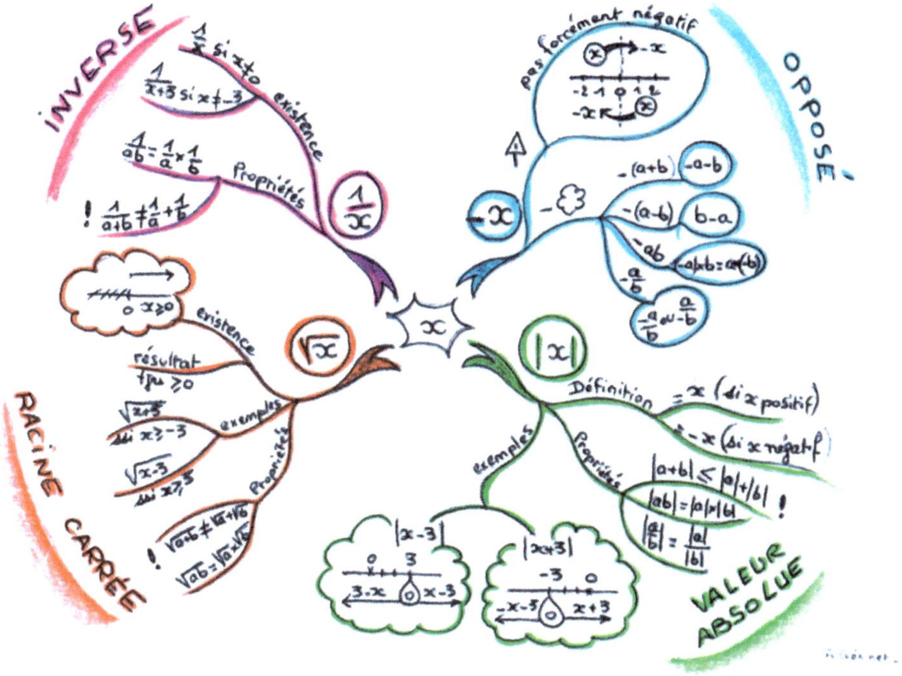

De toute la richesse et la motilité de la culture du mathématicien dépendent la qualité de sa réflexion et de sa compréhension.

Le cadre mental de la compréhension

> *« C'est seulement dans l'espace ou dans le temps qu'on découvre un sens aux choses et aux êtres (…). C'est quelque chose, en effet, d'essentiel de savoir que certains sujets ne cadrent leur intuition du sens que dans le temps et d'autres que dans l'espace. »*
>
> A. de La Garanderie[27]

Chacun d'entre nous a ses préférences cognitives. Lorsque nous avons abordé la compréhension du cm^2 », nous avons pu observer combien Guillaume inscrivait son processus dans le cadre du **temps** en y traitant les indices un, cm, puis carré dans la successivité :

27. A de La Garanderie, *Comprendre et imaginer,* Bayard, 1991.

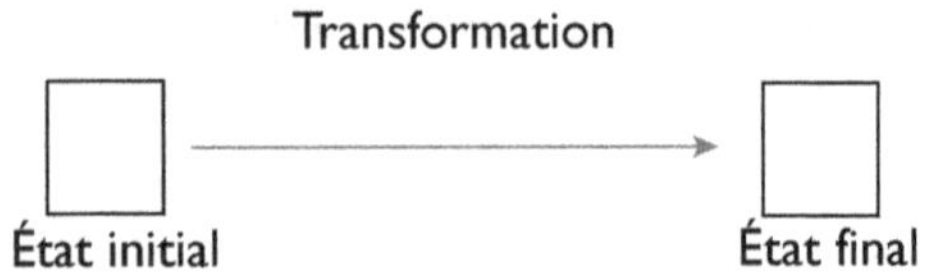

D'autres, comme David, vont inclure les trois indices dans un espace qui les contient tous simultanément, en jouant des liens d'attribution (3 est attribué à cm et le tout inclus dans l'espace du carré), souvent même dans l'ordre où ils sont nommés. On entrevoit les conséquences pour l'application des priorités opératoires : Dans $3x^2$, David va régulièrement être tenté de multiplier 3 par x avant d'élever le tout au carré.

L'efficacité de la compréhension se situe dans la complémentarité de l'espace et du temps :

Dans la compréhension de sujets plus complexes, Guillaume, pour ne pas se perdre dans son extrême linéarité, gagnera à intégrer dans ses évocations des espaces ou des impressions spatiales. David, souvent envahi par la globalité d'un espace final qui contient aussi l'état initial, risque d'avoir quelques difficultés à gérer les différentes étapes d'un calcul algébrique ou d'une démonstration. Celui-ci aura besoin de décomposer son espace global pour en distinguer des étapes. Il ne sait pas toujours par où commencer.

Tous les deux auraient besoin, dans la successivité de leurs apprentissages des mathématiques, que leur soient présentées des « **globalités d'accueil** ».

Les enseignants savent l'importance d'annoncer dans leurs cours des contenus de programmes et des objectifs, ce que nous leur proposons ici est complémentaire et un peu différent : il s'agit d'introduire, en début d'année, de séquence ou de cours, des présentations spatiales centrées qui mettent en présence simultanée, effective comme dans la fiche « triangle rectangle » ou potentielle comme pour les « droites remarquables », l'ensemble des concepts mathématiques qui y seront abordés dans l'inévitable linéarité du temps didactique. Ces globalités doivent être sobres, en schémas heuristiques ou en mandalas, pour ne pas donner l'impression d'une surcharge de contenu. Elles seront en quelque sorte des anticipations de ce que pourront être les synthèses dont nous avons signifié l'importance. En voici deux exemples :

Les droites remarquables dans le triangle

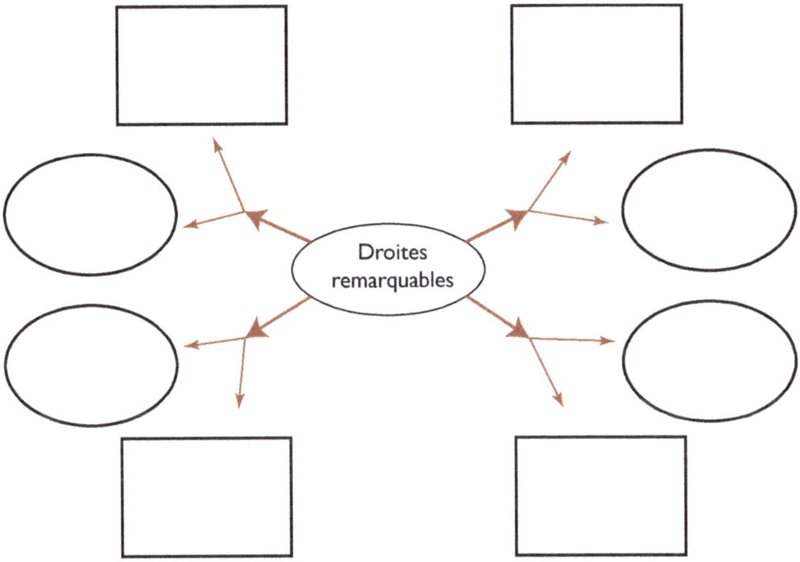

Les 4 branches sont destinées à la bissectrice, la médiane, la médiatrice et la hauteur et les rectangles et les bulles accueilleront les définitions et les illustrations.

Les documents utilisés peuvent, comme celui-ci, être quasi vides au départ et complétés au fil du déroulement du (ou des) cours.

La fiche suivante est censée couvrir plusieurs chapitres, dont certains ont pu être déjà abordés, sur peut-être plusieurs classes. Chaque enseignant peut adapter ces documents en fonction de son actualité didactique.

Le triangle rectangle

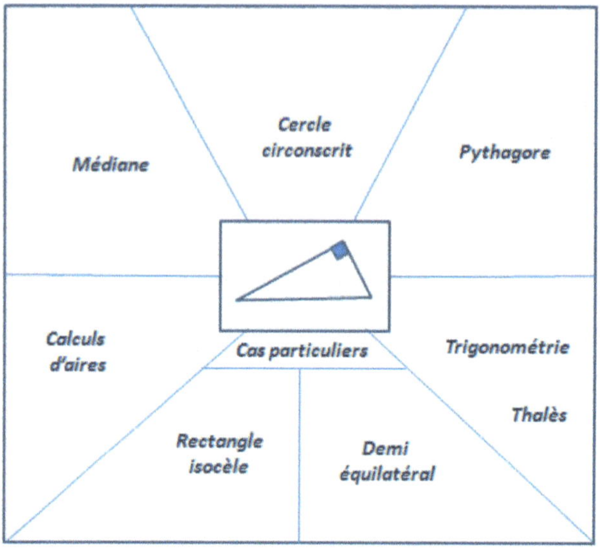

Ces globalités d'accueil seront utiles à tous les élèves, qu'ils fonctionnent de façon excessivement temporelle comme Guillaume pour s'ouvrir à l'espace ou excessivement spatiale comme David pour une ouverture au temps, mais aussi à tous les autres qui ont des fonctionnements spatiotemporels moins marqués. Chacun en tirera profit, mais pour des raisons différentes.

Élève à dominante temporelle	***Élève à dominante spatiale***
Présentation du document en tout début d'apprentissage.	
L'élève peut entrevoir *là où il va !* C'est une ouverture à l'état final.	L'élève aime savoir combien il y a de contenus pour « doser son énergie ». Il entrevoit *le temps nécessaire* pour visiter tout cela.
Reprise du document en cours d'apprentissage.	
L'élève « recolle les morceaux » **POSE** le « déjà fait ». Repère où il est.	L'élève revisite les étape déjà parcourues. Il envisage le temps de ce qui reste à faire. Il fait une **PAUSE** et reprend son souffle.
Reprise finale du document.	
L'élève vit un sentiment d'*harmonie* de l'ensemble et de *cohérence* des liens. Il met de l'espace dans son temps !	L'élève vit un sentiment de logique de déroulement. Il met du temps dans son espace !

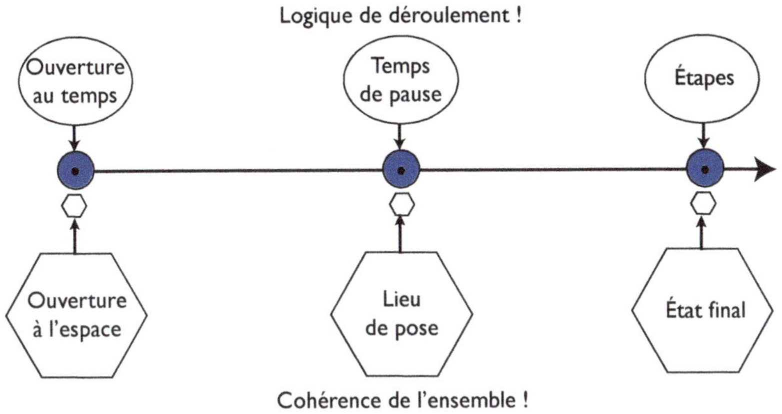

Deux projets de compréhension : appliquer et expliquer

Lorsqu'on demande à des élèves de collège ce qu'est pour eux « comprendre les maths », ils répondent de façon quasi unanime : « Savoir faire des exercices. » Si on les interroge un peu plus précisément : « Comment savez-vous que vous avez compris un exercice ? » ils répondent tout aussi unanimement : « Si je sais le refaire. »

Si on les accompagne dans la résolution d'un exercice, en particulier en algèbre, on observe effectivement qu'ils savent faire. Demandons-leur *pourquoi* ils font tel calcul, ils restent sans réponse ou alors ils se justifient en disant : « J'ai le droit de le faire. » Ils ont par exemple acquis la technique de simplification dans un produit de fractions et expliquent en disant : « J'ai le droit de barrer si j'ai le même nombre en haut et en bas », ne nous étonnons pas alors qu'ils procèdent de la même façon dans une somme de deux fractions. En correction de l'exercice, ils mettent leur erreur sur le compte de l'étourderie. L'excuse est un peu rapide. Trop d'élèves à l'école et au collège mettent en place des stratégies excessivement appliquantes. Celles-ci peuvent les rendre efficaces pendant parfois plusieurs années, il est rare qu'elles résistent au passage au lycée.

Appliquer et expliquer sont deux projets de compréhension différents mais complémentaires

Le cours de mathématiques contient des développements explicatifs, ainsi que des lois, formules, des théorèmes et définitions à appliquer. Si on interroge des collégiens et lycéens en difficulté en maths sur la façon dont ils travaillent, ils font état de répétitions d'exercices. Ceux qui apprennent le cours (ils ne sont pas nombreux) n'attachent d'importance qu'aux théorèmes, lois et formules, c'est-à-dire aux résultats du cours. Rares sont ceux qui font un retour sur le cheminement explicatif du professeur. S'ils le font, c'est plus dans un projet de compréhension que de mémorisation.

Les élèves de collège et lycée ne mettent pas spontanément en place un projet de mémorisation, ils ne le font que lorsqu'ils « tombent » sur un enseignant qui donne des interrogations de leçons. Si l'enseignant n'interroge pas sur le cours, force est de constater qu'ils ne l'apprennent pas. Si les acquis se limitent à des savoir-faire, il ne faut pas s'étonner que la compréhension ne soit qu'appliquante. Aidons les élèves à modifier leur culture mathématique pour qu'ils élargissent leur projet de compréhension. Cela suppose que la mémorisation reprenne une place importante dans l'apprentissage des mathématiques. Il est important que tous les enseignants se mobilisent pour réhabiliter une mémorisation élargie au service de la compréhension. Nos élèves ne le feront pas tout seuls.

La **démarche appliquante** se positionne dans l'après la loi : à quoi peut-elle servir ? Comment l'utiliser ? Dans quelles circonstances ? C'est le **POUR - QUOI** de la loi !

La **démarche expliquante** se préoccupe de l'avant la loi : d'où vient-elle ? Quels sont son origine, sa justification, ses fondements ? C'est le **POURQUOI** de la loi !

Pour accentuer la dimension expliquante, le professeur devra régulièrement interroger ses élèves sur ce « pourquoi ? ». Il devra être très clair sur ses exigences : le cours est à apprendre ! Apprendre un cours de mathématiques c'est aussi être capable d'en refaire le cheminement **explicatif** dans une indispensable visée d'argumentation de futurs raisonnements.

Les présentations de lois intégreront explicitement la dimension explicative, par exemple sous *forme triangulaire :*

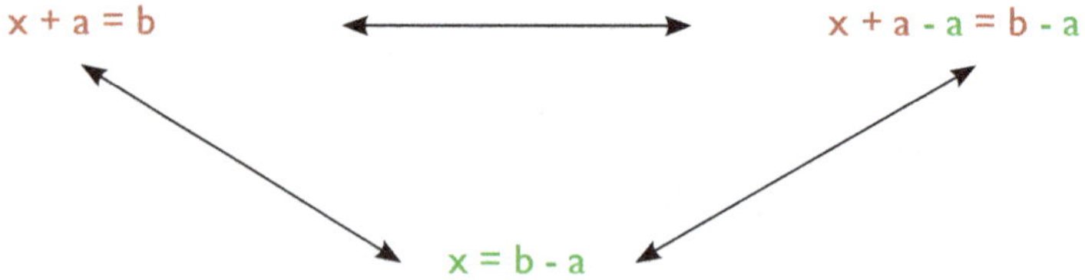

Ou encore plus globalement en schémas centrés.

Résoudre des équations

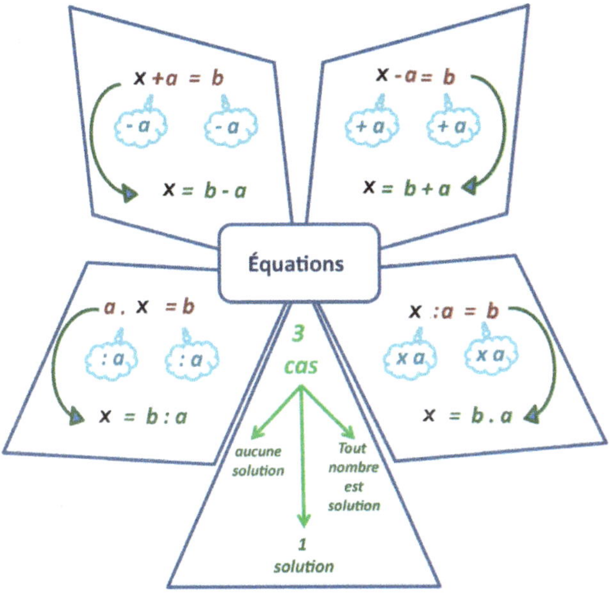

Ses explications s'appuieront chaque fois que possible sur du CONCRET pour solliciter la logique du monde de la réalité :

Dans l'exemple ci-dessus, qui nécessite un lien logique d'analogie/équivalence de deux égalités, l'enseignant pourra faire évoquer l'équilibre de la balance de Roberval. Toute transformation sur l'un des plateaux devra aussi être effectuée sur l'autre plateau pour conserver cet équilibre. (Il faudrait déjà s'assurer que tous les élèves aient bien la connaissance de cette balance, ce qui n'est actuellement pas évident).

Et pour la présentation des « identités remarquables, on a aussi 2 choix possibles.

Appuis d'explication concrets ou abstraits

Appui sur le monde mathématique et la distributivité de la multiplication par rapport à l'addition :

$$(a + b)^2 \longleftrightarrow (a + b)(a + b) = a^2 + ab + ab + b^2$$

$$a^2 + 2ab + b^2$$

Appui sur le monde de la réalité

Dialogue collectif introduisant des temps silencieux entre la question et la réponse pour que chaque élève puisse évoquer la situation avant de donner son avis :

- « Pourquoi 3^2 se dit 3 « au carré » ?

Réponse :

Souvenir de l'aire d'un carré de 3 de côté !

- « Alors que serait : $(a + b)^2$?

Réponse :

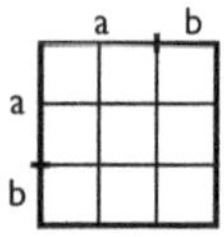

- « Comment pourrait-on calculer l'aire d'un tel carré ?

Réponse :

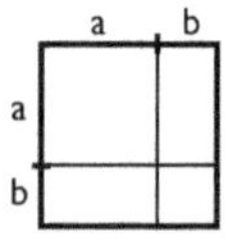

- Calculons alors l'aire de ces 4 parties du carré initial : $a^2 + ab + ba + b^2$

Réponse :

$a^2 + 2ab + b^2$

Donc : $(a + b)\ 2 = a^2 + 2ab + b^2$

Ces deux approches explicatives ne relèvent pas de la même logique mentale : la première prend appui sur des évocations en paramètre 2, la seconde peut s'ancrer dans des évocations de réalité en paramètre 1. Nous avons déjà insisté sur l'importance des références au monde réel en mathématiques pour que tous ces élèves dont c'est le lieu de sens continuent à vivre le plaisir de la compréhension et ne décrochent pas prématurément !

Ceci peut aussi être adapté aux deux autres identités remarquables, en schéma, c'est un peu plus complexe, mais le faire en découpage dans du bristol peut être intéressant.

Revenons un moment sur les équations et les identités remarquables. Toutes deux utilisent le signe « = », mais celui-ci n'est pas porteur du même sens ! Dans les équations, il parle une ***analogie interrogative*** *(quel nombre peut habiter le « costume » x pour que l'égalité soit vraie ?)* Dans les identités remarquables, comme le mot « identité » le signifie, il raconte une ***fusion*** *(comme dans* 3 x 4 = 12, *puisqu'il s'agit de deux écritures d'une même expression*. Voici donc un nouvel exemple de symbole polysémique : le signe « = » aura au moins 4 significations en mathématiques, imposant des liens logiques différents !

Polysémie du signe « = »

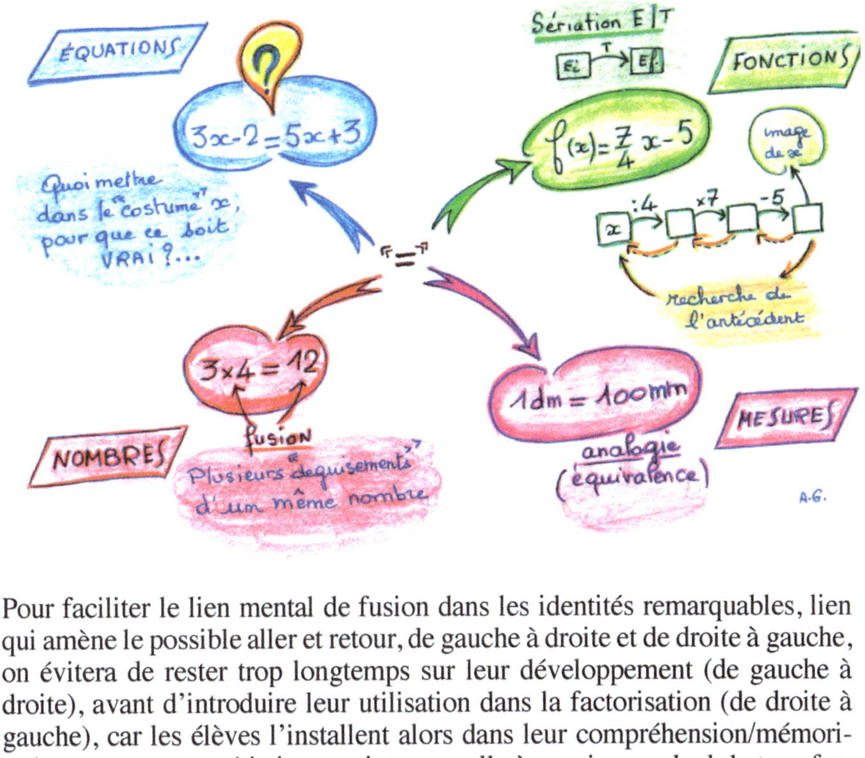

Pour faciliter le lien mental de fusion dans les identités remarquables, lien qui amène le possible aller et retour, de gauche à droite et de droite à gauche, on évitera de rester trop longtemps sur leur développement (de gauche à droite), avant d'introduire leur utilisation dans la factorisation (de droite à gauche), car les élèves l'installent alors dans leur compréhension/mémorisation comme une sériation spatiotemporelle à savoir un calcul de transformation d'un état initial (produit) pour obtenir une somme algébrique (état final). Installer un tel processus applicatif dans ses évocations rend difficile le changement de point de vue. Pourquoi ne pas présenter les deux activités en même temps et alterner les exercices dans les *deux visées* applicatives ?

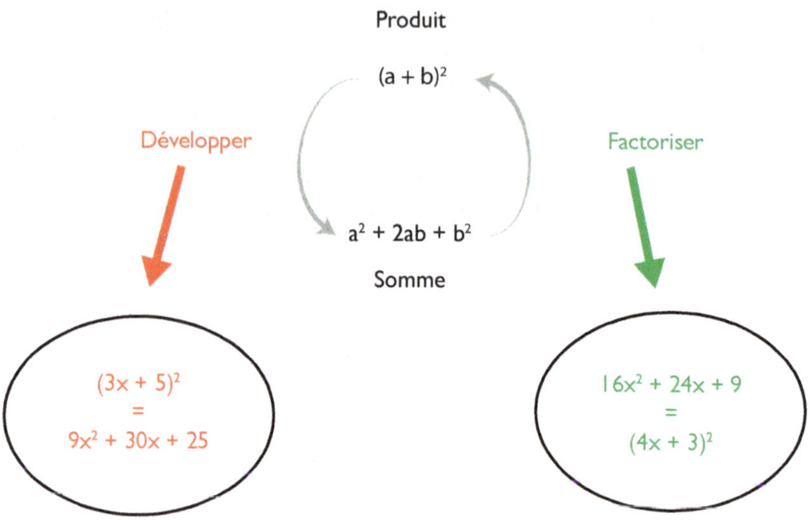

Insistance sera mise sur le vocabulaire !

« Développer », c'est transformer un produit en somme algébrique *(enlever les enveloppes)*.

« Factoriser », c'est transformer une somme algébrique en produit *(mettre sous enveloppes)*.

Ces définitions seront données à mémoriser.

Ce n'est pas parce que les deux démarches seront posées simultanément que les élèves les confondront davantage, bien au contraire, le fait de les juxtaposer permet aux collégiens d'en repérer à la fois les similitudes et les différences et de les comprendre l'une par rapport à l'autre. Outre les dimensions appliquante et expliquante de la compréhension, nous avons déjà eu l'occasion d'en aborder les tendances « opposante » et « composante » qui font que les uns privilégient les différences quand d'autres accentuent l'émergence des similitudes. Nos préférences cognitives individuelles influencent considérablement tous nos actes mentaux et en tout premier lieu notre compréhension, geste subjectif s'il en est.

Il nous faut ajouter que notre compréhension sera aussi fortement influencée par notre imagination créatrice et ses visées de sens, telle que nous l'avons présentée dans le premier chapitre. L'imagination créatrice nous amène à viser prioritairement la découverte de ce qui est présent dans la perception, mais qui demeure encore caché, ou l'invention de tout ce qui pourrait encore être fait par rapport à cette présence. Suivant leur préférence individuelle, les élèves vont vivre différemment leur sentiment de compréhension : ceux qui sont plus dans la découverte peuvent être très, voire trop rapidement, satisfaits de leur compréhension, ceux qui sont plus dans l'invention peuvent rester longtemps insatisfaits. Les premiers placent leur compréhension dans leur passé : « C'est fait ! » les autres dans leur futur : « Il y a encore certainement autre chose à comprendre ! »

Sans installer nos propos dans une quelconque typologie, dont Antoine de La Garanderie s'est toujours défendu, nous ne pouvons ignorer toutes ces tendances individuelles afin d'aller à la rencontre de toutes ces logiques, sans jugement, avec la seule intention d'amener chacun à découvrir ce qui fait sens pour lui et l'accompagner à une ouverture à d'autres logiques pour gagner en puissance de compréhension. C'est le pouvoir de notre **imagination créatrice** que de nous ouvrir à d'autres logiques que celles qui nous sont spontanées.

Chapitre 12

Accompagner la réflexion de l'apprenti mathématicien en collège et lycée

La *réflexion* est le geste mental qui permet de mobiliser des acquis et de trier parmi ceux-là, celui ou ceux qui sont susceptibles de résoudre un problème ou de réajuster la compréhension d'un énoncé ou d'un concept.

Réfléchir en mathématiques inclus le plus souvent *l'Attention* du mathématicien telle que nous l'avons décrite et la *Compréhension* à la fois appliquante et expliquante des concepts à mobiliser. Ces trois gestes doivent, en complémentarité, être dynamisés par l'imagination créatrice pour faire face à des situations-problèmes de moins en moins répétives en lycée ou inédites, ce qui risque d'être le cas le jour de l'examen.

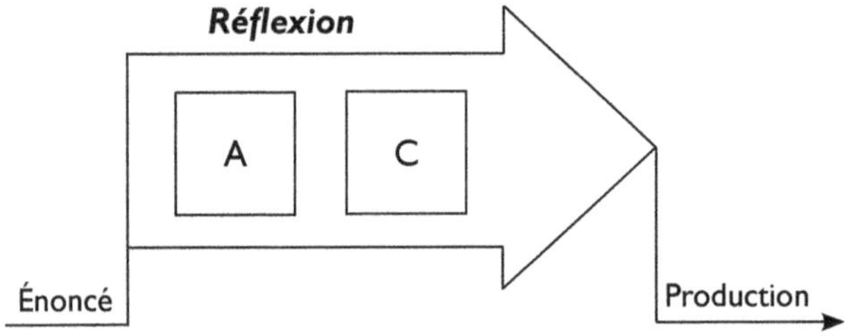

Ces 3 gestes mentaux nécessitent la présence mentale d'une culture riche, organisée, non cloisonnée dont la responsabilité tient au processus de *mémorisation*.

Le rôle des enseignants

La pratique des enseignants est doublement influencée par leurs parcours scolaires et par leurs profils cognitifs.

Dans les parcours scolaires, il faut faire la différence entre les professeurs des collèges et lycées et les professeurs des écoles. Les premiers, anciens bons élèves, experts en mathématiques ont mis en place depuis fort longtemps des habitudes cognitives automatisées, non déclaratives donc, par définition, difficile à expliciter et encore moins à communiquer. Ils sont en quelque sorte « amnésiques » des étapes de la constitution de leurs expertises. Ce peut être aussi le cas de certains professeurs des écoles, mais d'autres, même s'ils ont des connaissances reconnues, ne serait-ce que par la réussite au concours, n'ont pas forcément l'aisance liée à cette culture d'expert. Ils n'en sont pas pour autant de mauvais enseignants en maths. Tous devront, de toutes les manières, rejoindre les logiques individuelles parfois surprenantes de leurs élèves « apprentis mathématiciens ».

Tous ces enseignants n'ont pas non plus conscience de leurs *profils cognitifs, en particulier des « projets de sens »* qui les animent : sont-ils plus tournés vers l'opposition ou la composition cognitive, la découverte ou l'invention, dans leurs processus de compréhension, l'application ou explication, etc. ? Or ces tendances vont subtilement influencer leur pratique. Ne le déplorons pas trop vite car rencontrer des enseignants fort différents peut aussi être source d'enrichissement... tant que cela ne provoque pas de blocage et/ou de rupture de sens !

Constats

Il nous faut bien constater la dominante appliquante de l'enseignement des mathématiques surtout à l'école et au collège, pour le plaisir de certains élèves d'ailleurs : ils savent faire et cela les réjouit, mais jusqu'à quand ? D'autres ne s'y retrouvent guère et décrochent très vite d'une démarche à laquelle ils disent ne rien comprendre. Ils se posent des « pourquoi ? »

– Voici *Gaspard* à qui l'enseignant demande : *« Quel est le nombre suivant* 49 », il dit « 48 », puis se reprend et dit *« 50, je sais que c'est 50 parce qu'on a fait beaucoup d'exercices »*, manifestement ça l'énerve ! Il applique les modèles déjà rencontrés, mais ne comprends pas pourquoi. Questionné sur comment il pense l'exercice dans sa tête, il dit : *« Je vois une file de gens qui suivent quelqu'un et le* 49 *dit au* 48, *suis-moi, tu es le suivant ! »*

– Et *Élise* qui réclame à son orthophoniste de travailler sur le rectangle car elle n'a pas compris : *« Le prof m'a dit qu'il avait* 4 *angles droits ! »* Mais elle, face à un bureau rectangulaire en face d'elle dans la pièce désigne 2 angles droits et 2 *« angles gauches »* !

– Ou encore *Nicolas* qui insiste sur le fait que « deux droites parallèles ont un point commun » !

– Et enfin cet étudiant en master 2 de Sciences de l'éducation qui, face à son enseignant, qu'il sait être professeur de maths, après une longue discussion sur les similitudes et différences des quadrilatères finit par ponctuer : *« OK, le rectangle peut être carré, mais le carré n'est pas un rectangle ! »*

Toutes ces réponses ont cependant une logique intrinsèque. C'est le « dialogue pédagogique » qui nous aidera à la découvrir pour qu'elle soit reconnue et validée par l'apprenant. Reconnaître la validité d'un point de vue est fondamental pour en accompagner le changement.

Pour sortir de sa logique excessivement spatiale (sa file de gens est un espace orienté par le sens de la marche), *Gaspard* peut être accompagné en évocation du temps de l'écriture de la suite des nombres ou celui de la récitation orale de cette suite : quel serait, dans ces 2 contextes temporels, le nombre suivant 49 ? En effet, le mot « suivant » peut se comprendre dans l'espace orienté aussi bien que dans le temps. Reconnaissons que la consigne de l'exercice laisse ce contexte temporel dans l'implicite. *« Oui, mais l'élève devrait le savoir ! ? »* Nous n'oublierons jamais que se poser des questions est une preuve d'intelligence. C'est justement lorsque l'élève ne s'en pose plus que nous devons nous inquiéter.

Élise a bien raison de repérer des angles à droite et des angles à gauche, non ? *Nicolas* a raison, il peut s'exprimer ainsi en français (ce sera même vrai en maths car ces droites auront la même direction), mais pas en « mathématicain ». Quant à cet étudiant, il gagnera à s'interroger sur la place de l'opposition (préférence des différences dans le processus de comparaison) dans sa compréhension, surtout s'il se destine à l'enseignement.

La découverte par chaque enseignant de ces aspects de son profil cognitif lui permettra de s'en mettre à distance et de s'ouvrir plus facilement à d'autres logiques que la sienne propre. Nous pouvons formuler ce souhait pour tous les enseignants et pas seulement en maths. Se pose alors le problème de la formation des enseignants !

Attitudes

Tous les enseignants, soucieux d'aider leurs élèves, vont faire œuvre d'imagination en leur proposant des outils et des « méthodes », en voici quelques exemples :

Tel professeur de CE2 propose à ses élèves, pour mémoriser plus facilement la table de 9, de compter de 9 en 9, c'est-à-dire d'ajouter une dizaine et d'enlever une unité : 9, 18, 27, 36, etc.

Tel professeur de 4e, fournit en début d'année à tous ses élèves un « catalogue de théorèmes » *(sic)* à consulter chaque fois qu'ils devront rédiger une démonstration.

Tel autre, toujours en 4e, pour la même raison, va mettre en forme, une méthode en 3 étapes :

1. Bien lire l'énoncé.

2. Faire parler la figure en utilisant des symboles mathématiques.

3. Choisir le « bon théorème » *(sic)*.

Toutes ces propositions relèvent de la même croyance naïve : cela va les aider !

Les 2 premières propositions ont un effet pervers : elles vont à l'encontre du nécessaire processus de mémorisation, avec la mise en relation des différentes lois et l'anticipation mentale des lieux et occasions d'utilisation. Dans la troisième, l'enseignant sait-il comment, lui, fait pour trouver le « bon théorème » ? S'est-il interrogé sur son processus de récupération de ses mémoires ?

Tous sont démunis par manque de connaissance des processus mentaux incontournables de la mémorisation des tables de multiplication, de la compréhension/mémorisation des théorèmes, définitions, et autres lois ainsi que de la réflexion en géométrie et en algèbre. Ces connaissances à la fois théoriques et pratiques vont nous permettre d'autres attitudes pédagogiques et didactiques.

Pour la réflexion et la compréhension ***en algèbre,*** nous aborderons le calcul algébrique, la mise en équation d'un problème et les factorisations.

*En **géométrie,*** nous en développerons les visées de sens, des étapes possibles et des préalables pour accompagner l'apprentissage de la démonstration.

La réflexion en algèbre

Initiation au calcul littéral

Pour que les collégiens continuent à vivre le sens de l'activité mathématique abstraite, nous pouvons une fois de plus réfléchir à une progression spiralée qui s'appuie sur des acquis relativement proches et concrets, les ouvre sans précipitation à la nouvelle notion, en prenant soin d'en expliciter les visées de sens et permette une ouverture sur d'autres acquisitions futures.

(Il n'y a pas d'apprentissage sans la triple temporalité : passé, présent, futur.) Nous avons choisi de prendre ici appui sur le périmètre et l'aire du rectangle dans le plan d'un garage.

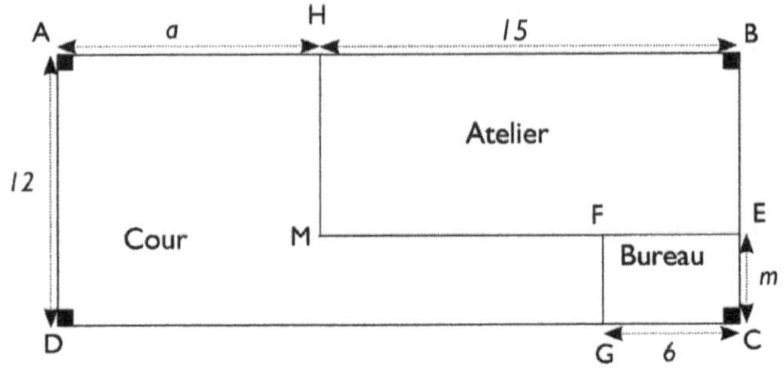

Sur le plan de ce garage, que représentent les expressions suivantes :

- a + 15
- 12 - m
- (m + 6) x 2
- [(a + 15) + 12] x 2, peux-tu l'écrire plus simplement ?

1. Écrire les expressions de :
   - L'aire de l'atelier
   - L'aire du terrain
   - L'aire du bureau
   - L'aire de la cour
2. Et maintenant suppose que a = 10 et m = 4, peux-tu faire tous les calculs précédents ?

L'enseignant peut alors montrer que les expressions littérales permettent de s'adapter à tout changement de valeur de « a » et « m ».

Et pour aller plus loin...

Introduction des fonctions

L'aire du **B**ureau varie *en fonction de* ***« m »,*** elle est *proportionnelle* à *m,* en langage mathématique, on écrit :

B (m) = 6 x m

L'aire de l'atelier est aussi fonction de « m », mais elle n'est pas proportionnelle à m, on écrira : T (m) = 15 x (12 - m) ou plus simplement :

T (m) = 180 - 15 x m

La fonction peut être présentée comme une sorte de « *contrat d'association* » entre deux nombres, il y en a de plusieurs types, la première s'appelle une **« fonction linéaire »** et la seconde une **« fonction affine ».**

Le périmètre d'un rectangle de longueur 12 et de largeur x serait un autre exemple de fonction, mais de quel type ?

Il y en aura d'autres... Imaginons un carré de côté a, son aire sera fonction de « a », on aura donc : ***C (a) = a²*** et ce nouveau type de fonction s'appellera, sans surprise, ***une « fonction carrée ».***

On peut aussi illustrer les fonctions linéaires et affines en prenant des exemples couramment utilisés comme la relation entre l'argent de poche et de bonnes notes > 14, ou encore un abonnement à la bibliothèque en fonction du nombre de livres empruntés, etc.

L'enseignant peut même, s'il le souhaite, amener ici les *représentations graphiques* de ces 3 fonctions en choisissant de le faire, en fonction de la classe, sur les nombres positifs ou relatifs... S'il fait réaliser ces graphiques, ce peut être l'occasion de travailler les liens logiques d'analogie : différences et similitudes. Et s'il décide d'aborder l'aspect linguistique, il pourra s'attarder sur l'expression « *courbes représentatives* » qui va se heurter au sens courant de « courbe » puisqu'en mathématiques, une courbe peut être droite.

Le calcul algébrique

Voici une activité fort complexe que nous avons déjà abordée dans l'acte d'attention tant celle-là demande de vigilance et de mobilité de pensée. Sa complexité réside aussi dans le fait que le moindre calcul algébrique nécessite le retour à de nombreuses lois. Cette activité de réflexion/compréhension peut être comparée à la dictée tant que les élèves n'ont pas acquis suffisamment d'automatismes orthographiques.

Pour que les élèves en prennent conscience et soient armés pour l'autocorrection de leurs erreurs récurrentes, nous proposons de mettre en place une ou des séances d'explicitation des processus à mettre en œuvre et, dans le prolongement, de créer des grilles d'observation pour aider les élèves à analyser et corriger ces erreurs de façon de plus en plus autonome.

Demander aux élèves d'effectuer le calcul qui va suivre en laissant à droite une colonne d'explicitation de toutes les lois appliquées sur les différentes lignes :

Calculer : $A = 2xy^2 - 3x^2y$ pour $x = -1/2$ et $y = 2/3$

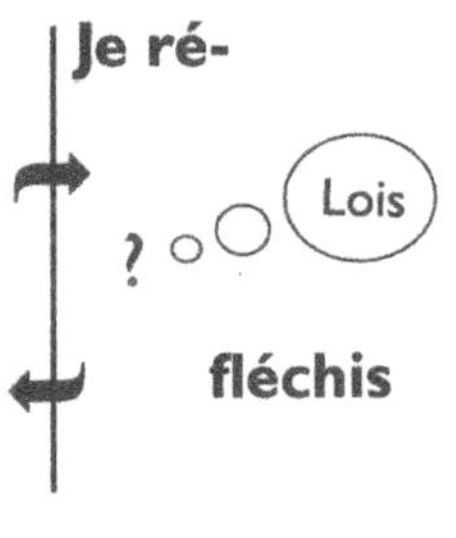

Ce calcul peut sembler simple au spécialiste, il n'empêche que lister toutes les lois à mobiliser pour l'effectuer met en évidence la maîtrise d'au moins une bonne dizaine de lois :

- priorités opératoires ;
- « règle de signes » ;
- écriture fractionnaire d'un entier ;
- simplification d'une fraction ;
- réduction de plusieurs fractions au même dénominateur ;
- addition et soustraction des fractions ;
- produit de deux fractions ;
- produit d'un entier par une fraction ;
- puissance d'une fraction ;
- associativité de la multiplication.

Rien ne justifie la présentation linéaire que nous venons de faire puisque ces lois seront rarement à appliquer dans cet ordre. Une présentation spatiale conviendra mieux si nous réalisons pour les élèves une grille d'observation à visée d'autocorrection. Notre objectif est d'accompagner les élèves dans la réflexion par rapport à eux-mêmes et de les mettre en projet de cibler des priorités de vigilance en calcul algébrique. Ils ont à apprendre de leurs erreurs.

Grille d'observation du calcul algébrique

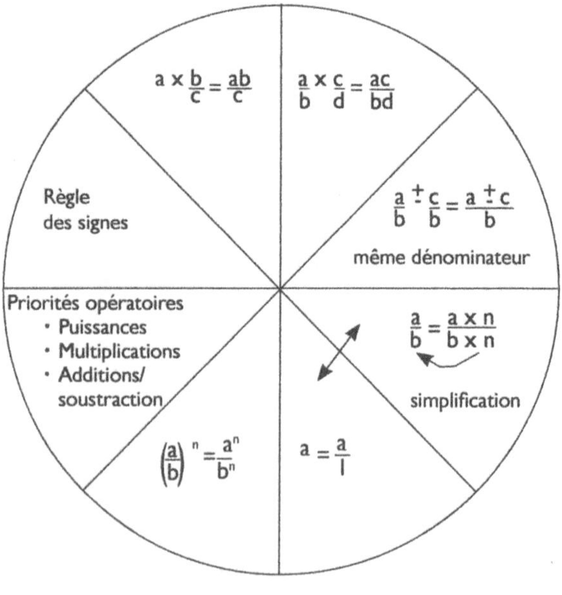

Mettre ainsi en évidence le retour aux « lois mathématiques » en calcul algébrique permet de comparer la réflexion en algèbre et en géométrie. La seule différence sera leur nécessaire citation en géométrie quand elles restent implicites en algèbre, le calcul servant d'argumentation. Les deux activités s'inscrivent dans le *raisonnement déductif*.

La mise en équation d'un problème

« Estelle a 43 DVD. Elle a des films policiers, des comédies et des films de science-fiction. Elle a 5 films de comédie de plus que de films policiers et elle a deux fois plus de films de science-fiction que de comédies. Combien a-t-elle de DVD de chaque sorte ? »

Proposons aux élèves la stratégie suivante en 5 points :

1. Combien, dans ce problème y a-t-il de *nombres cachés ?*
2. Poser autant d'espace que de nombres cachés.
3. Choisir l'un d'eux comme inconnue : x.
4. Poser des flèches pour relier les espaces et chercher, à partir de l'énoncé, les opérations à poser sur ces flèches (transformations pour passer de l'un à l'autre).
5. Effectuer des comparaisons entre plusieurs espaces pour aboutir à une égalité.

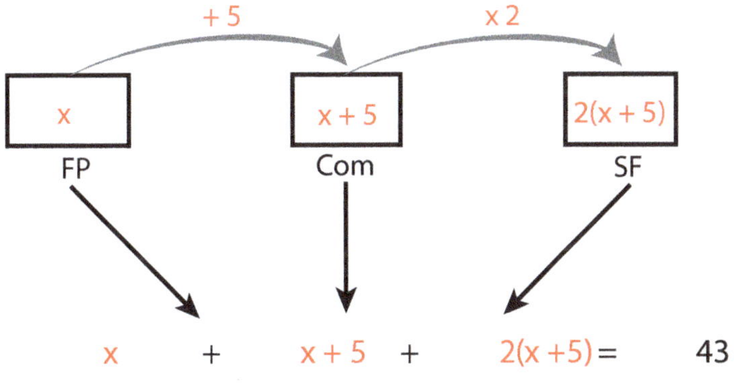

Le schéma est posé par étapes, lentement, pour permettre à tous de décomposer la stratégie en étapes bien repérées. Certains élèves en classe exprimeront qu'ils n'ont pas eu besoin de ce schéma. Il n'est évidemment pas obligatoire, mais, si un jour dans un exercice plus complexe ils rencontrent des difficultés, ils pourront toujours essayer de l'utiliser.

En voici un autre exemple :

> Un père a 28 ans de plus que son fils. Dans 8 ans son âge sera le double de celui de son fils. Trouver l'âge du père et celui de son fils.

Il y a 4 nombres cachés : L'âge du père et l'âge du fils aujourd'hui, ainsi que leur âge à tous les deux dans 8 ans On posera donc 4 espaces entre lesquels on inscrira les transformations : + 28, + 8 et le double.

Voici le schéma complet :

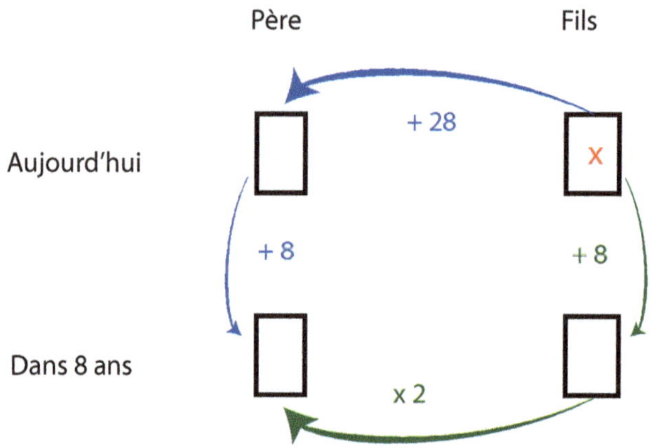

Et pour trouver l'équation, on peut choisir un chemin ou un autre…

$$2(x + 8) = x + 28 + 8$$

Les factorisations

Nous les avons abordées dans la compréhension des identités remarquables, mais ces dernières ne sont pas les seuls outils de factorisation, la « mise en facteur commun » fait, à ce moment, déjà partie de la culture mathématique des collégiens.

… « *Il nous faut rappeler que dans le processus d'apprentissage, les connaissances ne s'empilent pas les unes sur les autres, les nouvelles s'ajoutant aux anciennes. Des réorganisations régulières viennent au contraire scander les nouvelles acquisitions.* » J.-J. Dupin et S. Johsua

La récupération explicite de savoirs anciens est un processus fondamental de la réactivation des réseaux neuronaux. Leur mise en relation avec des savoirs plus récents permet aussi la création de nouveaux liens et facilite l'installation de tous ces outils de réflexion.

L'enseignant peut ainsi mettre en place des séances à visée de synthèse y compris dans la perspective de la réflexion.

En voici une trace/exemple :

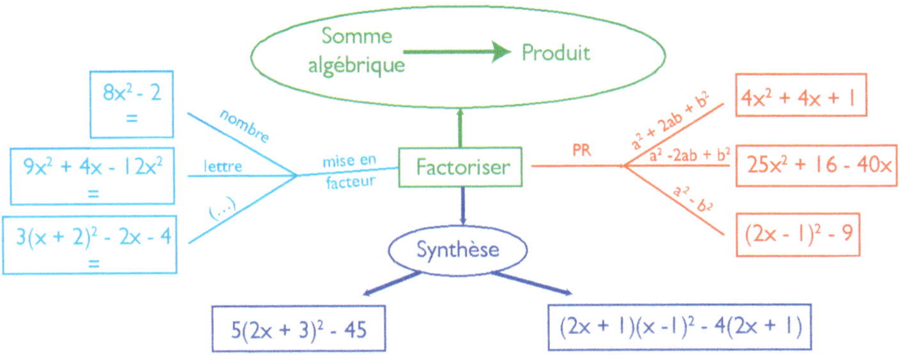

Cette fiche de synthèse d'exercices de factorisation, conçue par l'enseignant, sera amenée aux élèves *après une activité collective de récupération* des possibles outils de factorisation où il questionnera ses élèves pour que ceux-ci soient actifs mentalement dans la récupération de leurs connaissances personnelles.

Il est aussi possible de faire un travail d'observation des séries d'exercices proposés dans certains livres d'élèves, pour les organiser par thèmes, si ce n'est déjà fait, et demander aux élèves, non pas de faire tous ces exercices, mais de repérer ceux qui sont construits sur le même modèle et quels outils seraient à mobiliser pour leur résolution.

Trop souvent, dans leurs révisions, les collégiens s'entraînent à la résolution de multiples exercices par trop similaires, calquant chaque exercice sur le précédent, ce que nous nommerons un « *entraînement vertical* ». Or plus un élève s'entraîne sur des exercices similaires, plus il a tendance à évacuer les lois utilisées et plus il s'éloigne de la possibilité d'un exercice original lors d'un examen.

Nous leur proposons de passer à ce que nous nommerons un « *entraînement horizontal* » consistant, à partir d'une loi identifiée, à faire quelques exercices en faisant à chaque fois retour à ladite loi et en comparant les exercices dans ce qu'ils peuvent avoir de différences avec tout ce que cela entraîne dans les modalités d'utilisation de la loi.

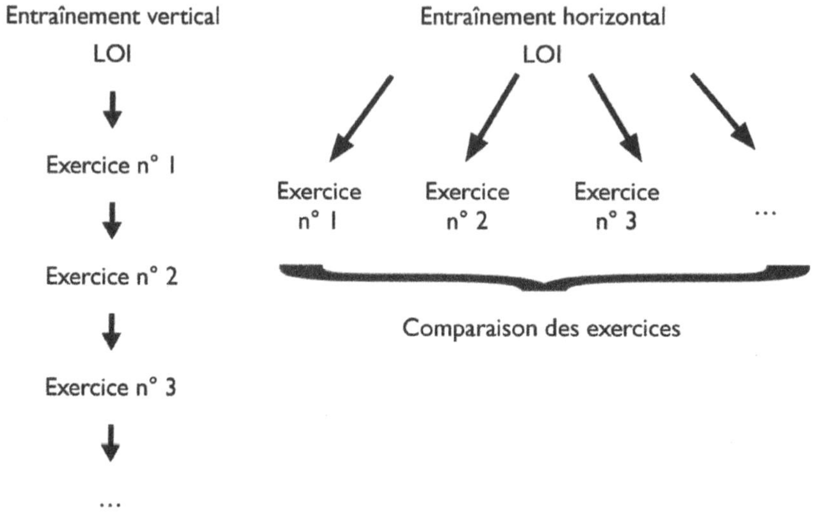

La réflexion en géométrie

L'apprentissage de la démonstration en géométrie n'est pas simple et doit se faire progressivement sur les quatre années du collège. Les deux premières années étant préparatoires à la maîtrise du raisonnement déductif. Il faut remarquer que les élèves arrivent souvent en 4e avec un *a priori* négatif sur l'exercice. Dans les faits, la démonstration ne fait pas explicitement l'objet d'un enseignement. L'enseignant montre un certain nombre d'exemples, demande à ses élèves de reproduire ces modèles et évalue les productions individuelles en pointant alors acquisition ou non-acquisition de l'activité mathématique.

Les élèves expriment très souvent leur malaise en disant : « je ne comprends rien à la démonstration ». Le professeur dit d'eux : « Ils ont des difficultés de raisonnement ». Les premiers ne voient pas comment s'en sortir, ils n'y peuvent rien, c'est comme ça ! Le second met le doigt sur un symptôme très vague, manifestation d'on ne sait quelle incapacité. Tous font en quelque sorte le constat de leur commune impuissance en un amalgame aux sources multiples.

À y regarder d'un peu plus près, on se rend rapidement compte que ces difficultés ne se situent pas toutes au même niveau. Il y a des difficultés possibles à toutes les étapes du raisonnement. Derrière elles se cachent à coup sûr des obstacles de natures différentes suivant les élèves. La démonstration est une activité intellectuelle complexe qui mobilise tous les gestes mentaux. En quoi est-ce difficile ? Tentons un repérage des principaux obstacles :

- ***Attention :*** l'attention de l'élève est-elle suffisamment curieuse, méfiante, capable d'analyser un énoncé dans lequel il y aura souvent une figure, trompeuse par définition, et un texte : où va sa préférence ? À quoi accorde-t-il de l'importance ? Est-il entraîné à extraire des éléments d'une figure de géométrie pour les mettre en relation avec ses connaissances ? Met-il son imagination créatrice au service de son attention ? Si ceci n'a pas été entraîné par l'enseignant, nous entendons des élèves dire : « Pourquoi démontrer que le triangle est isocèle ? Cela se voit ! »
- ***Mémoire :*** Nous pouvons ici nous interroger sur les **contenus de mémoire** des élèves et sur leur statut. Comment leur *mémoire déclarative* est-elle constituée : est-elle plutôt *épisodique,* faite de souvenirs de classe, de cours, d'exercices plus ou moins concrets,... ou plutôt *sémantique,* faite de concepts et connaissances mathématiques ? Ces contenus de mémoire sont-ils exprimables en français approximatif ou en « mathématicain » rigoureux ? Trop souvent des élèves « racontent » l'histoire d'un théorème qu'ils ont apparemment compris, en utilisant leurs propres mots avec tous les risques que cela suppose de perte du sens mathématique. Ils récitent, sans souci de rigueur, du vocabulaire et des notations mathématiques.

  Nous pouvons aussi questionner **le statut de leur mémoire :** est-elle compartimentée ou riche de liens ? Par exemple, qu'ont-ils de spontanément disponible sur le triangle rectangle : une image statique de l'objet géométrique possible à décrire ou des connaissances multiples organisées souplement en synthèse ? Ont-ils installé leur mémoire en motilité, condition d'efficacité en démonstration. ? Quelles destinées ont-ils donné à cette mémoire mathématique : *Réflexion* sur l'espace des objets géométriques ou le temps des définitions et théorèmes ? *Compréhension de découvreur* qui va rapidement projeter sa culture sur l'énoncé avec le risque d'aller trop vite dans la restitution de sa mémoire ou *compréhension d'inventeur* qui sera à l'aise dans l'analyse des données mais peut-être hésitant dans le choix de ses arguments ?
- ***Réflexion :*** Fait-il aisément des allers et retours entre ses découvertes ponctuelles et les données du problème pour avancer dans sa réflexion ? Quelle place donne-t-il à sa *compréhension ?* Est-il dans la *communication* de sa compréhension personnelle ou expression rigoureuse de raisonnements mathématiques ? Quel dialogue l'élève entretient-il entre sa 1ère personne et sa 3e personne : est-il surtout dans la communication de sa logique personnelle ou anticipe-t-il dans sa rédaction la logique du lecteur, par définition critique et sceptique, qu'il doit convaincre ?

Un préalable

Puisque réfléchir en géométrie nécessite un retour à des théorèmes, définitions et autres lois, encore faut-il que ces lois soient suffisamment organisées pour être aisément disponibles. L'enseignant peut mettre en place des séances de récupération et de réorganisation de tous ces objets de mémoire. Prendre ce temps, ce n'est pas en perdre !

En voici un exemple sur les propriétés des quadrilatères :

À partir d'un schéma vide de texte, avec au centre un quadrilatère quelconque, projeté sur le TNI, l'enseignant peut concevoir une animation pour faire apparaître, l'une après l'autre les flèches en direction des rectangles, puis des losanges, en l'accompagnant de questionnements : « Que faut-il pour qu'un quadrilatère soit un rectangle ? »... Il complète l'image projetée au fil des réponses de ses élèves par les symboles et les mots. Quand le schéma est complet, il annonce qu'il va le cacher pour qu'ils l'évoquent, puis le rallumer. Il peut alors distribuer une photocopie du document, sans mots et sans indices, pour être complété par les jeunes, de préférence de mémoire. Ce document sera à mémoriser.

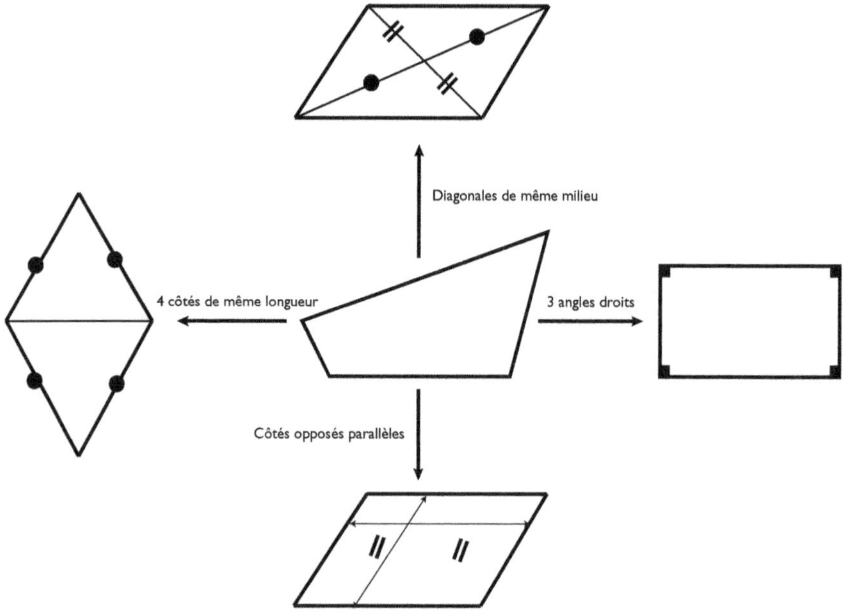

La séance peut être reproduite avec le parallélogramme au centre d'un nouveau schéma comme sur ce deuxième support.

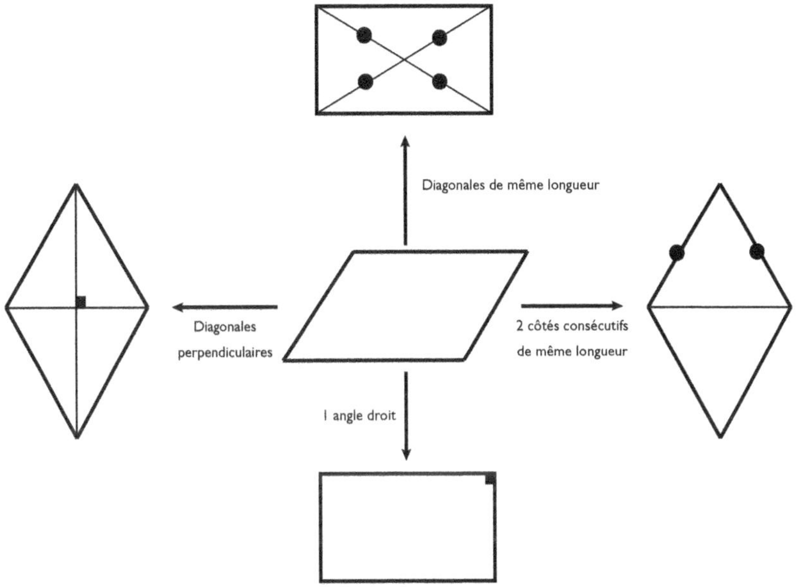

L'enseignant peut, dans le prolongement de l'utilisation de ces deux schémas, ayant supprimé toute trace écrite de ce travail, demander à ses élèves de réfléchir à toutes les façons de prouver l'existence d'un rectangle, d'un losange ou d'un carré.

Ce travail de mise en motilité des objets de mémoire étant fait, il faut aussi habituer les élèves à prendre de la hauteur par rapport à des connaissances par trop séparées, en leur proposant des énoncés qui leur imposent de mettre en relation des connaissances nouvelles et des acquis plus anciens.

Ce sera le cas de l'énoncé suivant après la découverte de la propriété de Pythagore :

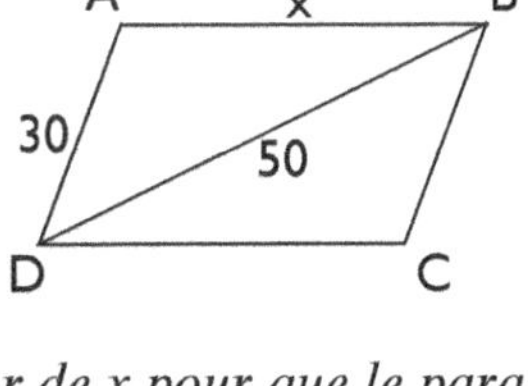

Quelle peut être la valeur de x pour que le parallélogramme ABCD soit un rectangle ?

(Réfléchir efficacement sur un tel exercice suppose que l'attention du mathématicien, telle que nous l'avons développée dans le chapitre 10, ait été suffisamment exercée).

Progression

Nous devons évidemment tenir compte aussi des stades d'évolution de la pensée des jeunes collégiens. Entre 11 et 13 ans, selon Piaget, les enfants vivent, de façon différente entre les filles et les garçons et de manière personnelle, le passage à la pensée abstraite. Nous pensons qu'avant la classe de quatrième il est prématuré de demander à tous les élèves une très grande rigueur de démonstration. Cela doit être amené progressivement :

Changer de structures de sens

6e	5e	4e
Expliquer *Détailler*	*Justifier*	*Argumenter* *Convaincre*

Des étapes

6e	5e	4e
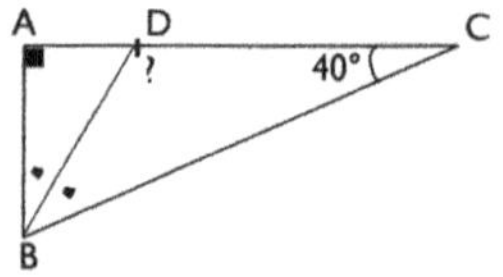 Quelle est la mesure de $\widehat{BDC}$?	*A et B sont deux points du cercle de centre O.* *Démontrer que la médiatrice de [AB] passe par le point O.* 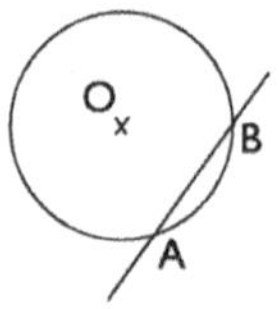	*Démontrer que les milieux des 4 côtés d'un quadrilatère quelconque forment un parallélogramme.*

Cette progression sera à intégrer aussi dans les exercices :

En 6e ce sera l'occasion d'expliciter les étapes d'analyse de l'énoncé avec ***extraction des indices*** et de retour aux acquis :

On demande ici de calculer l'angle $\widehat{BDC}$

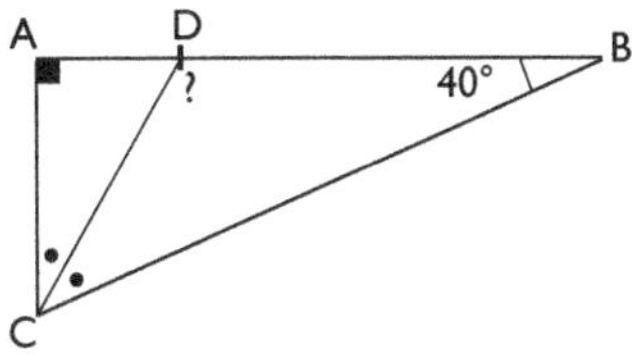

Dans cet exercice, il faudra gérer successivement le triangle ABC pour calculer l'angle C, puis l'indication de ces deux angles égaux et enfin le triangle BDC pour y intégrer les découvertes précédentes.

Voici la démarche schématisée :

L'analyse des données d'un problème de géométrie est à entraîner

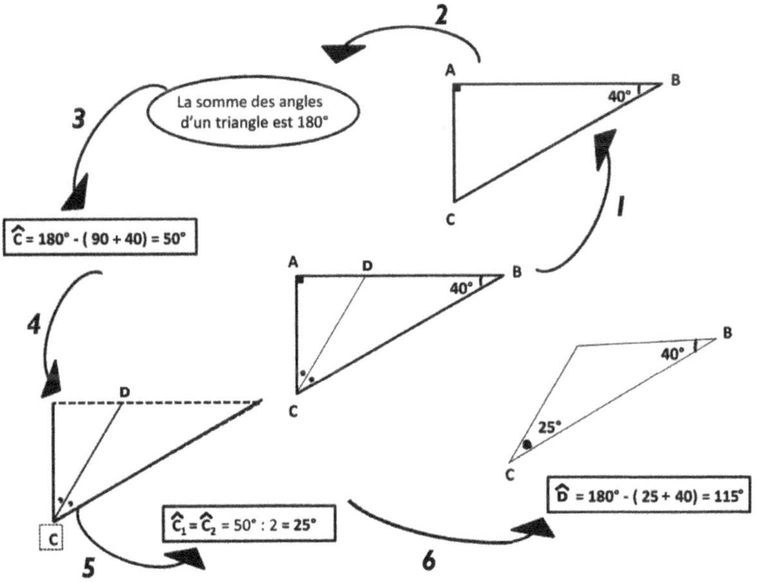

Le schéma précédant peut être réalisé avec les enfants, progressivement pour montrer comment le mathématicien, en fonction de sa culture, va isoler des éléments de la figure, privilégier ceux qu'il peut mettre en relation avec un acquis (le premier étant la somme des angles d'un triangle), puis revenir à la figure pour intégrer la nouvelle connaissance et la mettre en relation avec d'autres indices de l'énoncé (le partage de l'angle C en deux parties égales, signalé par un codage mathématique) et continuer ainsi à faire des va-et-vient entre ses connaissances et la figure.

Voici un autre exemple d'explicitation de l'extraction des indices dans une figure de géométrie complexe.

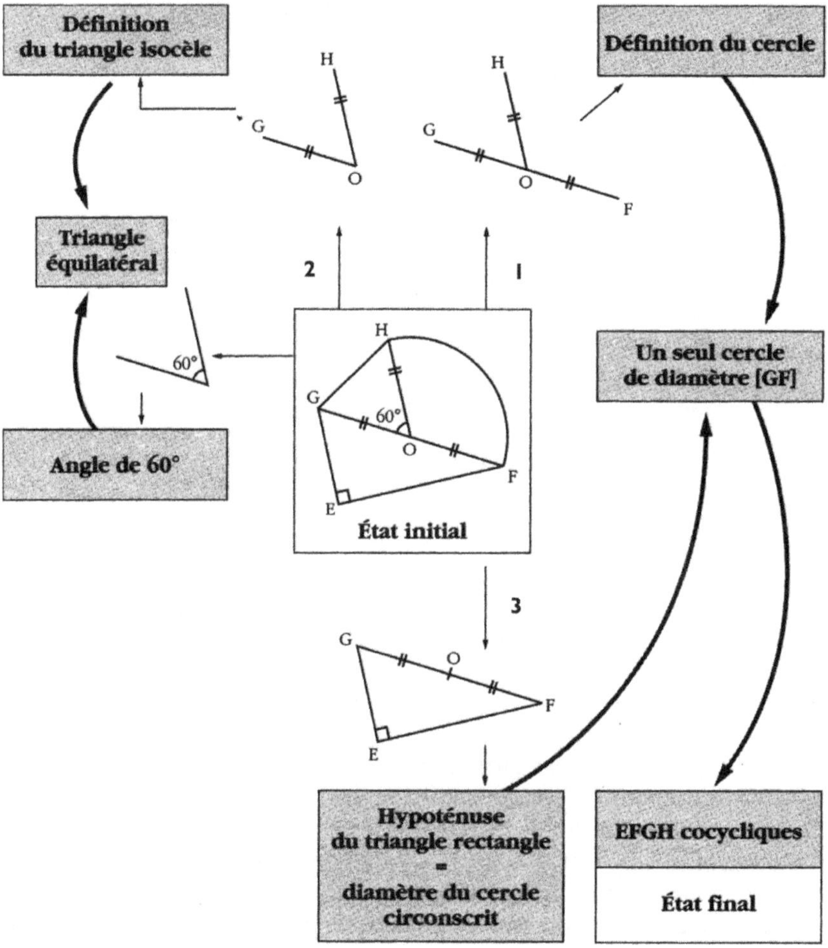

En 5ᵉ, on pourra introduire ***l'organigramme de la démonstration*** pour mettre en évidence la sériation spatiotemporelle et les étapes du raisonnement déductif.

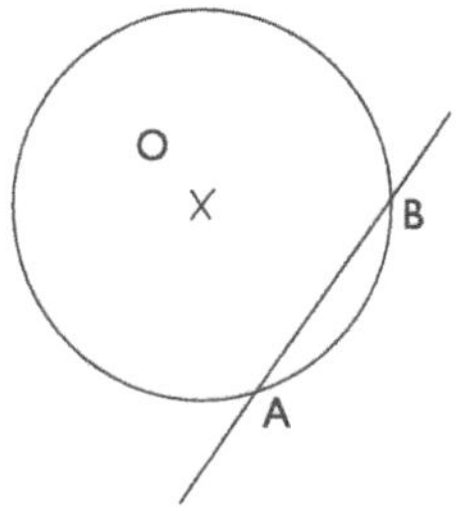

A et B sont deux points du cercle de centre O. Démontrer que la médiatrice de [AB] passe par le point O.

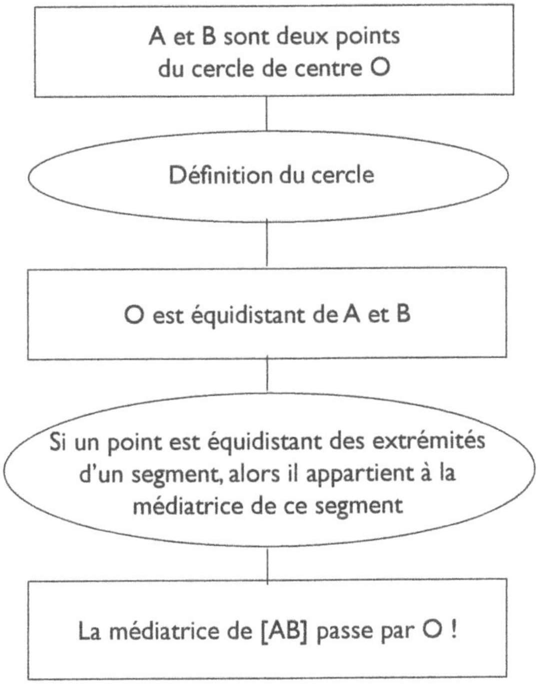

Vient alors un dialogue, collectif ou individuel, à visée de généralisation :

– « Et si nous changions la place des points A et B ?.. »

– « Comment appelle-t-on le segment [AB] dans le cercle de centre o ?... une corde ! »

– « Alors quelle conclusion générale pourrions-nous faire ? »

Nous pouvons désormais affirmer :

> « La médiatrice de toutes les cordes d'un cercle passe par le centre de ce cercle ! »

En 4ᵉ, il est alors possible d'aborder véritablement le **sens de la démonstration :** « démontrer », c'est PROUVER ! Pour prouver il faut des preuves ! Ces preuves seront les définitions, axiomes, théorèmes, formules et calculs, qu'il faudra choisir avec soin, en lien avec les données du problème, pour que le raisonnement soit indiscutable ! Il s'agit de convaincre un interlocuteur ignorant, incrédule et cependant fortement critique, un peu comme un avocat qui défend un point de vue en appui sur des articles de lois. Le but pour le mathématicien est de continuer à trouver de nouvelles lois, de nouveaux théorèmes, de nouveaux outils à proposer ensuite aux physiciens, chimistes, biologistes, ingénieurs, architectes et autres chercheurs.

Si nous réussissons, par exemple, à prouver que les milieux des côtés d'un quadrilatère tout à fait quelconque forme toujours un parallélogramme, nous pourrons en faire un théorème à donner aux autres élèves des autres classes !

Nous pouvons ici systématiser l'utilisation de l'organigramme pour dédramatiser l'aspect rédactionnel qui rebute beaucoup d'élèves.

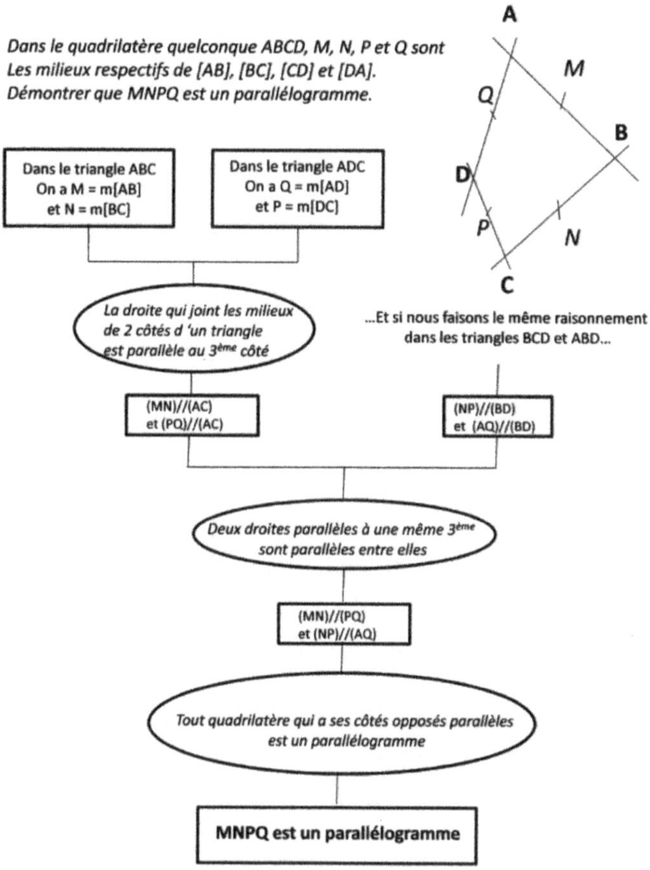

Nous venons de découvrir un nouveau théorème :

« Les milieux des côtés de tout quadrilatère forment un parallélogramme ! »

Pour quitter la présentation en organigramme et entrer dans un projet plus rédactionnel il suffira d'introduire des petits mots comme :

« Nous savons que… », « Or », « Par conséquent… », « De plus… »,

Dans l'énoncé… », « Puisque », « Nous pouvons en déduire que… » !

L'impératif de rédaction inévitablement linéaire des arguments détaillés peut créer un vrai blocage pour certains élèves car écrire ralentit leur processus de réflexion qui peut être extrêmement rapide et ils craignent de perdre cette rapidité d'accès à l'état final dont ils ont tant besoin. La spatialisation du raisonnement crée une structure rassurante. C'est un « mode d'emploi » de la démonstration. Celle-ci présente aussi l'avantage de pouvoir être complétée de bas en haut ou dans le désordre, sans écrire les lois dans un premier temps. Elle libère les processus de compréhension et de réflexion. Elle met de l'espace dans le temps du raisonnement déductif.

Et voici un nouvel exemple :

Deux cercles C et C' de centres respectifs O et O' sont sécants en deux points A et B.
Démontrer que (OO') est la médiatrice de AB.

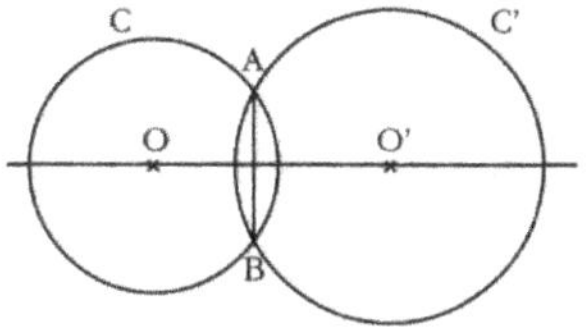

Organigramme

A et B appartiennent à C et C'

↓

(Définition du cercle)

↓

O est équidistant de A et B
O' est équidistant de A et B

↓

("Tout point équidistant des deux extrémités d'un segment appartient à la médiatrice de ce segment".)

↓

O est sur la médiatrice de [AB]
O' est sur la médiatrice de [AB]

↓

("par deux points il passe une droite et une seule")

↓

(OO') est la médiatrice de [AB]

Rédaction

Par hypothèse,
A et B appartiennent aux cercles C et C',

or "*tous les points d'un cercle sont équidistants du centre de ce cercle*".

Par conséquent, O est équidistant de A et B
O' est équidistant de A et B

De plus, nous savons que :
"*tout point équidistant des deux extrémités d'un segment appartient à la médiatrice de ce segment*".

Donc, **O et O' sont tous les deux des points de la médiatrice de [AB]**

Étant donné que "*par deux points il passe*" *une droite et une seule*",

Nous pouvons en conclure que :
(OO') est la médiatrice de [AB]

Nous venons de découvrir un nouveau théorème :

La droite qui joint les centres de deux cercles sécants est médiatrice de leur corde commune.

L'imagination créatrice

Dans la description des gestes mentaux de l'apprenti mathématicien à l'entrée au collège, il nous resterait donc à aborder l'imagination créatrice. Pourquoi le ferions-nous puisque nous y avons fait référence à chaque instant ? Nous avons à chaque étape de notre réflexion tenté de montrer tout ce qu'il pouvait apporter à l'activité mentale d'attention, de mémorisation, de compréhension et de réflexion. L'imagination créatrice ne serait-elle pas le geste phare pour aborder un monde d'idéalités ? !

Ce geste mental est fort méconnu. Il semble être réservé aux artistes, écrivains, humoristes et autres originaux... il est l'objet de croyances et *d'a priori :* il y a ceux qui ont de l'imagination et ceux qui n'en ont pas ! Le verbe « avoir » la positionne sur de l'inné, sur le don, alors qu'il est un processus à agir et à entraîner ! L'imagination créatrice est, de tous les gestes mentaux, celui qui donne aux êtres humains leur puissance de pensée et d'action. : *« L'imagination est pour tout être humain l'instrument de sa vocation...* il *exprime le sens unique de sa vie. »*[28]

Le domaine mathématique est sans doute un domaine privilégié pour faire découvrir aux jeunes leur pouvoir d'imagination créatrice. Il est vrai que des séances d'accompagnement à l'évocation d'un objet géométrique, comme nous l'avons décrit par exemple pour le rectangle, suscitent beaucoup d'enthousiasme chez les élèves et parfois de l'émotion chez des adultes en formation, car ceux-ci réalisent qu'ils sont peut-être passés à côté de quelque chose. Accompagner un adulte, qui se dit « nul en maths », dans son activité évocative de résolution de problème et assister à cet *Eurêka* de découverte d'une compétence insoupçonnée est parfois bouleversant pour la personne bien sûr, mais aussi pour ceux qui ont l'occasion d'y assister en formation.

Tous ces jeunes en difficulté d'apprentissage des mathématiques ont besoin d'être accompagnés dans la reconnaissance de leur imagination créatrice au service de leur apprentissage. Entraînons leur regard et leur écoute de mathématicien pour deviner ce qui ne se perçoit pas immédiatement, se méfier de ce qui se perçoit trop rapidement, passer du regard de la fourmi, qui repère un détail dans un vaste ensemble, à celui de l'aigle qui en considère la globalité dans sa prise de hauteur et nos élèves vont découvrir qu'il leur faut de l'imagination pour être vraiment attentifs. Accompagnons leur activité de mémorisation pour qu'ils découvrent des moyens évocatifs originaux d'encodage du langage mathématique abstrait ainsi que de toutes ces lois dont ils ne pourront se passer en classe. Explicitons avec eux la démarche anticipatrice qui libérera leurs choix de réflexion. Leur imagi-

28. A. de La Garanderie, *Comprendre les chemins de la connaissance,* Chronique sociale, 2002.

nation créatrice leur sera utile aussi pour enrichir leur compréhension et leur réflexion. Yves Coppens, interviewé sur son métier de paléontologue expliquait : *« Il faut beaucoup d'imagination. Bien sûr il faut beaucoup de rigueur. C'est d'autant plus rigoureux qu'il a plus d'imagination. »*

Questionnons-les en dialogue pédagogique pour que les mathématiques soient l'occasion de se découvrir dans leur « profil cognitif » avec tout ce que cela suppose de vécus de sens dans leur relation au monde des êtres et des choses. Les connaissances qu'ils auront acquises en mathématiques ne leur seront sans doute pas, pour tous, utilisables directement dans leur vie de tous les jours, mais ce qu'ils auront découvert sur leur pouvoir de pensée, oui !

Rôle et place de l'imagination créatrice dans l'apprentissage

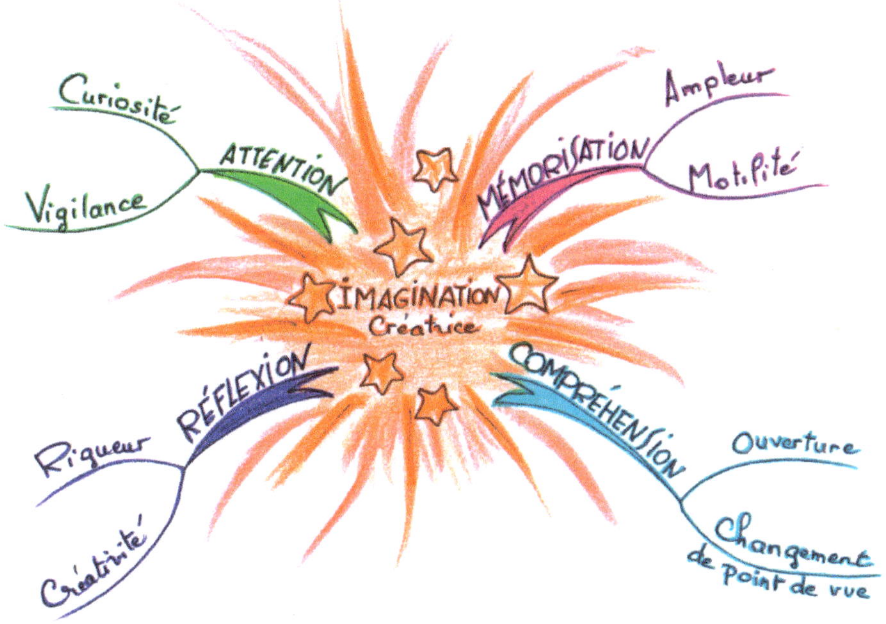

« On ne peut donner que deux choses à un enfant, des racines et des ailes », proverbe hébreu.

Ne serait-ce pas le pouvoir de l'imagination créatrice que de donner des ailes à un enfant ?

Conclusion

L'établissement scolaire est évidemment un lieu d'acquisition de connaissances, mais il doit être d'abord et avant tout, le lieu de développement de l'intelligence. Comment se fait-il, qu'en ce début du XXIe siècle, les enseignants soient encore dans l'ignorance de son fonctionnement ? Ils continuent à demander à leurs élèves de se concentrer, apprendre, réfléchir, mais sont démunis quand il leur est demandé comment il convient de procéder pour le faire efficacement. Beaucoup d'informations sur la (les) mémoire(s) issues de découvertes récentes sont désormais mises à leur disposition, mais qui les informe sur les itinéraires mentaux et les projets de sens d'installation de cette (ces) mémoire(s) ?

Nous proposons que les enseignants parlent aux élèves un peu moins de ce qu'ils ont à faire et un peu plus de « qui ils sont » quand ils font des maths (et pas uniquement des maths) et passent de l'injonction « concentrez-vous ! » à l'explicitation et à l'entraînement des gestes mentaux de l'apprentissage. Cette démarche réaliste de description des processus mentaux permet aux élèves de prendre conscience de leur activité mentale et de la gérer consciemment de l'intérieur. Ils découvrent qu'il n'y a pas de fatalité à l'échec, ils peuvent changer le cours des choses, même quand ils semblaient avoir perdu tout espoir de comprendre les maths. Ils sortent peu à peu de la croyance que la compréhension leur est apportée par le professeur. Non, elle vient de l'intérieur, elle est le fruit de **leur** activité mentale d'élève et cela est très joyeux !

Tous les Nicolas (et ses droites parallèles), Guillaume (et son cm^2) et autres Robin ou Maïka, reconnus dans leur extraordinaire logique intrinsèque ainsi que leur capacité à penser un rectangle dans leur espace mental, en mouvements, en transformations, en changements de points de vue ont vécu cet « *Eurêka* » de la découverte de leur pouvoir d'intelligence. Nous avons rencontré beaucoup de jeunes peu ou pas du tout motivés par la découverte des propriétés de Pythagore, Thalès ou la résolution d'un système de deux équations à deux inconnues, nous n'en avons pas trouvé qui n'aient été intéressés par le questionnement sur leurs stratégies de compréhension ou de réflexion sur ces mêmes objets.

Le plaisir vécu par les élèves rejaillit sur l'enseignant qui, en repositionnant sa responsabilité de « professeur-entraîneur », peut donner libre cours à sa créativité. Mais cette créativité s'est déplacée. Elle s'était épuisée sur l'objet d'apprentissage car il refaisait depuis 10 ans le même cours sur le même objet, persuadé que cette fois il avait enfin trouvé la bonne façon d'expliquer, par exemple le cm^2. Le « Dialogue pédagogique » mené avec les élèves dans le groupe-classe ou en individuel va lui donner accès à un autre regard sur sa didactique car il va analyser les incontournables de la pensée pour accéder au sens du concept. Il va découvrir des obstacles jusqu'alors insoupçonnés (Jamais nous n'aurions pu imaginer que l'expression « centimètre carré » puisse provoquer ces catastrophes dans la pensée des jeunes). Il peut redécouvrir le plaisir de construire des outils pédagogiques et didactiques qui soient alors des « instruments psychologiques » tels que les a définis Lev Vygotski, c'est-à-dire des outils d'aide au développement de l'intelligence de l'élève. Ces outils seront mûrement réfléchis dans ce qu'ils sont susceptibles de favoriser pour l'accès à l'objet d'apprentissage dans une démarche fondamentalement préventive, mais aussi de remédiation quand des difficultés sont déjà installées.

La pédagogie de la Gestion mentale offre à chaque enseignant les moyens de sa réussite pédagogique, mais c'est une approche complexe et exigeante qui mériterait de prendre sa place dans la formation initiale et continue des professeurs. La connaissance des processus mentaux, certes demande du temps et beaucoup de recherches personnelles, la maîtrise du « Dialogue pédagogique », il est vrai, passe par une bonne connaissance de la théorie et un apprentissage approfondi de ce questionnement spécifique, mais cela en vaut la peine !

Nous soutenons que la « Gestion mentale » peut se positionner dans la rencontre entre didactique et pédagogie et c'est ce que nous nous sommes efforcée de faire tout au long de cet ouvrage, mais le travail est loin d'être terminé. Nous ne pouvons qu'encourager les enseignants à prendre le relais, ils ne seront pas déçus.

Bibliographie

Avanzini G., « Intelligence et mémoires », *Actes du colloque de l'IIGM*, IIGM, 2001.

Baruk S., *Dico de mathématiques*, Seuil, 2008.

Baumard M., La *France enfin première de la classe*, Fayard, 2013.

Binet A., *Les idées modernes sur les enfants*, Flammarion, 1909.

Brousseau G., *Erreur, difficultés, obstacles*, DAEST Université de Bordeaux 2, 2003.

Buzan T., *Mind maps, Dessine-moi l'intelligence*, Éd. d'Organisation, 1995.

Damasio A., *Le sentiment même de soi*, Odile Jacob, 2002.

Damasio A., « La conscience et le soi », *Cerveau et psycho*, n° 42, nov-déc 2010.

Dupin J.-J., Joshua S., *Introduction à la didactique des sciences et des mathématiques*, PUF, 2003.

Fischer J.-P., « Que sont nos tables devenues ? », *Psychologie et éducation*, n° 4, 2012.

Fischer J.-P., « La discalculie développementale », *ANAE*, vol. 21, tome 2, n° 102, juin 2009.

Garanderie A. (de La), *Comprendre et imaginer*, Bayard, 1991.

Garanderie A. (de La), *La motivation*, Bayard, 1996.

Garanderie A. (de La), *Critique de la raison pédagogique*, Nathan, 1998.

Garanderie A. (de La), *Comprendre les chemins de la connaissance*, Chronique sociale, 2002.

Garanderie A. (de La), *Réussir ça s'apprend*, Bayard, 2013.

Gaté J.-P., Giroul M., Géninet A., Garanderie T. (de La), *Vocabulaire de la Gestion mentale*, Chronique sociale, 2009.

Gibello B., La *pensée décontenancée. Essai sur la pensée et ses perturbations*, Bayard, 1995.

Jacquard A., *Moi et les autres*, Seuil, 1983, Points, 2009.

Rogers C., *Liberté pour apprendre*, Dunod, 2013.

Sonnois G., *Accompagner le travail des adolescents*, Chronique sociale, 2009.

Tammet D., *Embrasser le ciel immense*, J'ai lu, 2010.

Taurisson A., *Pensée mathématique et Gestion mentale*, Bayard, 1993.

Van Nieuwenhoven C., Vriendt S. (de), *L'enfant en difficulté d'apprentissage en mathématiques*, De Boeck-Solal, 2012.

Vygotski L., *Pensée et langage*, traduction F. Sève, Messidor, 1997.

Armelle Géninet

- *La Gestion mentale en mathématiques*, Retz, 1992.
– *Les schémas centrés*, Chronique sociale, 2019.

Collection Gestion mentale appliquée

- *mathématiques* 6°, Nathan, 1998.
- *mathématiques* 5°/4°, Nathan, 1998.
- « Gestion mentale et didactique des mathématiques », in *Cahiers Alfred Binet*, n°659/660, Érès, 1999.
- *Graphisme et mandalas maternelle/CP*, Retz, 1999.
- *Graphisme et mandalas CE/CM*, Retz, 2000.
- *Graphisme et mandalas MS/GS*, Retz, 2004.
- *Graphisme et mandalas d'apprentissage CP/CEl*, Retz, 2006.
- *Graphisme et mandalas d'apprentissage Cycle* 3, Retz, 2006.
- *Mandalas à colorier. À partir de* 6 *ans*, Retz, 2010.
- *Mandalas à colorier. À partir de* 8 *ans*, Retz, 2010.

Matériel pédagogique
L'Hermitage, St Sever-Calvados, 14380 Calvados, 2012
Site hermitage-atelier. com

- *Puzzle-mandala-tables de multiplication.*
- *Puzzle-mandala-tables d'addition.*
- *L'apprenti mathématicien*, n° 1 et n° 2 avec guide d'utilisation sur CD ROM.

Chez le même éditeur

304 p.
L'essentiel

Une clé pour les maths

Soutien au collège et au lycée et pour la formation continue

Christophe Augier/Yves Raffestin

Soutien au collège et au lycée et pour la formation continue
Ce livre présente, de façon graduée, les notions essentielles en algèbre et trigonométrie enseignées au collège et au lycée.
Son originalité est d'être un « livre de soutien » vous permettant, si vous avez quelques difficultés dans cette discipline, de « suivre en maths ». Il ne peut remplacer un cours, mais constitue un excellent support d'enseignement lors des études ou pour celui qui, par nécessité, doit « se remettre aux maths » dans le cadre de sa vie professionnelle ou de la formation permanente.
Un chapitre préliminaire est consacré au raisonnement et à la méthodologie quant à la manière de traiter un problème de mathématique. Quelques conseils sont donnés sur la meilleure façon d'utiliser ce livre.
Ensuite les théorèmes ou résultats sont introduits à partir d'exemples simples qui seront généralisés. Vous comprendrez ainsi les fondements et les significations des formules que vous utilisez.
De nombreux exemples illustrent chaque chapitre et permettent à chacun de vérifier qu'il a assimilé correctement les idées et les principes exposés. Ces exemples ont ainsi pour but de montrer le caractère utilitaire des notions exposées, dans la vie de tous les jours ou dans la vie professionnelle.

96 p.
L'essentiel

Vaincre ses peurs des mathématiques

Charles de Flandre

Ce n'est pas un livre sur « comment enseigner les mathématiques «, mais plutôt sur « comment vaincre son anxiété « par rapport aux mathématiques, et ce, afin d'avoir plus d'assurance pour réussir dans cette matière. La démarche se nomme émotivo-rationnelle. Cette démarche est peu connue en Europe, mais est répandue au Québec et aux États-Unis. C'est une démarche psychologique qui peut s'appliquer à n'importe quel problème émotif.
L'auteur démontre comment cette démarche est semblable à la démarche de résolution de problème en mathématiques. Il offre de nombreux outils pratiques pour vaincre ses peurs des mathématiques.
Ce livre s'adresse aux étudiants de tous niveaux, aux enseignants et aux parents qui veulent aider une personne qui a des difficultés en mathématiques. Cette démarche peut aussi être efficace pour les personnes qui vivent des difficultés émotives autres qu'en mathématiques.

Chez le même éditeur

224 p.
L'essentiel

Comprendre les chemins de la connaissance

Antoine de La Garanderie

L'auteur montre l'intérêt d'un travail avec l'apprenant centré sur le renforcement de l'attention, la mémorisation, la compréhension, l'imagination créatrice, la réflexion pour rendre efficace un acte de connaissance.

Celui-ci inscrit dans le temps et l'espace doit prendre sens.

Dans cet ouvrage, l'auteur synthétise ses différents travaux, montre leur cohérence, développe et renforce leurs contenus.

Aussi, réussir à apprendre est possible pour tous, dès lors qu'on décrit avec précision les actes à effectuer et comment les conduire.

L'auteur suggère des pistes concrètes pour former des personnes chargées d'apporter cet éclairage aux élèves.

112 p.
L'essentiel

Vocabulaire de la gestion mentale

Jean-Pierre Gaté - Thierry de La Garanderie - Armelle Géninet - Michèle Giroul

Depuis la parution des Profils pédagogiques en 1980, la théorie de la gestion mentale d'Antoine de La Garanderie a connu un réel engouement, tant dans les milieux éducatifs (aussi bien en France qu'à l'étranger), où de nombreux acteurs (individuels ou collectifs) s'en sont emparé pour innover dans leur pratique, que dans le domaine de la recherche universitaire.

Face à une telle abondance de publications et de manifestations, d'une part, et compte tenu de l'évolution de la pensée d'Antoine de La Garanderie depuis ses premiers travaux, d'autre part, il apparaissait nécessaire de mettre à la disposition de toute personne souhaitant découvrir ou mieux connaître la gestion mentale, un vocabulaire de ses concepts fondamentaux selon une formulation actuelle et suffisamment stabilisée.

Telle est l'ambition du présent ouvrage auquel ont contribué des auteurs engagés ensemble sur ce créneau depuis de nombreuses années, tout en ayant des sensibilités et des trajectoires professionnelles différentes.

Cet ouvrage comprend également un descriptif complet des publications d'Antoine de La Garanderie et sur ses travaux.

Chez le même éditeur

96 p.
L'essentiel

7 facilitateurs à l'apprentissage

Vivre du bonheur pédagogique

Léonard Guillaume - Jean-François Manil

Depuis l'aube de son apparition, l'Humanité apprend ! Et si elle s'est engagée dans cette voie salutaire, c'est que certaines conditions étaient réunies. L'objet de cet ouvrage est de répertorier, d'analyser, de comprendre, de rendre visibles et accessibles 7 facilitateurs.

Une seule et même question a servi de fil conducteur à cet écrit : « Qu'est-ce qui facilite l'apprentissage ? » Des milliers de réponses ont été ainsi exploitées pour en tirer des principes directeurs. En ces temps chahutés où le « vivre ensemble » est mis en question, « l'apprendre ensemble » mérite d'être exploré et exploité comme source d'**expérience positive.**

96 p.
L'essentiel

À chacun sa façon d'être et d'apprendre

Se connaître - S'aimer - S'épanouir

Dominique Éberlin

Notre perception de la réalité est influencée par les fonctionnements de notre cerveau. C'est la combinaison de différents paramètres innés qui façonne nos habitudes mentales.

Les particularités de ces paramètres colorent notre personnalité et influencent notre rapport au monde environnant. Découvrir la richesse de notre profil mental permet de mieux gérer nos démarches intellectuelles. Comprendre ses fonctionnements contribue à créer des relations plus sereines avec les personnes qui interagissent dans nos apprentissages.

Chez le même éditeur

272 p.
L'essentiel

Faites-les réussir en physique-chimie

avec l'appui de la Gestion mentale - **Georges Gidrol**

« Ce livre de Georges Gidrol montre, de façon lumineuse, que chaque discipline pose des problèmes pédagogiques qui lui sont propres. Comprendre la physique relève de l'exécution d'opérations mentales complexes. Mais elles n'échappent pas à ce pédagogue averti qui sait qu'il doit les décrire minutieusement pour ensuite en instruire ses élèves, afin que tous sachent enfin ce qu'ils ont à faire.

Georges Gidrol fait ici preuve d'une belle créativité pédagogique inspirée de la démarche de la "Gestion Mentale" et son utilisation de la métaphore pour accompagner le passage à l'abstraction y est particulièrement remarquable. » Extrait de la préface d'Armelle Géninet

À qui s'adresse ce livre ?

En priorité aux **enseignants** de physique même s'ils n'ont pas les rudiments de Gestion mentale.

Ensuite aux personnes **formées à la Gestion mentale** et qui souhaitent aider élèves ou étudiants dans les matières scientifiques, quel que soit leur niveau d'études.

Aux autres **accompagnateurs,** qui assurent du soutien scolaire à l'école, dans les associations, ou simplement à la maison.

Enfin à ceux qui, **hermétiques à la physique,** espèrent que des portes pourront s'entre-ouvrir !

Les **bases de Gestion mentale** sont exposées de façon accessible au début de l'ouvrage.

Des ***fiches*** présentent certains contenus des programmes et des propositions pour les faire vivre en classe. Un ***index*** permet d'atteindre facilement la description de certains concepts.

260 p.
L'essentiel

Troubles spécifiques des apprentissages

À l'école et au collège

Isabelle Poulet (Sous la direction de)

Dyslexie, dysphasie, dysorthographie, dysgraphie ou dyscalculie, que faire ?

Les neurosciences progressent et permettent de mieux comprendre la nature et les dysfonctionnements des fonctions cognitives.

Mais une fois le diagnostic posé, les enseignants restent perplexes.

Comment faire progresser les élèves malgré tout ? Que peut-on exiger ? Doit-on enseigner autrement ? Les outils informatiques (traitement de textes, logiciel de dictée vocale…) apportent-ils une réelle compensation ? Comment aménager les évaluations ? Comment noter ? Comment préserver l'égalité des chances ?

Ce livre rassemble des **pratiques d'enseignants** qui ont travaillé depuis de nombreuses années auprès d'enfants présentant des Troubles spécifiques des apprentissages, de tous âges et scolarisés dans différents types de structures. Il propose des **outils** et des **pistes** pour soutenir la scolarité d'élèves dont les troubles sont invisibles mais très invalidants à l'école. Leurs expériences doivent pouvoir éclairer *collègues, accompagnants* et *parents.*

Parce que ces troubles interrogent avant tout l'école, ils interpellent fortement tous les pédagogues qui ne cessent de réfléchir à ce que veut dire apprendre et qui souhaitent que les élèves développent les connaissances et les compétences qui leur permettront de trouver leur place dans la société.